高职高专土木与建筑规划教材

建筑施工技术

孙玉龙　主　编

清華大學出版社
北　京

内容简介

本书是为了适应“十三五”规划教育部学科调整后课程设置要求，本着突出职业教育的针对性和实用性，使学生实现“零距离”上岗的目标，并以国家现行的建设工程标准、规范、规程为依据，结合多方资料编写而成的，不但具有实用性、可操作性强的特点，还紧扣当前教学和施工要求，增加了急需的新内容。建筑施工技术实践性强、综合性大、社会性广、新技术发展快、施工方法更新快，必须结合工程施工中的实际情况，综合解决工程施工中的技术问题。

本书共分为 10 章，内容包括绪论、土方工程、地基与基础、砌筑工程、钢筋混凝土与预应力混凝土工程、结构安装工程、钢结构工程、高层建筑主体结构工程、防水工程、外墙外保温工程、装饰工程等内容。

本书适合作为高职高专建筑工程技术专业、工程监理专业、工程管理专业等土建类专业及与土建类相关的桥梁、市政、道路、水利等专业的教学用书，也可作为在职职工的岗前培训教材和成人高校函授、自学教材，还可作为工程技术人员的参考用书。

本书封面贴有清华大学出版社防伪标签，无标签者不得销售。
版权所有，侵权必究。举报：010-62782989，beiqinquan@tup.tsinghua.edu.cn。

图书在版编目(CIP)数据

建筑施工技术/孙玉龙主编. —北京：清华大学出版社，2020.4 (2025.2重印)
高职高专土木与建筑规划教材
ISBN 978-7-302-54758-7

Ⅰ. ①建… Ⅱ. ①孙… Ⅲ. ①建筑工程—工程施工—高等职业教育—教材 Ⅳ. ①TU74

中国版本图书馆 CIP 数据核字(2020)第 013285 号

责任编辑：石 伟
装帧设计：刘孝琼
责任校对：李玉茹
责任印制：丛怀宇
出版发行：清华大学出版社
网 址：https://www.tup.com.cn，https://www.wqxuetang.com
地 址：北京清华大学学研大厦 A 座 **邮 编**：100084
社 总 机：010-83470000 **邮 购**：010-62786544
投稿与读者服务：010-62776969, c-service@tup.tsinghua.edu.cn
质量反馈：010-62772015, zhiliang@tup.tsinghua.edu.cn
课件下载：https://www.tup.com.cn, 010-62791865
印 装 者：三河市人民印务有限公司
经 销：全国新华书店
开 本：185mm×260mm **印 张**：17.5 **字 数**：417 千字
版 次：2020 年 5 月第 1 版 **印 次**：2025 年 2 月第 7 次印刷
定 价：49.00 元

产品编号：082654-01

前　言

“建筑施工技术”是高等职业教育院校土建类相关专业必修的基础性课程，课程任务是研究土木建筑工程施工各主要工种的施工工艺、施工技术和施工方法。它涉及的知识面广，实践性强，综合性大，而且建筑工程施工技术发展迅速，因此，必须结合工程施工中的实际情况，综合解决工程施工中的技术问题。本课程力求拓宽专业面、扩大知识面、反映先进的技术水平，以适应发展的需要，力求综合运用基本理论和知识，以应用为主，解决工程实际问题，内容符合现有施工水平的实际需要。

为了适应我国高等职业教育实践型人才培养目标的需要，本书以课程标准、国家现行《建筑工程施工质量验收统一标准》(GB 50300—2013)以及相关专业工程施工质量验收标准规范为依据，密切结合当今建筑施工技术的实践，从强化与培养操作技能的角度出发，将“内容全面新颖、概念条理清晰、强化巩固应用”作为主旨，以人才培养为目标进行编写，突出高等职业教育的特点，面向生产高端技能型、应用型职业人才。

本书着重实践能力、动手能力的培养，既保证了全书的系统性和完整性，又体现了内容的实用性与可操作性，同时反映了建筑施工的新技术、新工艺和新方法，不仅具有原理性、基础性，还具有先进性和现代性。

为了能更好地丰富学生的学习内容并激发学生的学习兴趣，本书每章均添加了大量针对不同知识点的案例，结合案例和上下文可以帮助学生更好地理解所学内容，同时配有实训工作单，让学生及时达到学以致用。

本书与同类书相比具有如下显著特点：

(1) 新，穿插案例，清晰明了，形式独特；

(2) 全，知识点分门别类，包含全面，由浅入深，便于学习；

(3) 系统，知识讲解前后呼应，结构清晰，层次分明；

(4) 实用，理论和实际相结合，举一反三，学以致用；

(5) 赠送：除了必备的电子课件、教案、每章习题答案及模拟测试 A、B 试卷外，还相应地配套有大量的讲解音频、动画视频、三维模型、扩展图片等，以扫描二维码的形式再次拓展建筑施工技术的相关知识点，力求让初学者在学习时能最大化地接受新知识，最快、最高效地达到学习目的。

本书由黄河水利职业技术学院孙玉龙主编，参加编写工作的还有黄河水利职业技术学院王斌，河南城建学院董颇、王小召，河南龙元建设集团有限公司刘家印，郑州财经学院王空前，洛阳城市建设勘察设计院有限公司郭昊龙，北方工业大学孔元明。其中，孙玉龙负责编写绪论、第 6 章、第 7 章，以及第 10 章的 10.1～10.3 节，并对全书进行统筹，王空

前负责编写第 1 章，刘家印负责编写第 2 章，王斌负责编写第 3 章，董颇负责编写第 4 章，王小召负责编写第 5 章以及第 10 章的 10.4～10.7 节，郭昊龙负责编写第 8 章，孔元明负责编写第 9 章。在此对在本书编写过程中的全体合作者和帮助者表示衷心的感谢！

本书在编写过程中，得到了许多同行的支持与帮助，在此一并表示感谢。由于编者水平有限和时间紧迫，书中难免有错误和不妥之处，望广大读者批评、指正。

编　者

目　录

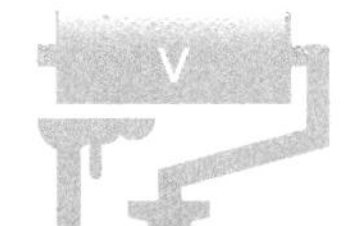

建筑施工技术试卷 A.docx

建筑施工技术试卷 B.docx

绪 论

0.1 “建筑施工技术”课程的研究对象和任务

建筑业在国民经济发展中起着举足轻重的作用。一方面从投资来看，国家用于建筑安装工程的资金，约占基本建设投资总额的 60%。另一方面，建筑业的发展对其他行业起着重要的促进作用，它每年要消耗大量的钢材、水泥、地方性建筑材料和其他国民经济部门的产品；同时建筑业的产品又为人民生活和其他国民经济部门服务，为国民经济各部门的扩大再生产创造必要的条件。建筑业提供的国民收入也居国民经济各部门的前列。目前，不少国家已将建筑业列为国民经济的支柱产业。在我国，随着四化建设的发展，改革开放政策的深入贯彻，建筑业的支柱作用也正日益得到发挥。

一栋建筑的施工是一个复杂的过程。为了便于组织施工和验收，我们常将建筑的施工划分为若干分部和分项工程。一般民用建筑按工程的部位和施工的先后次序，将一栋建筑的土建工程划分为地基与基础工程、主体结构工程、建筑屋面工程、建筑装饰装修工程等四个分部。按施工工种不同分为土石方工程、砌筑工程、钢筋混凝土工程、结构安装工程、屋面防水工程、装饰工程等分项工程。一般一个分部工程由若干不同的分项工程组成。如地基与基础分部是由土石方工程、砌筑工程、钢筋混凝土工程等分项工程组成的。

每一个工种工程的施工，都可以采用不同的施工方案、施工技术和机械设备以及不同的劳动组织和施工组织方法来完成。“建筑施工技术”就是以建筑工程施工中不同的工种施工为研究对象，根据其特点和规模，结合施工地点的地质水文条件、气候条件、机械设备和材料供应等客观条件，运用先进技术，研究其施工规律，保证工程质量，做到技术和经济的统一，即通过对建筑工程主要工种施工的工艺原理和施工方法，保证工程质量和施工安全措施的研究，选择经济、合理的施工方案，并掌握工程质量验收标准及检查方法，保证工程按期完成。

0.2 建筑施工技术发展简介

古代，我们的祖先在建筑技术上有着辉煌的成就，如殷代用木结构建造的宫室，秦朝所修筑的万里长城，唐代的山西五台山佛光寺大殿，辽代修建的山西应县 66m 高的木塔，及明代建造的北京故宫建筑，都说明了当时我国的建筑技术已达到了相当高的水平。

新中国成立以来，随着社会主义建设事业的发展，我国的建筑施工技术也得到了不断的发展和提高。在施工技术方面，不仅掌握了大型工业建筑、多层和高层民用建筑与公共建筑施工的成套技术，而且在地基处理和基础工程施工中推广了钻孔灌注桩、旋喷桩、挖孔桩、振冲法、深层搅拌法、强夯法、地下连续墙、土层锚杆、“逆作法”施工等新技术。在现浇钢筋混凝土模板工程中，推广应用了爬模、滑模、台模、筒子模、隧道模、组合钢模板、大模板、早拆模板体系。粗钢筋连接应用了电渣压力焊、钢筋气压焊、钢筋冷压连接、钢筋螺纹连接等先进连接技术。混凝土工程采用了泵送混凝土、喷射混凝土、高强混凝土以及混凝土制备和运输的机械化、自动化设备。在预制构件方面，不断完善挤压成型、热拌热模、立窑和折线形隧道窑养护等技术。在预应力混凝土方面，采用了无黏结工艺和整体预应力结构，推广了高效预应力混凝土技术，使我国预应力混凝土的发展从构件生产阶段进入了预应力结构生产阶段。在钢结构方面，采用了高层钢结构技术、空间钢结构技术、轻钢结构技术、钢—混凝土组合结构技术、高强度螺栓连接与焊接技术和钢结构防护技术。在大型结构吊装方面，随着大跨度结构与高耸结构的发展，创造了一系列具有中国特色的整体吊装技术。如集群千斤顶的同步整体提升技术，能把数百吨甚至数千吨的重物按预定要求平稳地整体提升安装就位。在墙体改革方面，利用各种工业废料制成了粉煤灰矿渣混凝土大板、膨胀珍珠岩混凝土大板、煤渣混凝土大板、粉煤灰陶粒混凝土大板等各种大型墙板，同时发展了混凝土小型空心砌块建筑体系、框架轻墙建筑体系、外墙保温隔热技术等，使墙体改革有了新的突破。

近年来，激光技术在建筑施工导向、对中和测量以及液压滑升模板操作平台自动调平装置上得到应用，使工程施工精度得到提高，同时保证了工程质量。另外，在电子计算机、工艺理论、装饰材料等方面，也掌握和开发了许多新的施工技术，有力地推动了我国建筑施工技术的发展。

0.3　本课程的学习要求

建筑施工技术是一门综合性很强的职业技术课。它与建筑材料、房屋建筑构造、建筑测量、建筑力学、建筑结构、地基与基础、建筑机械、施工组织设计与管理、建筑工程计算与计价等课程有密切的关系。它们既相互联系，又相互影响，因此，要学好建筑施工技术课，还应学好上述相关课程。

建筑工程施工要加强技术管理，贯彻统一的“施工质量验收规范”，认真学习相关的“施工工艺指南”，不断提高施工技术水平，保证工程质量，降低工程成本。我们除了要学好上述相关课程外，还必须认真学习国家颁发的建筑工程施工及验收规范，这些规范是国家的技术标准，是我国建筑科学技术和实践经验的结晶，也是全国建筑界所有人员应共同遵守的准则。

由于本学科涉及的知识面广、实践性强，而且技术发展迅速，学习中必须坚持理论联系实际的学习方法。除了要对课堂讲授的基本理论、基本知识加强理解外，还应利用幻灯、录像等电化教学手段来进行直观教学，并应重视习题和课程设计、现场教学、生产实习、技能训练等实践性教学，让学生应用所学施工技术知识来解决实际工程中的一些问题，做到学以致用，融会贯通。

第1章　土方工程

【教学目标】

第 1 章-土方工程 ppt.pptx

1. 了解土方工程的基本概念、土的工程性质和分类。
2. 掌握土方工程量的计算。
3. 掌握土方填筑与压实的技术要求。

【教学要求】

本章要点	掌握层次	相关知识点
土方工程概述	1. 了解土方工程施工特点 2. 了解土方工程分类 3. 了解土的基本性质	土方工程基础知识
土方的调配与计算工程量	1. 施工准备 2. 土方机械施工 3. 土方压实与填筑	1. 土方工程施工技术要求 2. 土方工程质量标准 3. 土方工程施工安全标准

【案例导入】

某办公楼工程，建筑面积 18000m^2，基础埋深 8.8m，现浇钢筋混凝土框架结构，筏板基础。该工程位于市中心，场地狭小，开挖土方需外运至指定地点。

由于工期紧、任务重，施工总承包单位依据基础形式、工程规模、现场和机具设备条件以及土方机械的特点，选择了挖土机、推土机、自卸汽车等土方施工机械，编制了土方施工方案。

【问题导入】

施工总承包单位选择的是何种土方开挖方案？选择依据有哪些？

1.1 概　　述

1.1.1 土方工程的概念和施工特点

1. 土方工程的概念

土方工程是土建工程中土体开挖、运送、填筑、压密以及弃土、排水、土壁支撑等工作的总称。土木工程中常见的土方工程有场地平整、基坑(槽)与管沟开挖、路基开挖、人防工程开挖、地坪填土、路基填筑以及基坑回填。

土方工程施工.docx

2. 土方工程的特点

土方工程是建筑工程施工的主要工程之一，其施工特点如下。

1) 土方工程量大、劳动强度高

如大型项目的场地平整，土方量可达数百万立方米以上，面积达数十平方公里，工期长，因此，为了减轻繁重的劳动强度，提高劳动生产率，缩短工期，降低工程成本，在组织土方工程施工时，应尽可能采用机械化或综合机械化方法进行施工。

2) 施工条件复杂

土方工程施工，一般为露天作业，土为天然物质，种类繁多。施工时受地下水文、地质、地下妨碍、气候等因素的影响较大，不可确定的因素较多，因此，施工前必须做好各项准备工作，进行充分的调查研究，详细研究各种技术资料，制定合理的施工方案进行施工。

3) 受场地限制

任何建筑物都需要一定的埋置深度，土方的开挖与土方的留置存放都受到施工场地的限制，特别是城市内施工，场地狭窄，周围建筑较多，往往由于施工方案不当，导致周围建筑设施不安全并失去稳定，因此，施工前必须详细了解周围建筑的结构形式及各种管线的分布走向，熟悉地质技术资料，制定切实可行的施工安全方案，充分利用施工场地。

1.1.2 土的工程分类与现场鉴别方法

在建筑施工中，按照开挖的难易程度，土可分为八类：一类土(松软土)、二类土(普通土)、三类土(坚土)、四类土(砂砾坚土)、五类土(软石)、六类土(次坚石)、七类土(坚石)、八类土(特坚石)，其中一至四类为土，五至八类为岩石，详细的分类如表 1-1 所示。

土的工程分类与现场鉴别方法.mp4

音频.土的工程分类.mp3

表中列出土的工程分类直观的鉴别方法，就是根据开挖的难易程度和开挖中使用的不同工具和方法来进行分类。

土的开挖难易程度直接影响土方工程的施

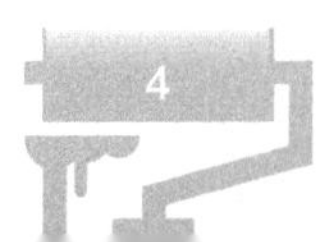

工方案、劳动量消耗和工程费用。土越硬，劳动量消耗越多，工程成本越高。

表 1-1 土的工程分类

土的分类	土的名称	坚实系数 f	密度(t/m³)	开挖方法及工具
一类土(松软土)	砂土、粉土、冲积砂土层、疏松的种植土、淤泥(泥炭)	0.5～0.6	0.6～1.5	用锹、锄头挖掘，少许用脚蹬
二类土(普通土)	粉质黏土，潮湿的黄土，夹有碎石、卵石的砂，粉土混卵(碎)石，种植土、填土	0.6～0.8	1.1～1.6	用锹、锄头挖掘，少许用镐翻松
三类土(坚土)	软及中等密实黏土，重粉质黏土、砾石土，干黄土、含有碎石卵石的黄土、粉质黏土，压实填土	0.8～1.0	1.75～1.9	主要用镐，少许用锹、锄头挖掘，部分用撬棍
四类土(砂砾坚土)	坚硬密实的黏性土或黄土，含碎石、卵石的中等密实的黏性土或黄土，粗卵石，天然级配砂石，软泥灰岩	1.0～1.5	1.9	整个先用镐、撬棍，后用锹挖掘，部分用楔子及大锤
五类土(软石)	硬质黏土，中密的页岩、泥灰岩、白垩土，胶结不紧的砾岩，软石灰及贝壳石灰石	1.5～4.0	1.1～2.7	用镐或撬棍、大锤挖掘，部分使用爆破方法
六类土(次坚石)	泥岩、砂岩、砾岩，坚实的页岩、泥灰岩，密实的石灰岩，风化花岗岩、片麻岩及正长岩	4.0～10.0	2.2～2.9	用爆破方法开挖，部分用风镐
七类土(坚石)	大理石，辉绿岩，玢岩，粗、中粒花岗岩，坚实的白云岩、砂岩、砾岩、片麻岩、石灰岩，微风化安山岩，玄武岩	10.0～18.0	2.5～3.1	用爆破方法开挖
八类土(特坚石)	安山岩，玄武岩，花岗片麻岩，坚实的细粒花岗岩、闪长岩、石英岩、辉长岩、辉绿岩、玢岩、角闪岩	18.0～25.0 以上	2.7～3.3	用爆破方法开挖

注：坚实系数 f 相当于普氏岩石强度系数。

1.1.3 土的基本性质

1. 土的密度

(1) 土的天然密度：土在天然状态下单位体积的质量，称为土的天然密度。

(2) 土的干密度：单位体积中土的固体颗粒的质量称为土的干密度。

土的干密度越大，表示土越密实。工程上把土的干密度作为评定土体密实程度的标准，以控制基坑底压实及填土工程的压实质量。

2. 土的含水量

土的含水量是土中水的质量与固体颗粒质量之比，以百分数表示。土的干湿程度用含水量表示，5%以下称干土，5%～30%称潮湿土，30%以上称湿土，含水量越大，土就越湿，对施工越不利。

3. 土的可松性

自然状态下的土经开挖后，其体积因松散而增大，以后虽经回填压实，其体积仍不能恢复原状，这种性质称为土的可松性。土的可松性程度用可松性系数表示。

4. 土的渗透性

土的渗透性是指水流通过土中孔隙的难易程度，水在单位时间内穿透土层的能力称为渗透系数，用立方米表示。土的渗透性大小取决于不同的土质。地下水的流动以及在土中的渗透速度都与土的渗透性有关。

影响土的渗透性的因素有很多，如土的类别、密度、应力状态、水的流态及水力坡降等。

土壤的渗透性对污染物的迁移也起着很重要的影响。土壤的渗透性反映了土壤的松紧程度，土壤越紧密，其渗透性越差，水分运动越慢，污染物的迁移能力也就越差；反之，土壤越松散，其渗透性就越好，水分运动越快，污染物的迁移能力也就越好。所以说，土壤的渗透性也直接影响着污染物的迁移能力。

经验入渗系数 K 是反映土壤入渗能力的一个重要指标，它表示土壤入渗开始后第一个单位时间(1min)内单位面积上的平均入渗速率或第一个单位时段末单位面积上的累积入渗量，其数值的大小主要取决于入渗时土壤的结构和状况。

经验入渗指数 a 是反映土壤入渗能力衰减的重要指标，其值越大，入渗衰减得越快，其值越小，入渗衰减得越慢。a 值大小主要取决于由于土体润湿而引起的土壤结构的改变。

1.2　土方与土方量调配计算

1.2.1　基坑、基槽土方量计算

基坑是在基础设计位置按基底标高和基础平面尺寸所开挖的土坑。开挖前应根据地质水文资料，结合现场附近建筑物情况，决定开挖方案，并做好防水排水工作。开挖不深者可用放边坡的办法，使土坡稳定，其坡度大小按有关施工工程规定确定。开挖较深及邻近有建筑物者，可采用基坑壁支护方法和喷射混凝土护壁方法，大型基坑甚至采用地下连续墙和柱列式钻孔灌注桩连锁等方法，防护外侧土层坍入；在附近建筑无影响者，可用井点法降低地下水位，采用放坡明挖；在寒冷地区可采用天然冷气冻结法开挖等。

1. 基坑土方量计算

1)　挖基坑土方的界定范围

沟槽、基坑、一般土方的划分为：底宽≤7m 且底长>3 倍底宽为沟槽；底长≤3 倍底宽且底面积≤150m^2 为基坑；超出上述范围则为一般土方。挖基坑土方示意图如图 1-1 所示。

图 1-1 挖基坑土方示意图

2) 工程量计算规则

(1) 清单计算规则：按设计图示尺寸以基础垫层底面积乘以挖土深度计算。

(2) 定额计算规则：按设计图示基础(含垫层)尺寸，另加工作面宽度、土方放坡宽度乘以开挖深度，以体积计算。

基础土方的开挖深度，应按基础(含垫层)底标高至设计室外地坪标高确定。交付施工场地标高与设计室外地坪标高不同时，应按交付施工场地标高确定。

基础土方放坡，自基础(含垫层)底标高算起。原槽、坑作基础垫层时，放坡自垫层上表面开始计算。

3) 工程量计算方法

挖基坑需支挡土板时，其宽度按图示沟槽、基坑底宽，单面加 10cm、双面加 20cm 计算。挡土板面积按沟槽、基坑垂直支承面积计算，支挡土板后，不得再计算放坡。

挖基坑土方体积=垫层面积(坑底面积)×挖土深度

方形基坑示意图如图 1-2 所示。

(1) 无工作面，不放坡矩形基坑。

计算公式：

$$V=abh \tag{1-1}$$

式中：V——基坑挖土体积，m^3；

a——基础外围边长，m；

b——基础外围边宽，m；

h——基坑深度，m。

(2) 有工作面，不放坡矩形基坑。

计算公式：

$$V=(a+2c)(b+2c)h \tag{1-2}$$

式中：V——基坑挖土体积，m^3；

a——基础外围边长，m；

b——基础外围边宽，m；

h——基坑深度，m；

c——基坑工作面，m。

(3) 有放坡矩形基坑，如图 1-2(d)所示。

计算公式：

$$V = (a + 2c + kh)(b + 2c + kh)h + \frac{1}{3}k^2h^3 \tag{1-3}$$

图中 $a'=a+2c$，$b'=b+2c$。

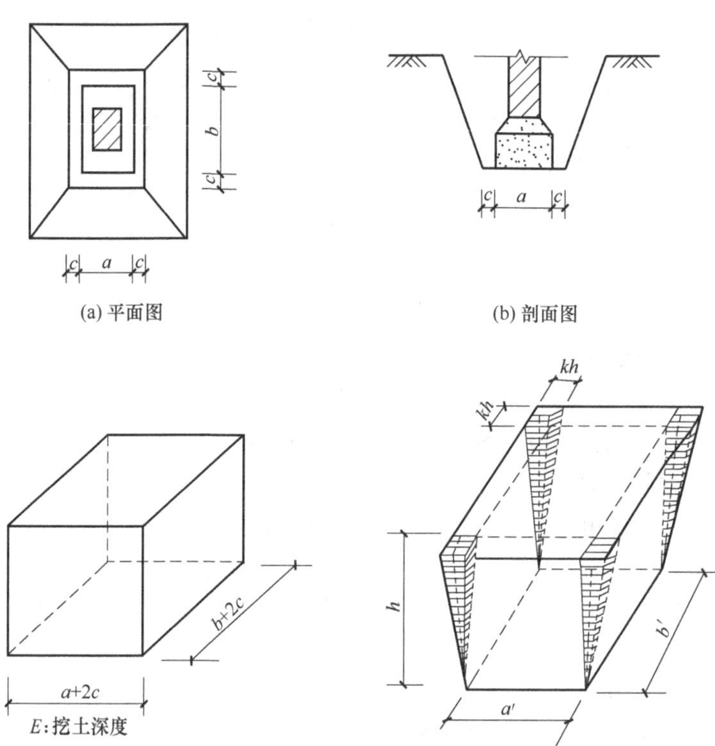

(a) 平面图　(b) 剖面图

(c) 不放坡基坑　(d) 放坡基坑

图 1-2　方形基坑示意图

(4) 无工作面，不放坡圆形基坑。

计算公式：　$V=1/4\times\pi\times D\times h$　(1-4)

式中：V——基坑挖土体积，m^3；

D——圆形基础底部外围直径，m；

h——基坑深度，m。

(5) 有放坡圆形基坑。

计算公式：　$V=\pi/12\times h\times(D_1^2+D_1\times D_2+D_2^2)$　(1-5)

有工作面：　$D_1=D+2c$，$D_2=D+2c+2kh$　(1-6)

无工作面：　$D_1=D$，$D_2=D+2kh$　(1-7)

式中：V——基坑挖土体积，m^3；

a——基础外围边长，m；

b——基础外围边宽，m；

a'——基坑底部边长，m；

b'——基坑底部边宽，m；

h——基坑深度，m；

c——基坑工作面，m；

k——放坡系数；

kh——放坡宽度，m；

D——圆形基础底部外围直径，m；

D_1——圆台基坑底部直径，m；

D_2——圆台基坑上口直径，m。

2. 基槽土方量计算

1) 挖沟槽土方的界定范围

沟槽的图示底宽≤7m 且底长>3 倍底宽。现场挖沟槽示意图如图 1-3 所示。

图 1-3 现场挖沟槽示意图

挖沟槽示意图.mp4

2) 工程量计算规则

(1) 清单计算规则：按设计图示尺寸以基础垫层底面积乘以挖土深度计算。

(2) 定额计算规则：按设计图示沟槽长度乘以沟槽断面面积，以体积计算。

① 挖沟槽需支挡土板时，其宽度按图示沟槽、基坑底宽，单面加 10cm、双面加 20cm 计算。挡土板面积按沟槽、基坑垂直支承面积计算；支挡土板后，不得再计算放坡。

② 条形基础的沟槽长度，按设计规定计算；设计无规定时，按下列规定计算：

A. 外墙沟槽，按外墙中心线长度计算。突出墙面的墙垛，按墙垛突出墙面的中心线长度，并入相应工程量内计算。

B. 内墙沟槽、框架间墙沟槽，按基础垫层底面净长线计算，突出墙面的墙垛部分的体积并入土方工程量。

③ 管道的沟槽长度，按设计规定计算；设计无规定时，以设计图示管道中心线长度(不扣除下口直径或边长小于等于 1.5m 的井池)计算。下口直径或边长大于 1.5m 的井池的土石方，另按基坑的相应规定计算。

④ 沟槽的断面面积，应包括工作面宽度、放坡宽度及土石方允许超挖量的面积。

3) 工程量计算方法

(1) 无工作面，不放坡沟槽，如图 1-4 所示。

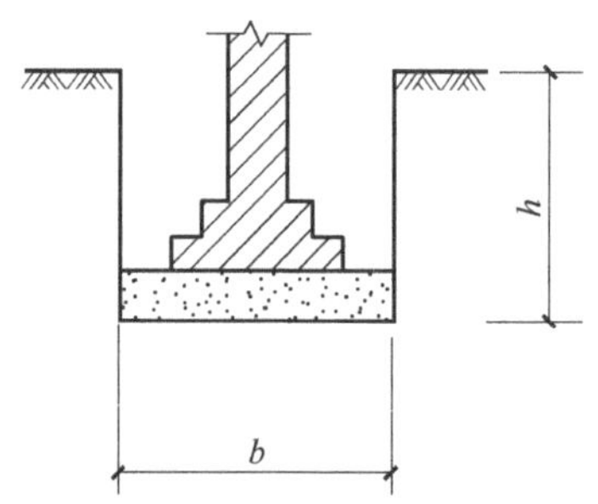

无工作面沟槽.mp4

图 1-4 无工作面，不放坡沟槽示意图

计算公式：

$$V=bhL \tag{1-8}$$

式中：V——基槽土方量，m^3；

b——槽底宽度，m;

h——基槽深度，m;

L——基槽长度，m。

(2) 有工作面，不放坡沟槽，如图 1-5 所示。

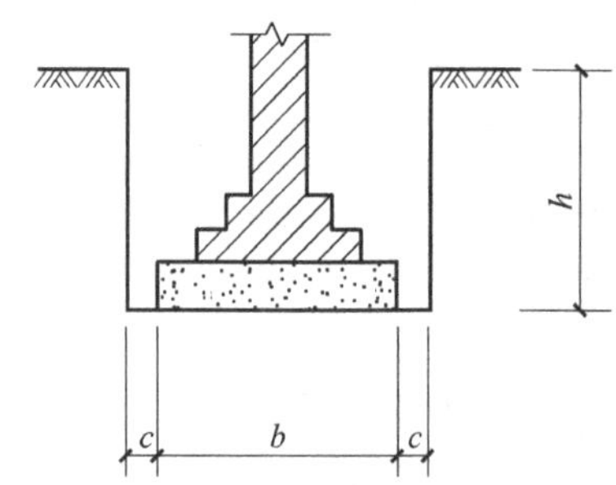

图 1-5 有工作面，不放坡沟槽示意图

计算公式：

$$V=(b+2c)hL \tag{1-9}$$

式中：V——基槽土方量，m^3；

b——槽底宽度，m;

c——工作面宽度，m;

h——基槽深度，m;

L——基槽长度，m。

(3) 有工作面，支挡土板沟槽，如图 1-6 所示。

计算公式：

$$V=(b+2c+0.2)hL \tag{1-10}$$

式中：V——基槽土方量，m^3；

b——槽底宽度，m;

c——工作面宽度，m;

h——基槽深度，m;

L——基槽长度，m；

0.2——支挡土板宽度，m。

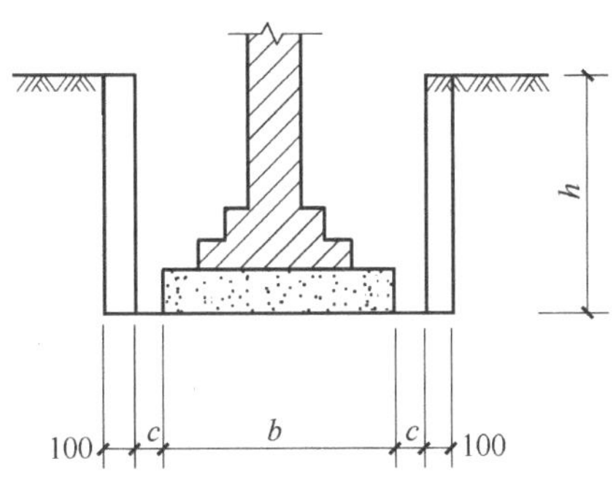

放坡沟槽有工作面.mp4

图 1-6 有工作面，支挡土板沟槽示意图

(4) 有工作面，放坡沟槽，如图 1-7 所示。

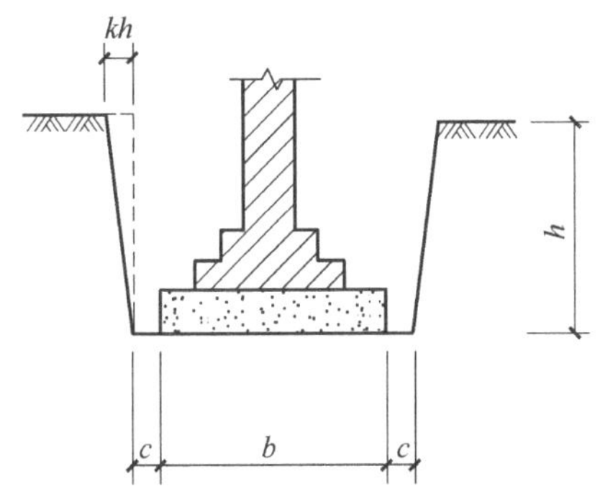

有工作面沟槽.mp4

图 1-7 有工作面，放坡沟槽示意图

计算公式：

$$V=(b+2c+kh)hL \tag{1-11}$$

式中：V——基槽土方量，m^3；

b——槽底宽度，m；

c——工作面宽度，m；

h——基槽深度，m；

L——基槽长度，m；

k——坡度系数；

kh——放坡宽度，m。

以上几种情况综合到一张示意图上，如图 1-8 所示，可以清晰地对比分析放坡和不放坡两种情况，同时各种对应的专业术语在图上的明确标识可以一目了然，更方便记忆和理解。

【案例 1-1】某基坑坑底长 80m、宽 60m、深 8m，四边放坡，边坡坡度为 1∶0.5，试计算挖土土方工程量。若地下室的外围尺寸为 78m×58m，土的最初可松性系数 K_s=1.13，最终可松性系数 K_s'=1.03，回填结束后，余土外运，用斗容量 $5m^3$ 的车运，求需运多少车？

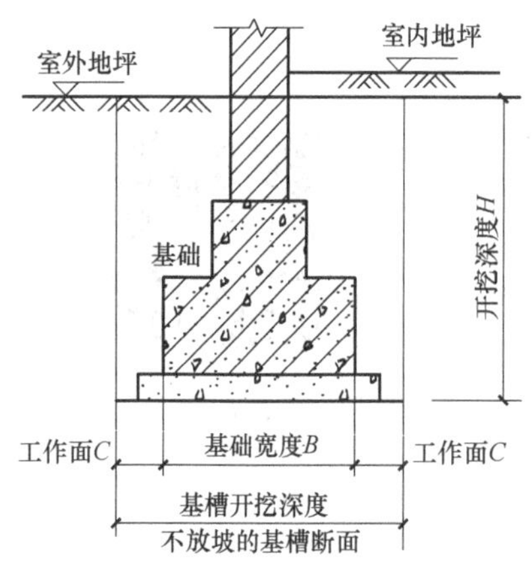

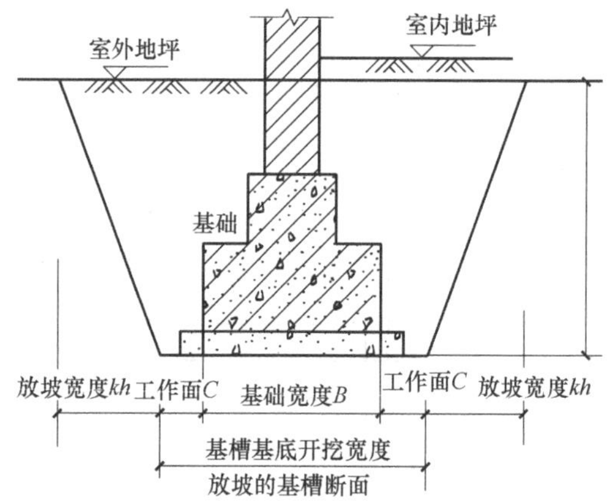

图 1-8　基槽断面示意图

1.2.2 场地平整土方量计算

1. 场地平整的概念

场地平整，就是指通过挖高填低，将原始地面改造成满足人们生产、生活需要的场地平面。必须确定场地平整的设计标高，作为计算挖填土方工程量、进行土方平衡调配、选择施工机械、制定施工方案的依据。

场地平整是将天然地面改造成工程上所要求的设计平面，由于场地平整时全场地兼有挖和填，而挖和填的体形常常不规则，所以一般采用方格网方法分块计算解决。

平整场地前应先做好各项准备工作，如清除场地内所有地上、地下障碍物，排除地面积水，铺筑临时道路等，如图 1-9 所示。

2. 场地设计标高的原则

(1) 在满足总平面设计的要求，并与场外工程设施的标高相协调的前提下，考虑挖填平衡，以挖作填。

(2) 如挖方少于填方，则要考虑土方的来源，如挖方多于填方，则要考虑弃土堆场。

(3) 场地设计标高要高出区域最高洪水位，在严寒地区，场地的最高地下水位应在土壤冻结深度以下。

3. 施工场地平整的目的

一是通过场地的平整，使场地的自然标高达到设计要求的高度；二是在平整场地的过程中，建立必要的、能够满足施工要求的供水、排水、供电、道路以及临时建筑等基础设施，从而使施工中所要求的必要条件得到充分的满足。施工现场的实践证明，施工场地的平整绝不是简单平整一下而已，在这个过程中有大量的基础工作需要一一落实，结合场地平整将场地内的基础设施落实得越细致，越有利于即将开始的正式工程的顺利施工。

图 1-9 场地平整施工示意图

4. 计算场地平整土方量

1) 初步确定场地设计标高

场地设计标高的确定可按如下步骤进行。

(1) 划分场地方格网。

(2) 计算或实测各角点的原地形标高。

(3) 计算场地设计标高。

(4) 泄水坡度调整。

首先将拟平整场地划分成边长为 a 的若干方格网，并将方格网角点的原地形标高标在图上。原地形标高可利用等高线，用插入法求得或在实地测量得到。

按照挖填土方量相等的原则，如图 1-10 所示，场地的设计标高可按照下式计算：

$$H_0 M a^2 = \sum \left(a^2 \frac{H_{11} + H_{12} + H_{21} + H_{22}}{4} \right) \tag{1-12}$$

则有：

$$H_0 = \sum \left(\frac{H_{11} + H_{12} + H_{21} + H_{22}}{4M} \right) \tag{1-13}$$

式中：H_0——所计算场地的设计标高，m；

a——方格网边长，m；

M——方格网数；

H_{11}，H_{12}，H_{21}，H_{22}——任一方格的四个角点的标高，m。

由于相邻方格具有公共的角点标高，在一个方格网中，一些角点是四个相邻方格的公共角点，其标高需要累加四次，一些角点则是三个相邻方格的公共角点，其标高需要累加三次，而某些角点标高仅需要累加两次，又如方格网四角的角点标高仅需要加一次，因此式(1-13)可以改写为：

$$H_0 = \frac{\sum H_1 + 2\sum H_2 + 3\sum H_3 + 4\sum H_4}{4M} \tag{1-14}$$

式中：H_1——一个方格仅有的角点标高，m；

H_2——二个方格仅有的角点标高，m；

H_3——三个方格仅有的角点标高，m；

H_4——四个方格仅有的角点标高，m。

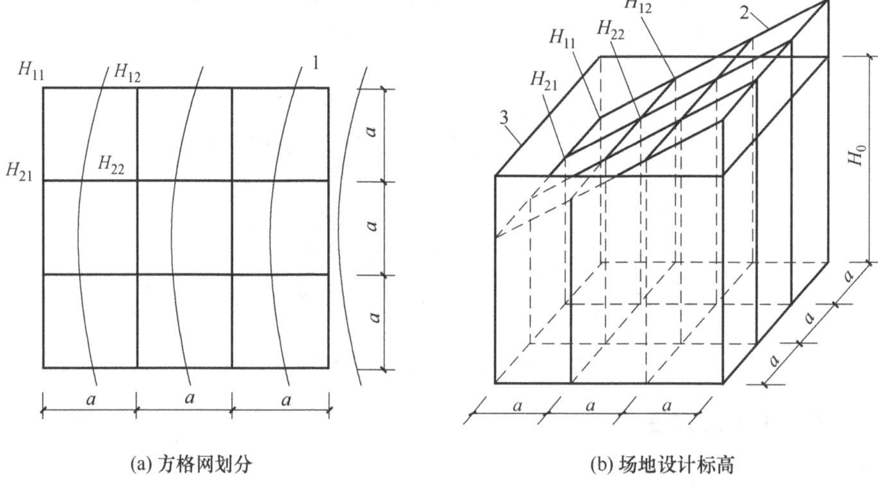

(a) 方格网划分　　(b) 场地设计标高

图 1-10　场地设计标高计算示意图

1—等高线；2—自然平面；3—设计平面

2)　场地设计标高的调整

按照式(1-14)计算的场地设计标高 H_0 仅是一理论值，还需要考虑以下因素进行调整。

(1)　土的可松性影响计算。

由于土体具有可松性，按理论计算的 H_0 施工，填土会有剩余，为此需要适当提高设计标高。

由图 1-11 可以看出，设Δh 为考虑土的可松性而引起的设计标高的增加值，则总挖方体积 V_W 应减少 $F_W\Delta h$，设计标高调整后的总挖方体积 V_W' 应为：

$$V_W' = V_W - F_W\Delta h \tag{1-15}$$

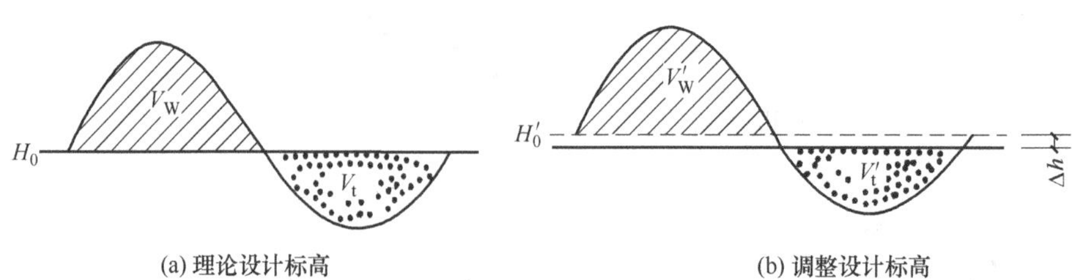

(a) 理论设计标高　　(b) 调整设计标高

图 1-11　设计标高调整计算示意图

式中：V_W'——设计标高调整后的总挖方体积；

V_W——设计标高调整前的总挖方体积；

F_W ——设计标高调整前的挖方区总面积。

设计标高调整后，总填方体积则变为：

$$V_t' = V_W' K_S' = (V_W - F_W \Delta h) K_S' \tag{1-16}$$

式中：V_t'——设计标高调整后的总填方体积；

K_S'——土的最终可松性系数。

此时，由于填方区的标高也应当与挖方区的标高一样提高Δh，则有：

$$\Delta h = \frac{V_t' - V_t}{F_t} = \frac{(V_W - F_W \Delta h) K_S' - V_t}{F_t} \tag{1-17}$$

式中：V_t——调整前的总填方体积；

F_t——调整前的填方区总面积。

左右移项化简式(1-17)可得：

$$\Delta h = \frac{V_W (K_S' - 1)}{F_t + F_W K_S'} \tag{1-18}$$

因此，在考虑到土的可松性的情况下，场地的设计标高应调整为：

$$H_0' = H_0 + \Delta h \tag{1-19}$$

(2) 由于设计标高以上的各种填方工程的用量而引起的设计标高的降低，或者由于设计标高以下的各种挖方工程的挖土量而引起的设计标高的提高。

(3) 根据经济比较结果，如采用场外取土或弃土施工方案，则应当考虑因此而引起的土方量的变化，需将设计标高进行调整。

3) 最终确定场地各方格角点的设计标高

按上述调整后的设计标高进行场地平整，整个场地表面将处于同一个水平面，但实际上由于排水要求，场地表面均有一定的泄水坡度，因此还要根据场地泄水坡度要求，计算出场地内实际施工的设计标高。

平整场地坡度，一般标明在图纸上，如果设计无要求，一般取不小于2‰的坡度，根据设计图纸或现场情况，泄水坡度分单向泄水和双向泄水。

(1) 单向泄水。

当场地向一个方向排水时，称为单向排水，如图1-12(a)所示。单向泄水时场地设计标高计算，是将已调整好的设计标高H_0作为场地中心线标高，场地内任一点的设计标高为：

$$H_n = H_0 \pm li \tag{1-20}$$

式中：H_n——场地内任意一方格的设计标高；

i——场地泄水坡度(一般不小于2‰)；

l——该方格角点至场地中心线H_0—H_0的距离；

±——该点比H_0—H_0线高取“+”，反之则取“−”。

(2) 双向泄水。

场地向两个方向排水，称为双向泄水，如图1-12(b)所示。双向泄水时设计标高的计算是将已调整的设计标高H_0作为场地的中心线，场地内任意一个方向角点的设计标高H_n为：

$$H_n = H_0 \pm l_x i_x \pm l_y i_y \tag{1-21}$$

式中：l_x、l_y——该点在 x—x、y—y 方向上距场地中心点的距离，m；

i_x、i_y——场地在 x—x、y—y 方向上的泄水坡度；

±——该点比 H_0—H_0 线高取“+”，反之则取“-”。

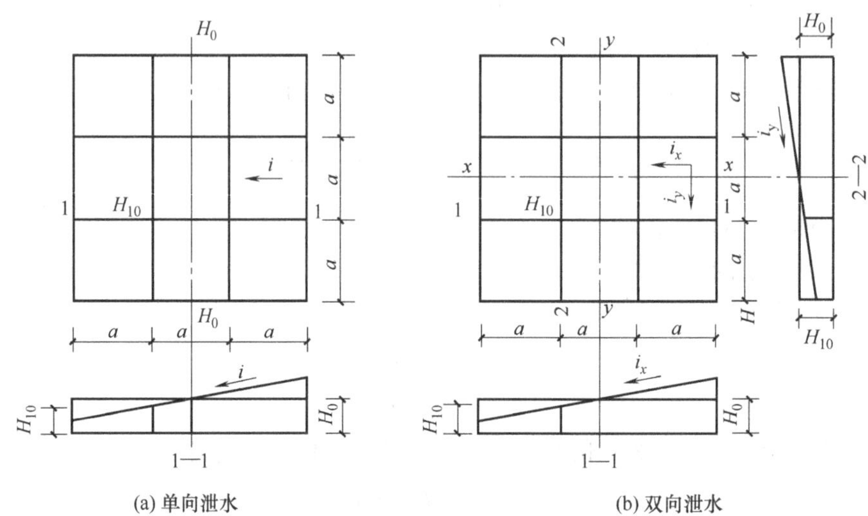

图 1-12　场地泄水坡度示意图

【案例 1-2】某建筑场地方格网如图 1-13 所示。方格边长为 30m，要求场地排水坡度 i_x=2‰，i_y=3‰，试按挖填平衡的原则来计算各角点的施工高度(不考虑土的可松性影响)。

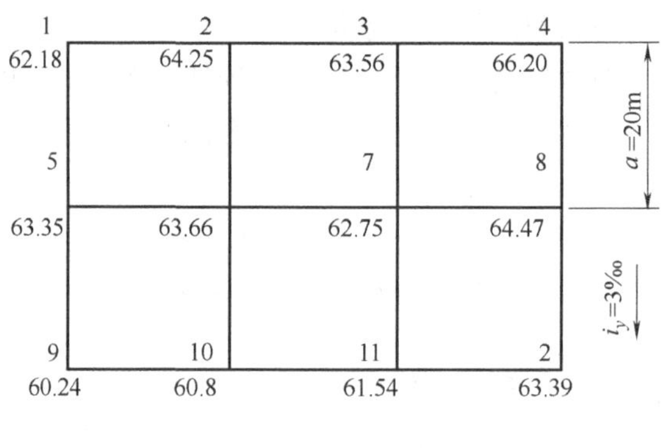

图 1-13　方格网示意图

1.3　土方工程施工要点

在平整过的场地上，利用建设单位提供的基点坐标经过定位放线之后，就可进行基坑开挖。由于地质条件的复杂性和多样性，不同的施工场地，需要做不同的土方工程施工的准备工作。

1.3.1 施工准备

1. 业主方的准备工作

(1) 审核施工单位资质，材料是否指定合格，工程预付款是否如期支付，现场三通一平的条件是否达到，组织设计交底，图纸会审，岩土勘察，组织专项基坑围护方案专家认证及桩基的静载测试。

(2) 向施工单位提供当地实测地形图(包括测量成果)、原有地下管线或构筑物竣工图、土石方施工图以及工程地质、气象等技术资料。

2. 监理单位的准备工作

(1) 审核施工单位资质、材料是否合格。

(2) 制定监理规程及实施方案。

(3) 审查施工组织设计及项目部人员的资质和特种工上岗证等。

3. 施工单位的准备工作

(1) 应具备的技术资料。建设单位应向施工单位提供当地实测地形图(包括测量成果)、原有地下管线或构筑物竣工图、土石方施工图以及工程地质、气象等技术资料，以便编制施工组织设计(或施工方案)，并应提供平面控制点和水准点，作为施工测量和工程验收的依据。

(2) 障碍物清理。对施工区域内的所有障碍物，如已有建筑物或构筑物、道路、沟渠、通信、电力设备、地上和地下管道、坟墓、树木等，均应在施工前进行拆除或妥善处理。

(3) 地表土层清理。凡是施工区域内，影响工程质量的软弱土层、腐殖土、大卵石、草皮、垃圾等应进行处理。

(4) 设置排水设施。在施工区域内应设置临时性或永久性排水设施。

(5) 测量定位放线。根据规划部门测放的建筑界线、街道控制点和水准点进行土方工程施工测量及定位放线之后，方可进行土方施工。

(6) 修筑临时道路。施工场地内机械行走的道路开工前要修筑好，并开辟适当的工作面，以利施工。

(7) 了解现场的水文地质情况。对于山区施工，应事先了解当地地层岩石性质、地质构造和水文、地形、地貌等。如因土石方施工可能产生滑坡时，应采取措施。在陡峻山坡脚下施工，应事先检查山坡坡面情况，如有危岩、孤石、崩塌体、古滑坡体等不稳定迹象时，应作妥善处理。

(8) 其他准备工作。做好现场供水、供电、搭设临时生产和生活用的设施以及施工机具、材料进场等准备工作。

1.3.2 土方边坡与土壁支撑

1. 基坑(土方)边坡

基坑边坡的坡度是以高度 h 与底宽 b 之比表示的，即

土方边坡与土壁支撑.docx

$$基坑边坡的坡度=h/b=1/(b/h)=1：m \tag{1-22}$$

式中，$m=b/h$，为坡度系数。

土方开挖或填筑的边坡可以做成直线形、折线形及阶梯形，如图 1-14 所示。边坡的大小与土质、开挖深度、开挖方法、边坡留置时间的长短、边坡附近的震动和有无荷载、排水情况等有关。

支挡土沟槽.mp4

当地质条件良好、土质均匀且地下水位低于基坑(槽)或管底面标高时，挖方边坡可做成直立壁不加支撑，但不宜超过下列规定。

(1) 密实、中实的砂土和碎石类土(充填物为砂土)不超过 1.0m。

(2) 硬塑、可塑的轻亚黏土不超过 1.25m。

(3) 硬塑、可塑的黏土和碎石类土(充填物为黏性土)不超过 1.5m。

(4) 坚硬的黏土不超过 2.0m。

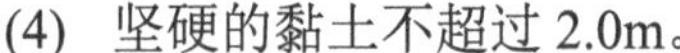

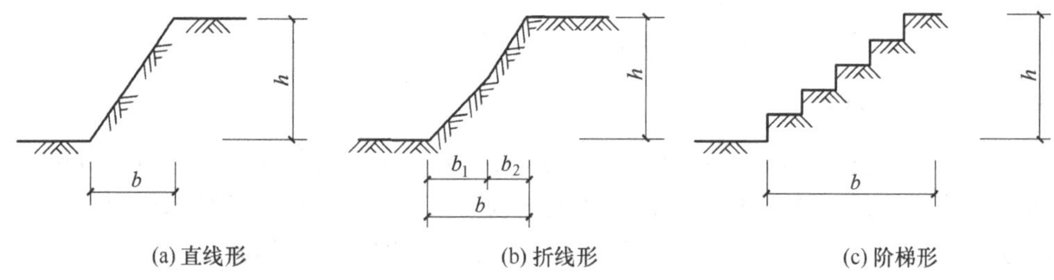

(a) 直线形　　(b) 折线形　　(c) 阶梯形

图 1-14　土方边坡示意图

2. 边坡失稳的原因

边坡失稳一般是指土方边坡在一定的范围内整体沿某一滑动面向下和向外移动，坡面丧失其稳定性。边坡失稳往往是在外界不利因素的影响下触发和加剧的。这些外界不利因素往往会导致土体剪应力的增加或剪强度降低，使土体中的剪应力大于土的抗剪强度，而造成滑动失稳。

引起土体剪应力增加的主要因素有：坡顶堆物、行车；基坑边坡太陡；开挖深度过大；雨水或地面水渗入土中，使土的含水量增加而造成自重增加；地下水的渗流产生一定的动水压力；土体竖向裂纹中的积水产生的侧向静水压力等。

引起土体抗剪强度降低的主要因素有：土质本身较差或因气候影响使土质变软；土体内含水量增加而产生润滑作用，饱和的细砂、粉砂受震动而液化等。

由于影响基坑边坡稳定的因素很多，在一般情况下，开挖深度较大的基坑应对土方边坡作稳定分析，即在给定的荷载作用下，土体抗剪切破坏应有一个足够的安全系数，而且其变形不应超过某一容许值。

边坡稳定的分析方法很多，如条分法、摩擦圆法等。

3. 土壁支撑

土壁支撑.mp4

当基坑开挖采用放坡无法保证施工安全或场地无放坡条件时，一般采用支护结构临时支挡，以保证基坑的土壁稳定。基坑支护结构既要确保土壁稳定、邻近建筑物与构筑物和管线的安全，又要考虑支护结构施工方便、经济合理、有利于土方开挖和地下工程的建造。

支护体系主要由围护结构(挡土结构)和撑锚结构两部分组成。围护结构为垂直受力部分，主要承担土压力、水压力、边坡上的荷载，并将这些荷载传递到撑锚结构。撑锚结构为水平部分，除承受围护结构传递来的荷载外，还要承受施工荷载(如施工机具、堆放的材料、堆土等)和自重。

1) 支护体系按围护结构分类

支护体系按围护结构的类型归纳有：木挡墙、钢板桩挡墙、钢筋混凝土板桩挡墙、H形钢支柱(或钢筋混凝土桩支柱)木挡板支护墙、混凝土灌注桩、旋喷桩帷幕墙、深层搅拌水泥土挡墙、地下连续墙等。

支护结构一般为临时结构，待建筑物或构筑物的基础及地下工程施工完毕，或管线施工完毕即失去作用。所以围护结构常采用可回收再利用的材料，如木桩、钢板桩等；也可使用永久埋在地下的材料，但费用要尽量低，如钢筋混凝土板桩、混凝土灌注桩、旋喷桩、深层搅拌水泥土墙和地下连续墙等。设计时可将其作为地下结构的一部分，这样可降低地下工程造价。

2) 支护体系按撑锚结构分类

支护体系按撑锚结构的类型归纳有：悬臂式支护结构、拉锚式支护体系、内撑式支护体系、简易支撑支护结构。

1.3.3 施工排水与降水

对于大型基坑，由于土方量大，有时会遇上雨季，或遇有地下水，特别是流砂，施工较复杂，因此事先应拟订施工方案，着重解决基坑排水与降水等问题，同时要注意防止边坡塌方。

开挖底面低于地下水位的基坑时，地下水会不断渗入坑内。雨季施工时，地面水也会流入坑内。如果流入坑内的水不及时排走，不但会使施工条件恶化，而且更严重的是土被水泡软后，会造成边坡塌方和坑底土的承载能力下降。因此，在基坑开挖前和开挖时，做好排水工作，保持土体干燥是十分重要的。

1. 基坑排水的方法

基坑排水方法，可分为明排水法和人工降低地下水位法两类。

1) 明排水法

明排水法是在基坑开挖过程中，在坑底设置集水井，并沿坑底的周围或中央开挖排水沟，使水流入集水井中，然后用水泵抽走。抽出的水应予引开，以防倒流，如图 1-15 所示。

明排水法.mp4

雨季施工时应在基坑四周或水的上游，开挖截水沟或修筑土堤，以防地面水流入坑内。集水井应设置在基础范围以外、地下水走向的上游。根据地下水量大小、基坑平面形状及水泵能力，集水井每隔 20～40m 设置一个。

集水井的直径或宽度一般为 0.6～0.8m。集水井井底深度随着挖土的加深而加深，要经常低于挖土面 0.7～1.0m。井壁可用竹、木等简易加固。当基坑挖至设计标高后，井底铺设碎石滤水层，以免在抽水时间较长时将泥砂抽出，并防止井底的土被搅动。

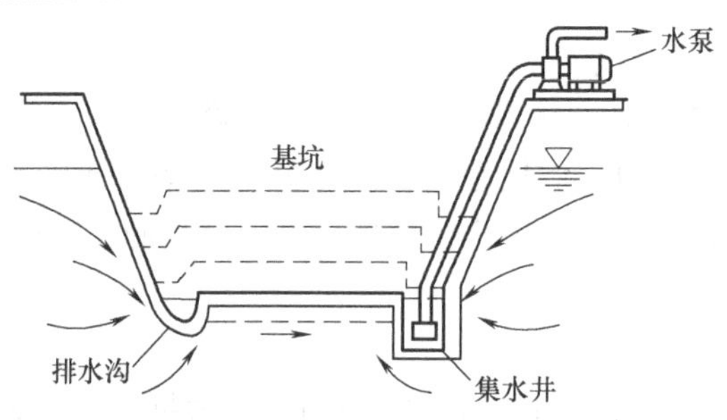

图 1-15　明排水法示意图

2)　人工降低地下水位法

降低地下水位，就是在基坑开挖前，预先在基坑四周埋设一定数量的滤水管(井)，利用抽水设备从中抽水，使地下水位降落到坑底以下，同时在基坑开挖过程中仍不断抽水。这样，可使所挖的土始终保持干燥状态，从根本上防止流砂发生，改善了工作条件，同时土内水分排出后，边坡可改陡，以减少挖土量。

人工降低地下水位的特点是：先排水，再开挖，进行工程施工；能改善土壤的物理力学性质；由于土质变实、边坡变陡，可减少挖填方量、缩短工期；排水效果好；结构复杂、施工要求较高、造价较昂贵。

2. 井点降水法

1)　井点降水原理

井点降水就是在基坑开挖前，预先在基坑四周埋设一定数量的滤水管(井)。在基坑开挖前和开挖过程中，利用真空原理，不断抽出地下水，使地下水位降低到坑底以下。

2)　井点降水的作用

(1)　防止地下水涌入坑内，如图 1-16(a)所示。

(2)　防止边坡由于地下水的渗流而引起的塌方，如图 1-16(b)所示。

(3)　使坑底的土层消除了地下水位差引起的压力，因此防止了坑底的管涌，如图 1-16(c)所示。

(4)　降水后，使板桩减少了横向荷载，如图 1-16(d)所示。

(5)　消除了地下水的渗流，也就防止了流砂现象，如图 1-16(e)所示。

(6)　降低地下水位后，还能使土壤固结，增加地基土的承载能力。

3)　井点降水的方法

降低地下水位的方法有轻型井点、喷射井点、电渗井点、管井井点、深井井点等。可根据降水深度、土层渗透系数、技术设备条件等合理选用。

3. 轻型井点的设备

轻型井点降水法.mp4

轻型井点由管路系统和抽水设备两部分组成。

1)　管路系统

管路系统包括滤管、井点管、弯联管及集水总管。

滤管为进水设备，通常采用长 1.0～1.5m、直径 38mm 或 51mm 的无缝钢管，管壁钻有直径为 12～19mm 的滤孔。骨架管外面包以两层孔径不同的生丝布或塑料布滤网。为使流水畅通，在骨架管与滤网之间用塑料管或梯形铅丝隔开，塑料管沿骨架绕成螺旋形。滤网外面再绕一层粗铁丝保护网。滤管下端为一铸铁塞头，滤管上端与井点管连接。井点管为直径 38mm 或 51mm、长 5～7m 的钢管。井点管的上端用弯联管与总管相连。集水总管为直径 100～127mm 的无缝钢管，每段长 4m，其上端有井点管联结的短接头，间距 0.8m 或 1.2m。

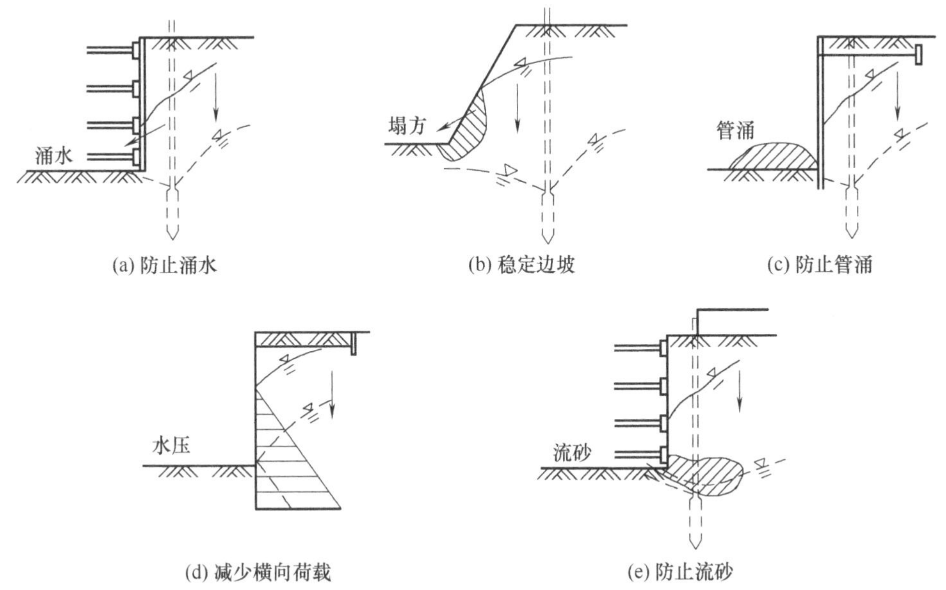

图 1-16　井点降水作用示意图

2)　抽水设备

抽水设备由真空泵、离心泵和水汽分离器(又叫集水箱)等组成。

一套抽水设备的负荷长度(即集水总管长度)为 100～120m。常用 W5、W6 型干式真空泵，其最大负荷长度分别为 100m 和 120m，如图 1-17 所示。

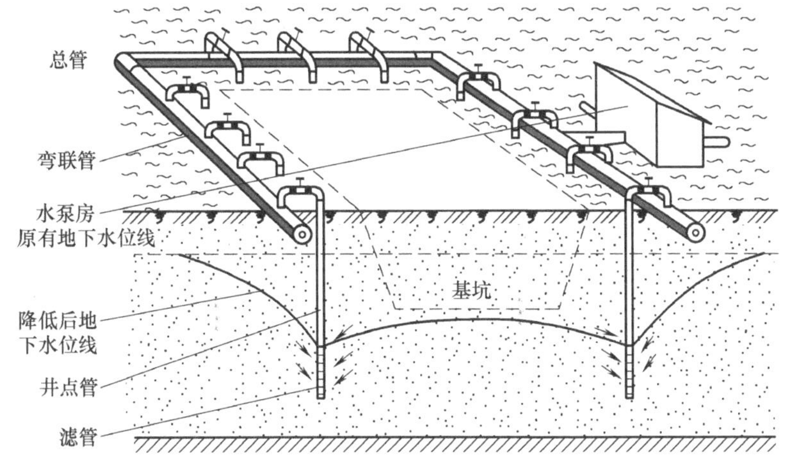

图 1-17　轻型井点降水示意图

4. 轻型井点的布置

音频.轻型井点的布置类型选择.mp3

井点系统布置应根据水文地质资料、工程要求和设备条件等确定。一般要求掌握的水文地质资料有：地下水含水层厚度、承压或非承压水及地下水变化情况、土质、土的渗透系数、不透水层的位置等。

要求了解的工程性质主要有：基坑(槽)形状、大小及深度，此外尚应了解设备条件，如井管长度、泵的抽吸能力等。

1) 轻型井点平面布置

根据基坑(槽)形状，轻型井点的布置归纳如图 1-18 所示，可采用单排布置、双排布置、环形布置，当土方施工机械需进出基坑时，也可采用 U 形布置。

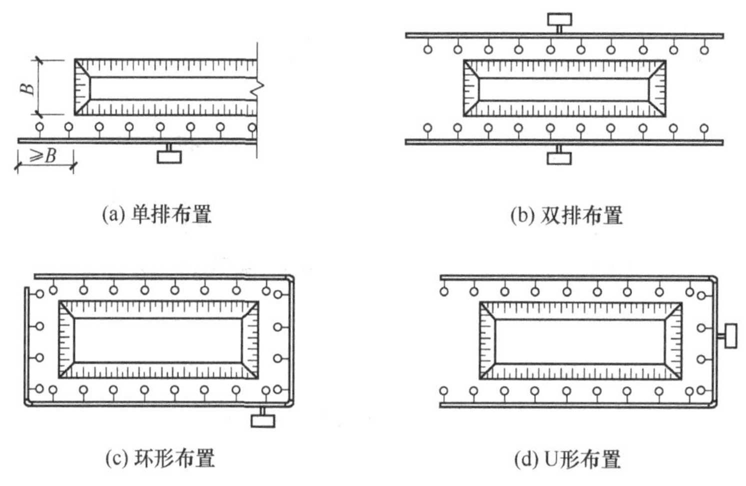

(a) 单排布置
(b) 双排布置
(c) 环形布置
(d) U形布置

图 1-18 轻型井点平面布置示意图

2) 不同井点布置的适用类型

单排布置适用于基坑、槽宽度小于 6m，且降水深度不超过 5m 的情况，井点管应布置在地下水的上游一侧，两端的延伸长度不宜小于坑槽的宽度。

双排布置适用于基坑宽度大于 6m 或土质不良的情况。

环形布置适用于大面积基坑，如采用 U 形布置，则井点管不封闭的一端应在地下水的下游方向。

【案例 1-3】某工程地下室，基坑底的平面尺寸为 40m × 16m，底面标高−7.0m(地面标高为±0.000)。已知地下水位面为−3m，土层渗透系数 K=15m/d，−15m 以下为不透水层，基坑边坡需为 1∶0.5。拟用射流泵轻型井点降水，其井管长度为不锈钢垫片 6m，滤管长度待定，管径为 38mm；总管直径为 100mm，每节长 4m，与井点管接口的间距为 1m。试进行降水设计。

1.4 土方工程的机械化施工

1.4.1 常用土方施工机械

1. 推土机施工

常用土方施工机械.docx

履带式推土机.mp4

推土机操纵灵活、运转方便、所需工作面小、行驶速度快，适用于场地平整、开挖深度为1.5m左右的基坑、移挖作填、填筑堤坝、回填基坑和基槽土方、为铲运机助铲、为挖掘机清理集中余土和创造工作面，修路开道、牵引其他无动力施工机械，大马力推土机还可犁松坚岩。

推土机有着非常广的使用范围，它在铲土运输机械中非常常见，并且在土方的施工中有着十分重要的作用。但由于铲刀没有翼板，容量有限，在运土过程中会造成两侧的泄漏，故运距不宜太长，否则会降低生产效率。通常中小型推土机的运距为30～100m，大型推土机的运距一般不应超过150m，推土机的经济运距为50～80m，常见的推土机如图1-19、图1-20所示。

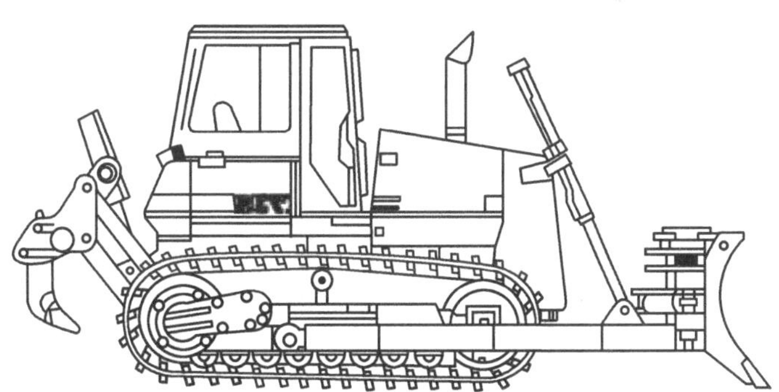

图1-19 履带式推土机

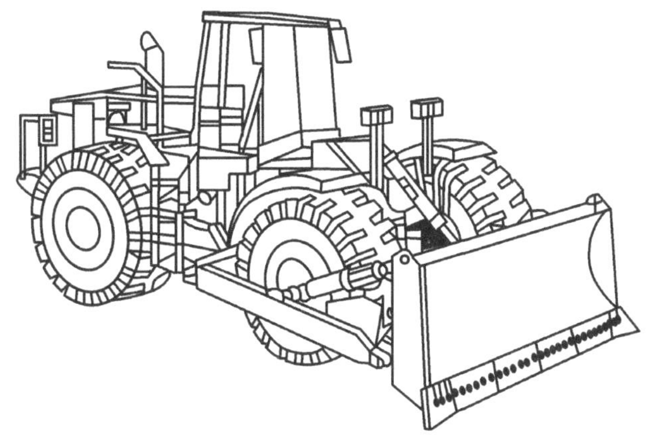

图1-20 轮胎式推土机

2. 铲运机施工

铲土运输机械.mp4

铲运机主要用于大规模土方工程中，如铁路、农田水利、机场、港口等工程，是在大规模路基施工时，一种理想的生产效率高、经济效益好的土方施工运输机械，可以依次连续完成铲土、装土、运土、铺卸和整平等五个工序。铲运机操作简单、运转方便、行驶速度快、生产效率高，是能独立完成铲土、运土、卸土、填筑、压实等全部土方施工工序的施工机械。其适用于坡度在 200 以内的大面积场地平整、大型基坑开挖、填筑路基堤坝。

铲运机的斗容量为 2～8m³，自行式铲运机的经济运距为 800～1500m，拖式铲运机的经济运距为 600m，效率最高的经济运距为 200～350m。如采用双联铲运或挂大斗铲运时，其经济运距可增加至 1000m，如图 1-21 所示。

图 1-21　铲运机实物图

注：运距越长，生产效率越低，超过经济运距时应考虑汽车运输。经济运输的技巧为“挖近填远、挖远填近”：挖土先从距离填土区最近一端开始，由近而远；填土则从距挖土区最远一端开始，由远而近。这样既可使铲运机始终在合理的经济运距内工作，又可创造下坡铲土的条件。

提高铲运机生产率的方法如下。

双联铲运法：拖式铲运机的动力有富余时，可在拖拉机后串联两个铲斗进行双联铲运。对坚硬土层，可先铲满一个斗，再铲另一个斗，即“双联单铲”；对松软土层，可两个斗同时铲土，即“双联双铲”。

跨铲法：在较坚硬的地段挖土时可采取预留土埂、间隔铲土的方法。可缩短铲土时间和减少向外撒土，提高效率。

挂大斗铲运：在土质松软地区，可改挂大型土斗，充分利用拖拉机的牵引力提高工效。

波浪式铲土法：铲土开始时，铲刀以最大深度切入土中，随着负荷增加、车速降低，相应减小切土深度，依次反复进行，直至铲斗装满为止，适用于较硬土层。

3. 挖掘机施工

挖掘机主要用于挖掘基坑、沟槽，清理和平整场地，更换工作装置后还可进行装卸、起重、打桩等其他作业，能一机多用，工效高、经济效果好，是工程建设中的常用机械。

挖掘机按行走方式分为履带式和轮胎式，按工作装置分为正铲、反铲、抓铲、拉铲，斗容量为 0.1～2.5m³ 。常用的挖掘机有正铲挖掘机和反铲挖掘机。

1) 正铲挖掘机

正铲挖掘机适用于开挖含水量较小的一类土和经爆破的岩石及冻土，如图 1-22 所示。其主要用于开挖停机面以上的土方，且需与汽车配合完成土方的挖运工作。采用正铲开挖大型基坑，应考虑工作面的大小、形状和开行通道的设置。

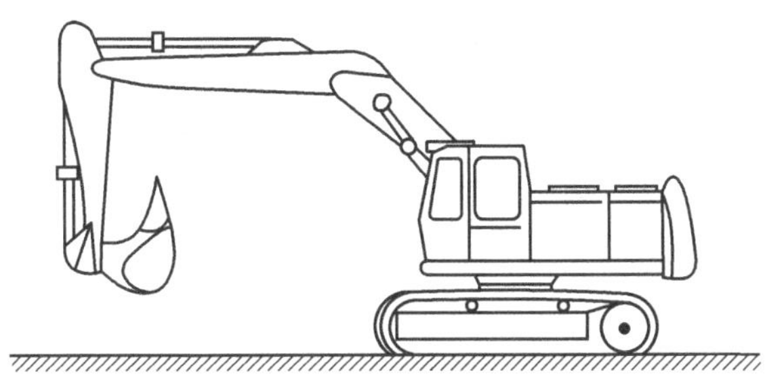

图 1-22 正铲挖掘机示意图

正铲挖掘机.mp4

2) 反铲挖掘机

反铲挖掘机适用于开挖一至三类的砂土或黏土，如图 1-23 所示。其主要用于开挖停机面以下的土方，一般反铲的最大挖土深度为 4～6m，经济合理的挖土深度为 3～5m。反铲也需要配备运土汽车进行运输。

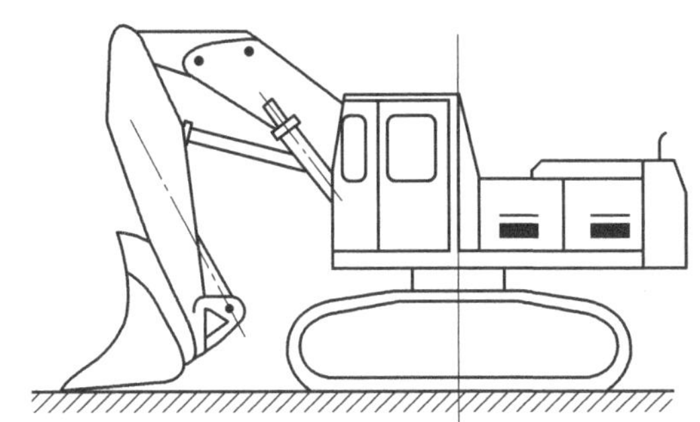

图 1-23 反铲挖掘机示意图

4. 其他土方施工机械

1) 装载机

装载机主要用于铲、装、卸、运土与砂石类散装物料，如图 1-24 所示，也可对岩石、硬土进行轻度铲掘，更换工作装置后可进行推土、起重、装卸等作业。铲容量一般为 1.5～6.1m³。

2) 平地机

平地机是利用刮刀平整地面的土方机械，如图 1-25 所示。刮刀装在机械前后轮轴之间，能升降、倾斜、回转和外伸。其动作灵活准确，操作方便，平整场地有较高的精度，广泛用于公路、机场等大面积的地面平整作业。

图 1-24　装载机实物图

图 1-25　平地机实物图

1.4.2　机械挖土的注意事项

(1)　开挖土方前，必须了解土质和地下水的情况，查清地下埋设的管道、电缆和有毒有害气体等危险物及文物古迹、古墓的位置、深度走向，加设标记、设置防护栏杆。现场技术负责人在开工前必须对作业工人进行详细安全交底。

(2)　开挖深度超过 2m 时，特别是在街道、居民区、行车道附近开挖土方时，不论深度大小都应视为高处作业，并设置警告标志和高度不低于 1.2m 的双道防护栏，夜间还要设红色警示灯。

(3)　在靠近建筑物、电线杆、脚手架附近挖土时，必须采取安全防护措施。

(4)　开挖沟槽坑时，应根据土质情况进行放坡或支撑防护。挖掘深度超过 1.5m 且不加支撑时，应按规定确定放坡度。若施工区域狭窄不能放坡时，应采取围壁措施。同时，固壁支撑的材料不能有朽、糟、断裂现象。

(5)　在开挖的沟槽坑边沿 1m 以内不许堆土或堆放物料；距沟槽坑边沿 1～3m 堆土高度不得超过 1.5m；距沟槽坑边沿 3～5m 堆土高度不得超过 2.5m；在沟槽坑边沿停置车辆、起重机械、振动机械时距离不少于 4m。

(6) 开挖工作应与装运作业面相互错开，严禁上、下双重作业；弃土下方和有滚石危及的区域，应设警告标志；下方有道路时，严禁车辆通行。边坡上方有人作业时，下方不许站人；清理路基边坡上的突石和整修边坡时，应从上而下进行，严禁在危石下方作业、休息和存放机具。

(7) 滑坡地段的开挖，应从滑坡体两侧向中部自上而下进行，禁止全面拉槽开挖；在岩溶地区施工，应认真处理岩溶水的涌出，以免突发性的塌陷；在泥沼地段施工时，应制定防止人、机下陷的安全措施，挖出的废土应堆置在合适的地方，以防止汛期造成人为的泥石流危害。

(8) 施工中如遇土质不稳，山体有滑动，发生坍塌危险时，应暂停施工，撤出人员和机具；当工作面出现陷机或不足以保证人员安全时，应立即停工，确保人员安全。

(9) 机械车辆在危险地段作业时，必须设置明显的安全警告标志，并设专人指挥；运输土方的车辆在会车时，应轻车让重车；重车运行，前后两车间距必须大于 5m；下坡时，两车间距不小于 10m；通过交叉路口、窄路、铁路道口及转弯时，应注意来往的行人和车辆，运土车上方严禁乘人。

1.5　土方填筑与压实

1.5.1　土料选择与填筑要求

为使填土满足强度和稳定性要求，土方填筑工程必须正确选择填方土料和土方填筑与压实方法。

音频.土料选择与填筑要求.mp3

土方填筑最好采用同类土，并应分层填土压实。如果采用不同类土，应把透水性较大的土层置于透水性较小的土层下面。若不得已在透水性较小的土层上填筑透水性较大的土壤，必须将两层结合面做成中央高、四周低的弧面排水坡度或设置盲沟，以免填土内形成水囊。绝不能将各种土混杂一起填筑。

当填方位于倾斜的地面(坡度大于 0.20)时，应先将斜坡改成阶梯状，阶高 0.2～0.3m，阶宽大于 1m，然后分层填土以防填土滑动。

填土施工前，应清除填方区的积水和杂物。如遇软土、淤泥，必须进行换土回填。填土时，若分段进行，每层分段接缝处应做成斜坡形，碾迹重叠 0.5～1.0m；上、下层分段接缝应错开不小于 1.0m。应防止地面水流入，并应预留一定的下沉高度。回填基坑(槽)和管沟时，应从四周或两侧均匀地分层进行，以防止基础和管道在土压力作用下产生偏移或变形。

1. 土料的选择

填方土料应符合设计要求，如设计无要求时，应符合下列规定。

(1) 碎石类土、砂土和爆破石渣(粒径不大于每层铺土厚的 2/3)可用于表层下的填料。

(2) 含水量符合压实要求的黏性土，可用作各层填料。

(3) 碎块草皮和有机质含量大于 5%的土，仅用于无压实要求的填方。

(4) 淤泥和淤泥质土一般不能用作填料，但在软土或沼泽地区，经过处理使含水量符合压实要求后，可用于填方中的次要部位。

(5) 有水溶性硫酸盐大于2%的土，不能用作填土，因在地下水作用下，硫酸盐会逐渐溶解流失，形成孔洞，影响土的密实性。

(6) 冻土、膨胀性土等不应作为填方土料。

2. 影响填土压实效果的主要因素

填土压实效果与许多因素有关，其中主要影响因素有压实功、土的含水量、每层铺土厚度。

1) 压实功的影响

压实功是指压实工具的重量、碾压次数或锤落高度、作用时间等对压实效果的影响。填土压实后的干密度与压实机械在其上施加的功有一定关系。在开始压实时，土的干密度急剧增加，待到接近土的最大干密度时，压实功虽然增加许多，而土的干密度几乎没有变化。因此，在实际施工中，不要盲目过多地增加压实遍数。

2) 土的含水量的影响

在同一压实功条件下，填土的含水量对压实质量有直接影响。较为干燥的土，由于土颗粒之间的摩阻力较大，因而不易压实。当土具有适当含水量时，水起到了润滑作用，土颗粒间的摩阻力减小，从而易压实。相比之下，严格控制最佳含水量，要比增加压实功能收获大得多。当土的含水量不足，洒水困难时，适当增大压实功能，可以收效；如果土的含水量过大，此时增大压实功能，压实效果很差，造成返工浪费。所以，土基压实施工中，控制最佳含水量是关键。各种土的最佳含水量和所获得的最大干密度，可由击实试验取得。

3) 铺土厚度的影响

土在压实功的作用下，压应力随深度增加逐渐减小，其影响深度与压实机械、土的性质及含水量有关。铺土厚度应小于压实机械压土时的作用深度，但其中还有最优土层厚度问题，铺得过厚，要压多遍才能达到规定的密实度；铺得过薄，则也要增加机械的总压实遍数。恰当的铺土厚度能使土方压实而机械的功耗最少。

实践证明：土基压实时，在机具类型、土层厚度及行程遍数已选定的条件下，压实操作时宜先轻后重、先慢后快、先边缘后中间(对于超高路段等，则宜先低后高)。压实时，相邻两次的轮迹应重叠轮宽的1/3，保持压实均匀，不漏压，对于压不到的边角，应辅以人力或小型机具夯实。压实过程中，应经常检查含水量和密实度，以达到符合规定压实度的要求。

1.5.2 填土压实方法

填土压实方法有碾压法、夯实法及振动压实法。

1. 碾压法

碾压法是利用机械滚轮的压力压实土壤，使之达到所需的密实度。碾压机械有平碾及羊足碾等。平碾(光轮压路机)是一种以内燃机为动力的自行式压路机，重量为6～15吨。羊足碾单位面积的压力比较大，土壤压实的效果好。羊足碾一般用于碾压黏性土，不适于碾压砂性土，因在砂土中碾压时，土的颗粒受到羊足较大的单位压力后会向四面移动而使土的结构被破坏。

松土碾压宜先用轻碾压实，再用重碾压实，效果较好。碾压机械压实填方时，行驶速度不宜过快，一般平碾不应超过 2km/h，羊足碾不应超过 3km/h。

2. 夯实法

夯实法是利用夯锤自由下落的冲击力来夯实土壤，土体孔隙被压缩，土粒排列得更加紧密。人工夯实所用的工具有木夯、石夯等；机械夯实常用的有内燃夯土机及蛙式打夯机和夯锤等。夯锤是借助起重机悬挂一重锤，提升到一定高度，自由下落，重复夯击基土表面。夯锤锤重 1.5～3t，落距 2.5～4m。还有一种强夯法是在重锤夯实法的基础上发展起来的，锤重 8～30t，落距 6～25m，其强大的冲击能可使地基深层得到加固。强夯法适用于黏性土、湿陷性黄土、碎石类填土地基的深层加固。

3. 振动压实法

振动压实法是将振动压实机放在土层表面，在压实机振动作用下，土颗粒发生相对位移而达到紧密状态。振动碾是一种振动和碾压同时作用的高效能压实机械，比一般平碾可提高功效 1～2 倍，可节省动力 30%。这种方法对于填料为爆破石渣、碎石类土、杂填土和轻亚黏土等非黏性土有较好效果。

本章小结

学习了本章，读者首先可以了解土方工程的基本概念、土的工程性质和分类。其次，读者能够掌握土方与土方工程量调配的基本运算，包含基坑、基槽土方量的计算和场地平整土方量的计算。再者，读者还能学习到土方工程施工的准备工作，如土方边坡与支护，以及施工降排水工程。最后，读者还能了解与土方机械化施工相关的知识点，包含土方工程常用的施工机械和土方填筑与压实。

实训练习

一、单选题

1. 作为检验填土压实质量控制指标的是(　　)。

   A. 土的干密度　B. 土的压实度　C. 土的压缩比　D. 土的可松性

2. 土的含水量是指土中的(　　)。

   A. 水与湿土的重量之比的百分数　B. 水与干土的重量之比的百分数

   C. 水重与孔隙体积之比的百分数　D. 水与干土的体积之比的百分数

3. 场地平整前的首要工作是(　　)。

   A. 计算挖方量和填方量　B. 确定场地的设计标高

   C. 选择土方机械　D. 拟订调配方案

4. 在场地平整的方格网上，各方格角点的施工高度为该角点的(　　)。
   A. 自然地面标高与设计标高的差值
   B. 挖方高度与设计标高的差值
   C. 设计标高与自然地面标高的差值
   D. 自然地面标高与填方高度的差值
5. 某沟槽宽度为10m，拟采用轻型井点降水，其平面布置宜采用(　　)形式。
   A. 单排　　B. 双排　　C. 环形　　D. U形

二、多选题

1. 下列属于土方工程施工特点的是(　　)。
   A. 工程量大　　B. 受气候条件影响大　　C. 施工条件复杂
   D. 受施工周围环境影响大　　E. 受施工人员素质影响大
2. 影响土方边坡大小的因素主要有(　　)。
   A. 挖方深度　　B. 土质条件　　C. 边坡上荷载情况
   D. 土方施工方法　　E. 天气情况
3. 流砂防治的主要措施有(　　)。
   A. 地下连续墙　　B. 打钢板桩　　C. 井点降水
   D. 集水坑降水　　E. 抢挖法
4. 关于正铲挖掘机适用范围的说法，正确的有(　　)。
   A. 开挖含水量应小于27%的土和经爆破后的岩石和冻土碎块
   B. 大型场地整平土方　　C. 工作面狭小且较深的大型管沟和基槽路堑
   D. 独立基坑及边坡开挖　　E. 开挖含水量大的砂土或黏土
5. 反铲挖土机的开挖方式有(　　)。
   A. 正向挖土、侧向卸土　　B. 正向挖土、反向卸土
   C. 沟端开挖　　D. 沟侧开挖　　E. 定位开挖

三、简答题

1. 土的工程分类是什么？
2. 简述什么是明排水法。
3. 简述影响土方边坡稳定的因素主要有哪些。

第1章答案.doc

实训工作单一

<table>
<tr><td>班级</td><td></td><td>姓名</td><td></td><td>日期</td><td></td></tr>
<tr><td colspan="2">教学项目</td><td colspan="4">土方工程量计算</td></tr>
<tr><td>任务</td><td colspan="2">土方工程量计算与调配</td><td>案例解析</td><td colspan="2">土方工程量计算题解析</td></tr>
<tr><td colspan="3">相关知识</td><td colspan="3">土方工程量计算原则</td></tr>
<tr><td colspan="3">其他要求</td><td colspan="3"></td></tr>
<tr><td colspan="6">案例分析过程记录</td></tr>
<tr><td>评语</td><td colspan="3"></td><td>指导老师</td><td></td></tr>
</table>

实训工作单二

班级		姓名		日期	
教学项目		施工降排水			
任务	施工降排水设计		案例解析	规划设计案例的施工降排水	
相关知识			施工降排水要求		
其他要求					
案例设计过程记录					
评语			指导老师		

第 2 章　地基与基础

【教学目标】

第 2 章-桩基工程 ppt.pptx

1. 掌握常见的地基处理方法。
2. 掌握四种浅埋基础的施工方法。
3. 掌握预制桩与灌注桩的施工工艺。

【教学要求】

本章要点	掌握层次	相关知识点
地基处理的方法	1. 了解地基处理的概念 2. 掌握常见的地基处理方法	地基处理及加固
四种浅埋基础的施工	1. 熟悉浅埋基础的概念 2. 掌握四种浅埋基础的施工方法	浅埋基础
各类桩基础的施工	1. 了解桩基础的相关概念 2. 掌握预制桩与灌注桩的施工工艺 3. 熟悉桩基础的检测方法	桩基础施工

【案例导入】

某桥梁工程，2.0m 的桩基，桩长 35m，桩顶设置承台。地质条件如下：原地面往下依次为 2m 的覆盖层和含 15%砂砾石的土，施工水位比桩顶高 1.5m，施工单位拟选用正循环回转钻机，钢护筒结构，采用导管法灌注水下混凝土。

【问题导入】

1. 在成孔过程中应注意哪些方面？
2. 在清孔过程中应注意哪些方面？
3. 如何进行水下混凝土的浇筑？

2.1 地基处理及加固

2.1.1 地基处理概述

地基处理一般是指用于改善支承建筑物的地基(土或岩石)的承载能力，改善其变形性能或抗渗能力所采取的工程技术措施。地基处理是利用换填、夯实、挤密、排水、胶结、加筋和热学等方法对地基土进行加固，用以改良地基土的工程特性，提高地基土的抗剪强度，降低地基土的压缩性，改善地基土的透水特性和地基上的动力特性以及特殊土的不良地基特性。

1. 地基所面临的问题

岩土工程中经常遇到的软弱土和不良土种类：软黏土、人工填土、部分砂土和粉土、湿陷性土、有机质土和泥炭土、膨胀土、多年冻土、盐渍土、岩溶、土洞、山区地基以及垃圾填埋地基等。这些土质引起的问题主要有以下几个方面。

(1) 承载力及稳定性问题；
(2) 压缩及不均匀沉降问题；
(3) 渗漏问题；
(4) 液化问题；
(5) 特殊土的特殊问题。

当天然地基存在上述五类问题之一或其中几个时，需采用地基处理措施以保证上部结构的安全与正常使用。通过地基处理，达到以下一种或几种目的。

2. 地基处理的目的

1) 提高地基土的承载力

地基剪切破坏的具体表现形式有建筑物的地基承载力不够，由于偏心荷载或侧向土压力的作用使结构失稳；由于填土或建筑物荷载，使邻近地基产生隆起；土方开挖时边坡失稳，基坑开挖时坑底隆起。地基土的剪切破坏主要是因为地基土的抗剪强度不足，因此，为防止剪切破坏，就需要采取一定的措施提高地基土的抗剪强度。

2) 降低地基土的压缩性

地基的压缩性表现在建筑物的沉降和差异沉降大，而土的压缩性和土的压缩模量有关。因此，必须采取措施提高地基土的压缩模量，以减少地基的沉降和不均匀沉降。

3) 改善地基的透水特性

基坑开挖施工中，因土层内夹有薄层粉砂或粉土而产生管涌或流砂，这些都是因地下水在土中的运动而产生的问题，故必须采取措施使地基土降低透水性或减少其动水压力。

4) 改善地基土的动力特性

饱和松散粉细砂(包括部分粉土)在地震的作用下会发生液化，在承受交通荷载和打桩时，会使附近地基产生震动下降，这些是土的动力特性的表现。地基处理的目的就是要改善土的动力特性以提高土的抗震动性能。

5) 改善特殊土不良地基特性

对于湿陷性黄土和膨胀土，地基处理的目的就是消除或减少黄土的湿陷性或膨胀土的胀缩性。

2.1.2 换填垫层法

1. 换填垫层法的概念

当建筑物基础下的持力层比较软弱、不能满足上部结构荷载对地基的要求时，常采用换填土垫层来处理软弱地基。即将基础下一定范围内的土层挖去，然后回填以强度较大的砂、砂石或灰土等，并分层夯实至设计要求的密实程度，作为地基的持力层。换土垫层与原土相比，具有承载力高、刚度大、变形小等优点。工程实践表明，在合适的条件下，采用换填垫层法能有效地解决中小型工程的地基处理问题。

按换填材料的不同，将垫层分为砂垫层、砂卵石垫层、碎石垫层、灰土或素土垫层、煤渣垫层、矿渣垫层以及用其他性能稳定、无侵蚀性的材料做的垫层等。

2. 不同材料的适用范围

1) 砂石

宜选用碎石、卵石、角砾、原砾、砾砂、粗砂、中砂或石屑(粒径小于 2mm 的部分不应超过总重的 45%)，应级配良好，不含植物残体、垃圾等杂质。当使用粉细砂或石粉(粒径小于 0.075mm 的部分不应超过总重的 9%)时，应掺入不少于总重 30%的碎石或卵石。最大粒径不宜大于 50mm。对湿陷性黄土地基，不得选用砂石等渗水材料。

2) 粉质黏土

土料中有机质含量不得超过 5%，亦不得含有冻土或膨胀土。当含有碎石时，其粒径不宜大于 50mm。用于湿陷性黄土地基或膨胀土地基的粉质黏土垫层，土料中不得夹有砖、瓦和石块。

3) 灰土

体积配合比宜为 2∶8 或 3∶7。土料宜用粉质黏土，不得使用块状黏土和砂质粉土，不得含有松软杂质，并应过筛，其颗粒不得大于 15mm。石灰宜用新鲜的消石灰，其颗粒不得大于 5mm。

4) 粉煤灰

可用于道路、堆场和小型建筑、构筑物等的换填垫层。粉煤灰垫层上宜覆土 0.3～0.5m。粉煤灰垫层中采用掺加剂时，应通过试验确定其性能及适用条件。作为建筑物垫层的粉煤灰应符合有关放射性安全标准的要求。粉煤灰垫层中的金属构件、管网宜采取适当防腐措施。大量填筑粉煤灰时应考虑对地下水和土壤的环境影响。

5) 矿渣

垫层使用的矿渣是指高炉重矿渣，可分为分级矿渣、混合矿渣及原状矿渣。矿渣垫层主要用于堆场、道路和地坪，也可用于小型建筑、构筑物地基。选用矿渣的松散重度不小于 $11kN/m^3$，有机质及含泥总量不超过 5%。设计、施工前必须对选用的矿渣进行试验，在确认其性能稳定并符合安全规定后方可使用。作为建筑物垫层的矿渣应符合对放射性安全

标准的要求。易受酸、碱影响的基础或地下管网不得采用矿渣垫层。大量填筑矿渣时，应考虑对地下水和土壤的环境影响。

6) 其他工业废渣

在有可靠试验结果或成功工程经验时，质地坚硬、性能稳定、无腐蚀性和放射性危害的工业废渣等均可用于填筑换填垫层。被选用工业废渣的粒径、级配和施工工艺等应通过试验确定。

7) 土工合成材料

由分层铺设的土工合成材料与地基土构成加筋垫层。所用土工合成材料的品种与性能及填料的土类应根据工程特性和地基土条件，按照现行国家标准《土工合成材料应用技术规范》(GB/T 50290—2014)的要求，通过设计并进行现场试验后确定。

作为加筋的土工合成材料应采用抗拉强度较高、受力时伸长率不大于4%～5%、耐久性好、抗腐蚀的土工格栅、土工格室、土工垫或土工织物等土工合成材料；垫层填料宜用碎石、角砾、砾砂、粗砂、中砂或粉质黏土等材料。如工程要求垫层具有排水功能时，垫层材料应具有良好的透水性。在软土地基上使用加筋垫层时，应保证建筑稳定并满足允许变形的要求。

3. 机具设备

一般应备有木夯、蛙式或柴油打夯机、推土机、压路机(6～10t)、手推车、平头铁锹、喷水用胶管、2m 靠尺、小线或细铅丝、钢尺或木折尺等。

4. 施工前的技术准备

(1) 编制施工方案报监理审批后进行技术交底。

(2) 场地工程地质资料和水文地质资料的复核。

(3) 施工前应根据工程特点、填料种类、设计压实系数、施工条件等，合理确定填料含水量的控制范围、铺土的厚度和夯打遍数等参数。重要的换填工程的参数应通过压实试验来确定。

5. 施工工序

1) 施工工艺流程

换填垫层法工艺流程如图 2-1 所示。

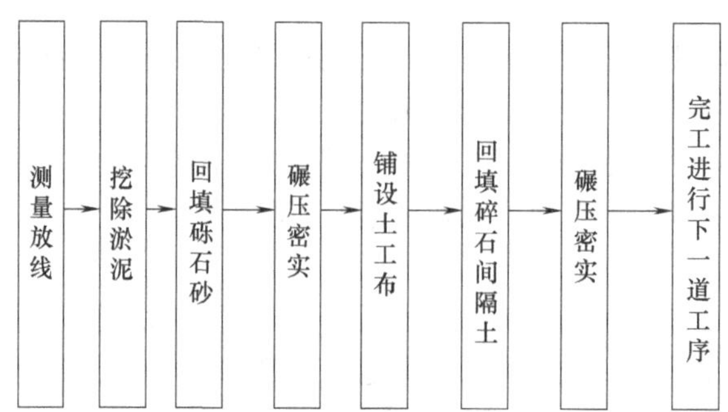

图 2-1 换填垫层法工艺流程

2) 施工方法

(1) 测量。在基坑(槽)、管沟的边坡或地坪上每隔 3m 钉控制标高的木桩，以便于对每层换填料厚度进行控制。

(2) 基底清理。施工时基坑(槽)内不得有积水，若在地下水位高于基坑(槽)底面时，应采取排水或降低地下水位的措施。施工前应验槽，先将浮土清除，严禁有积水和泥浆，基坑(槽)的边坡必须稳定，防止塌方。在将基础下一定深度内的软弱土层挖除时应避免坑底土层受扰动，可保留约 200mm 厚的土层暂不挖去，待铺填回填材料前再挖至设计标高。严禁扰动垫层下的软弱土层，防止其被践踏、受冻或受水浸泡。在碎石或卵石垫层底部宜设置 150～300mm 厚的砂垫层或铺一层土工织物，以防止软弱土层表面的局部破坏。

(3) 检验换填料。换填料参照前文“2.不同材料的适用范围”进行选择。

(4) 分层铺设换填料。回填材料地基底面宜铺设在同一标高上，如深度不同时，基土面应挖成踏步(踏步宽不小于 500mm，踏步高度同每层换填厚度)或 1∶1.5 斜度搭接，搭接处应夯压密实，施工应按先深后浅的顺序进行。

必须分段填筑时，每层接缝处应做成斜坡形(倾斜度应大于 1∶1.5)，碾迹重叠 0.5～1.0m，上、下层错缝距离不应小于 1m。接缝部位不得在基础下、墙角、柱墩等重要部位。换填料每层虚铺厚度和压实遍数与换填料、压实机具性能及设计要求的压实系数有关，应进行现场碾(夯)压试验确定。

(5) 压实。为保证换填土压实的均匀及密实度，在重型碾压机碾压之前，应先用推土机推平压实。采用振动平碾压实碎石三合土、粉煤灰、矿渣类土时，应先静压，后振压。

碾压机械压实换填料时，应控制行驶速度，一般不应超过：平碾、振动碾 2km/h，羊足碾 3km/h。用压路机进行大面积换填碾压时，应从两侧逐渐压向中间，每次碾压轮迹应有 15～20cm 的重叠，避免漏压，轮子的下沉量一般压至不超过 10～20mm 为宜。碾压不到之处，应用人力夯或小型夯实机械配合夯实。用羊足碾碾压时，碾压方向应从两侧逐渐向中间，并应随时检查清除黏着于羊足碾之间的土料。为提高上部土层质量，羊足碾压过后，宜再用拖式平碾或压路机补充压实。平碾碾压一层完后，应用人工或机械(推土机)将表层拉毛。土层表面太干时，应洒水湿润后，继续换填，以保证上、下层接合良好。

人工夯实换填时，夯前应初步平整，夯实时要按照由四边开始，然后再夯中间，一夯压半夯，夯夯相接，行行相连，分层夯打。

换填地基的密实度要求和质量指标以压实系数表示，压实系数一般由设计确定，如无规定，可参考表 2-1 的数值。

表 2-1 换填料压实系数(密实度)要求

结构类型	换填部位	压实系数
砌体承重结构和框架结构	在地基主要持力层范围内	0.95
	在地基主要持力层范围以下	0.93～0.96
简支结构和排架结构	在地基主要持力层范围内	0.94～0.97
	在地基主要持力层范围以下	0.91～0.93
一般工程	基础四周或两侧	0.90
	室内地坪	0.90
	一般堆放物件场地	0.85

(6) 找平验收。最后一层碾压完成后，应拉线或用 2m 靠尺检查标高和平整度，超高处用铁锹铲平；低洼处应及时补打换填料。

6. 适用范围

换填法.mp4

换填法适用于淤泥、淤泥质土、湿陷性黄土、素填土、杂填土地基及暗沟、暗塘等浅层软弱地基及不均匀地基的处理。但在用于消除黄土湿陷性时，尚应符合国家现行标准《湿陷性黄土地区建筑标准》(GB 50025—2018)中的有关规定。在采用大面积填土作为建筑地基时，应符合国家标准《建筑地基基础设计规范》(GB 50007—2011)的有关规定。

换填时应根据建筑体型、结构特点、荷载性质和地质条件，并结合施工机械设备与当地材料来源等综合分析，进行换填垫层的设计，选择换填材料和夯压施工方法。

2.1.3 重锤夯实法

1. 概念

重锤夯实法是指利用重锤从高空自由下落时产生的冲击能，使地面下一定深度内土层达到密实状态的地基处理方法。有效夯实深度取决于锤重、锤底直径、落距和土类。重锤夯实法可以提高地基承载力、消除湿陷性地基的湿陷现象。

重锤夯实.mp4

重锤夯实法.docx

音频.重锤夯实法的施工方法.mp3

2. 施工工艺

1) 工艺流程

重锤夯实法工艺流程如图 2-2 所示。

2) 施工方法

(1) 场地准备：用推土机挖除表层腐殖土，并平整场地，局部坑洼用土回填，以保证机械的正常作业和夯击质量。

(2) 测量放样：根据设计要求布设夯点，确定夯击范围，并测量地面高程。

(3) 起重机就位，调整机身，使夯锤对准夯点，并测量锤顶高程。

(4) 夯击：将夯锤起吊到预定高度，夯锤脱钩自由落下夯击，然后放下吊钩，测量锤顶高程。若发现因坑底倾斜而造成夯锤歪斜，应及时将坑底整平。

(5) 重复上述步骤(4)，按设计规定的夯击次数和控制标准，完成一个夯点的夯击。

(6) 夯击移位，重复上述步骤(3)～(5)，按一夯挨一夯的顺序施夯，直到完成第一遍全部夯点的夯击。

(7) 用推土机将夯坑填平，并测量场地高程。

(8) 在规定的时间间隔后，按上述步骤逐次完成全部夯击遍数，将场地平整碾压，并测量夯后场地高程。

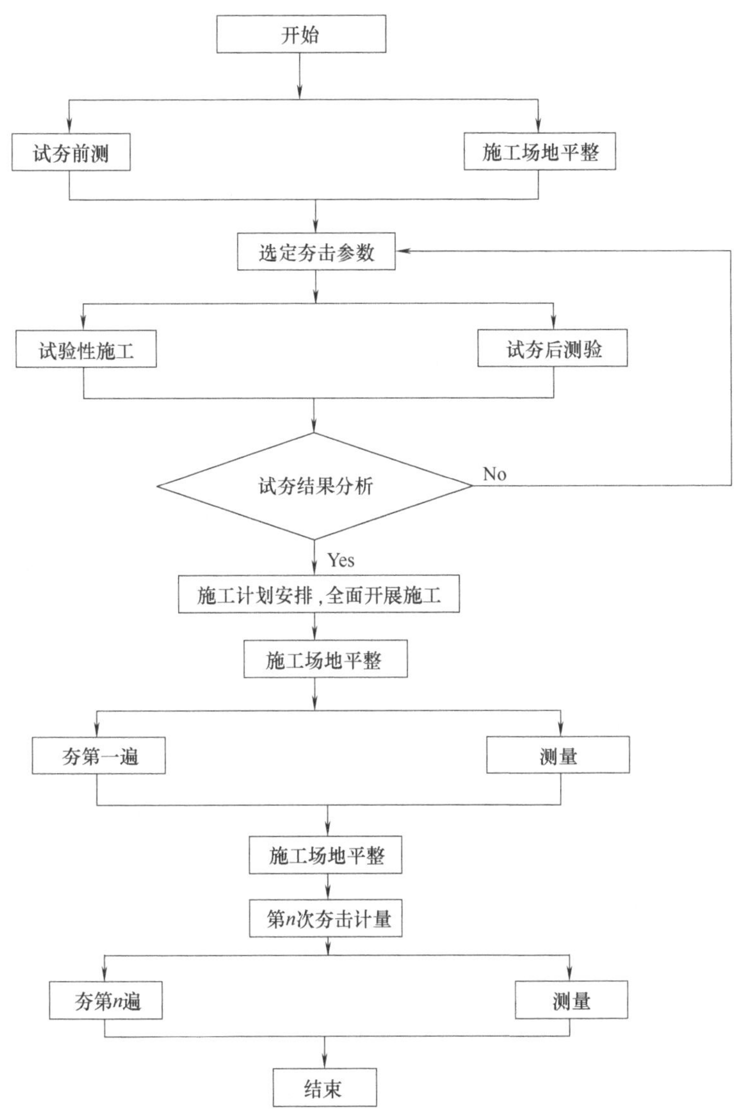

图 2-2 重锤夯实法工艺流程

3. 适用范围

重锤夯实法可分为表层夯实法和强力夯实法。表层夯实法又称重锤表面夯实法。锤重一般为 20～40kN，落距 3～5m。锤重与锤底面积的关系应符合锤底面上的静压力为 15～20kPa 的要求。适用于夯实厚度小于 3m、地下水位以上 0.8m 左右的稍湿杂填土、黏性土、砂性土、湿陷性黄土地基。由于锤体较轻，锤底直径和落距较小，产生的冲击能也较小，故有效夯实深度不大，一般为锤底直径的一倍左右。

当锤重为 80～300kN，落距为 6～25m，单次夯击能量大于 800kN•m，用于处理杂填土、

碎石土、砂性土和稍湿的黏性土时，称为“强力夯实法”，简称“强夯法”；用于处理饱和黏性土时称为“动力固结法”。强力夯实法可大幅度提高地基强度，降低地基可压缩性，改善地基抵抗振动液化的能力和消除湿陷性地基的湿陷现象。由于锤重和落距较大，产生的冲击能也较大，故有效夯实深度亦大，最大已达 10 余米。

2.1.4 振冲法

振冲法又称振动水冲法，是以起重机吊起振冲器，启动潜水电机带动偏心块，使振动器产生高频振动，同时起动水泵，通过喷嘴喷射高压水流，在边振边冲的共同作用下，将振动器沉到土中的预定深度，经清孔后，从地面向孔内逐段填入碎石，使其在振动作用下被挤密实，达到要求的密实度后即可提升振动器，如此反复直至地面，在地基中形成一个大直径的密实桩体与原地基构成复合地基，提高地基承载力，减少沉降，是一种快速、经济有效的加固方法。

1. 振冲法的工作原理

振冲器的上部为潜水电机，下部为振动体。电机转动时通过弹性联轴节带动振动体的中空轴旋转，轴上装有偏心块，以产生水平向振动力。在中空轴内装有射水管，水压可达 0.4～0.6MPa。依靠振动和管底射水将振冲器沉至所需深度，然后边提振冲器边填砂砾边振动，直到挤密填料及周围土体。振冲法施工时除振冲器外，尚需行走式起吊装置、泵送输水系统、控制操纵台等设备。

振冲器启动后，在很大的水平向振动力及端部射水的联合作用下，以每分钟 0.5～3m 的速度挤入地基中，下沉到加固设计标高。清孔后，向孔内填入碎石或砂、砾石等填料，并向上逐段用振冲器挤密，使每段填料均达到要求的密实度，直至地面，使在地基中形成很多的地基土啮合的碎石桩体。

由于振冲器水平向振动力作用于四周土体，加之水的饱和，使四周的土体在径向一定范围内出现短暂时段的液化，使土的结构重新排列，从而大大减少地基土的孔隙而达到加固的目的。

2. 施工机具

振冲法的工作机具.docx

振冲法施工机具主要是振冲器，它具有振动挤实所需最佳振动频率和射水成孔，冲水护壁使土体和填料处于饱和状态的供水功能等。它是利用一个偏心体的旋转产生一定频率和振幅的水平振动力进行振冲挤密的，吊机要求有效起重高度大于加固深度 2～3m，起吊能力需大于 100～200kN。水泵要求规格流量 20～30m^2/hr，出水口压力 400～600kPa。运料设备可采用装载机或皮带机、人力小车。泥浆泵为 70WL，流量应与清水泵匹配。所需工具还有水管、配电箱等。

3. 施工工艺

1) 定位起动

将振冲器对准桩位，先开水，后开电，检查水压、电压及振冲器的空载电流是否正常。

2) 造孔

使振冲器以 1～2m/min 的速度在土层中徐徐下沉，当负荷接近或超过电机的额定电流值时，必须减速下沉，或向上提升一定距离，使振冲器悬留 5～10s 扩孔等高压水冲松土层，孔内泥浆溢出时再继续下沉。如造孔困难，可加大水压到 1300kPa 左右。开孔后应做好造孔深度、时间、电流值等方面记录。电流值的变化反映了土层的强度变化。振冲器距桩底标高 30～50cm 时，应减小水压到 400kPa，并上提振冲器。

3) 清孔护壁

当振冲器距桩底标高 30～50cm 时应留振 10s，水压在 300～500kPa，然后以 5～6m/min 速度均匀上提振冲器至孔口，最后反插到原始振冲器位置，这样反复 2～3 次，使泥浆变稀准备填料。

4) 填料制桩

加填料制桩分两种：一种是振冲器不提出孔口面在孔口加料的方式，叫连续下料法；另一种是把振冲器提出孔口下料，叫间断下料法。间断下料法施工速度较快，但控制不好易产生漏振，即使是采用大功率振动器，每次加料高度也不能超过 6m。采用连续下料法制的桩体密实均匀。

填料制桩工艺：振冲器上提→加料→反插→留振→上提至孔口。如果第一次填料反插到原位，而密实电流和留振时间达不到规定值，则上提振冲器 1m 加料 1m，再反插振冲器。如果再达不到规定的密实电流和留振时间，则重复上述操作步骤，直至达到规定的密实电流和留振时间。自上而下每个深度都要达到规定的密实电流和留振时间。

5) 移位

先关闭振冲器电源，后关振冲器高压水，移位准备下一桩的施工。

4. 振冲法的适用范围

振冲器制桩只需填砂石料就能成桩，具有取材方便、效果明显、节约投资等特点。在可能液化的砂性土中进行地基处理，则能消除地震液化，避免或减少地震对上部建筑物的影响。尤其是在处理中粗砂液化地基时，可不用填料，就地振实可液化砂层，地基处理费更低。

目前，振冲法处理地基适用的土质有砂性土、黏性土、淤泥质黏性土等。

采用振冲法处理砂性土地基时，利用振冲时孔内砂土坍陷而下沉方法挤密，常称振冲挤密法，相对密度可达 70%甚至 80%以上，有的可达 92%～95%，但需填入当地砂土；处理黏性土地基时，只可采用置换填料来达到要求的密实度，常称振冲置换法。

对黏性土不排水抗剪强度小于 20kPa 的软弱黏性土，同样也可加固成功，但一定要合理选用振冲器和调整匹配的有关参数。

【案例 2-1】山东菏泽电厂贮煤仓地基加固处理工程，设计为振冲碎石桩，桩长 18m，桩呈三角形布置，共有桩 440 根，桩间中心 1.98m，同时要求桩径 0.9～1.2m，故桩间土只有 0.77～1.07m。地质加固层均为黏性土，造孔成桩有较大难度，挤密桩体密实电流要达 85A，要求采用 75kW 振冲器施工，才可承担这项任务，但国内尚未定型生产 75kW 振冲器。通过与南京水科院合作并论证，大胆地承接了任务，经过努力攻关，选择了合理匹配的振

冲器，调整了有关参数，达到设计要求，终于取得成功。

该工程取得成功的原因有哪些？

2.1.5 地基处理的其他方法

1. 深层搅拌水泥土地基

水泥深层搅拌法分为两种，一种是水泥浆搅拌，另一种是分体喷射搅拌。适合于含水量比较高，而且地基承载力小于 120kPa 的黏性土或者粉土，这种加固方法能够就地搅拌混合固化剂和地基原来的土体，在充分利用原有地基土的情况下，灵活根据地基土的性质选择不同类型的固化剂，而且在施工中不会产生噪声等污染，比较适合在居民密集区域使用。另外地基的土体加固之后，重度基本保持不变，相比于钢筋混凝土的桩基，有利于施工成本的降低。

水泥土深层搅拌法在地基加固中的施工机理为：在搅拌加固的过程中，水泥的加固土将发生物理反应和化学反应，与混凝土硬化机理不同的是，前者掺加到加固土中的水泥重量仅占总重量的 7%～15%，在加固土当中发生水解反应和水化反应，形成具有一定活性的介质，而且相比于混凝土，水泥土强度的增长速度更慢。具体的加固机理流程为水泥出现水解反应和水化反应，离子之间进行交换，并产生粒化作用，最后在碳酸作用下，发生硬凝反应。

水泥深层搅拌法在地基加固中的应用，适用的地基土质为淤泥、淤泥质土，或者是含水量比较高的黏性土、粉土等，尤其是含有蒙脱石、多水高岭石等黏土矿物的软土，其加固效果最为明显。

2. 预压地基

预压地基主要是指砂井加载预压地基，它具有固结速度快、施工工艺简单、效果好等特点，使用范围较广。它在含有饱和水的软黏土或冲积土地基中，打入一批排水砂井，桩顶铺设砂垫层，先在砂垫层上分期加荷预压，使土层中孔隙水不断通过砂井上升，至砂垫层排出地表，在建筑物施工之前，地基土大部分先期排水固结，减小了建筑物的沉降量，增强了地基稳定性。这种施工方法适用于处理深厚软土和冲填土地基。预压地基的工艺流程如图 2-3 所示。

预压地基的优点是真空预压产生负压，增加的是地心向应力，土体向内收缩变形，可以减少地基因填土速率快而出现稳定性问题，经济造价也相对比较可观，而且目前技术比较成熟。缺点是技术要求比较复杂，不适合在经济较差的地方开展。

【案例 2-2】某桥为 20+3×25+20m 钢筋混凝土连续箱梁桥，采用满堂式钢管支架现浇，经勘查部门检测发现此处地基不良，需要进行处理。问题：试分析常用的地基处理方式有哪些。

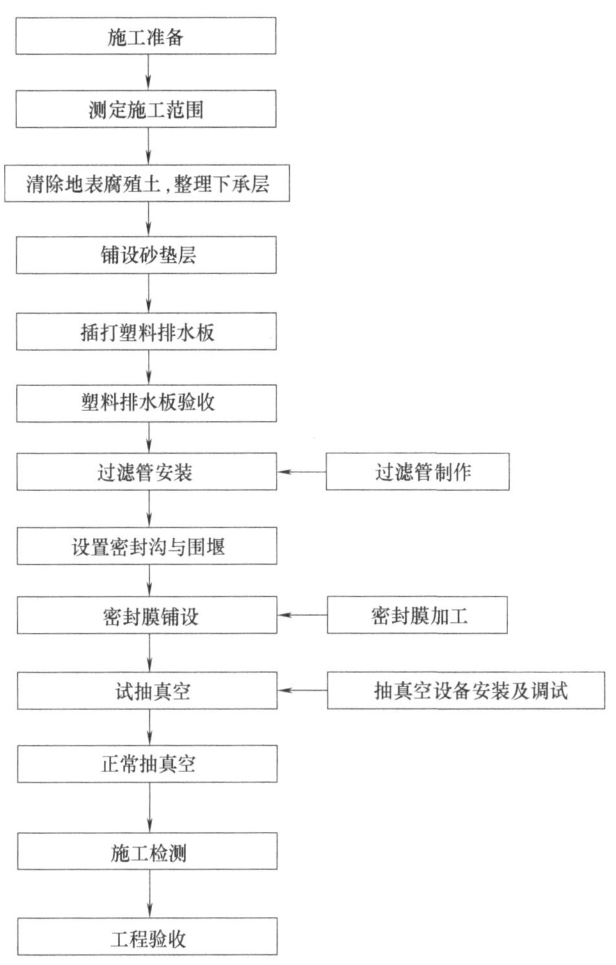

图 2-3 预压地基的工艺流程

2.2 浅埋基础

从室外设计地面到基础底面的垂直距离称为基础的埋置深度。一般工业与民用建筑在基础设计中多采用浅基础，因为它造价低、施工简便。常用的浅基础类型有条形基础、独立基础、筏形基础、箱形基础等。

2.2.1 条形基础

条形基础是指基础长度远远大于宽度的一种基础形式，如图 2-4 所示。按上部结构分为墙下条形基础和柱下条形基础。基础的长度大于或等于 10 倍基础的宽度。条形基础的特点是，布置在一条轴线上且与两条以上轴线相交，有时也和独立基础相连，但截面尺寸与配筋不尽相同。另外横向配筋为主要受力钢筋，纵向配筋为次要受力钢筋。主要受力钢筋布置在下面。

图 2-4　条形基础实物图

条形基础.mp4

1. 墙下条基的构造要求

(1) 梯形截面基础的边缘高度，一般不小于 200mm，坡度≤1∶3。基础高度小于 250mm 时，可做成等厚度板。

(2) 基础下的垫层厚度一般为 100mm。

(3) 底板受力钢筋的最小直径不宜小于 8mm，间距不宜大于 200mm 和小于 100mm。当有垫层时，混凝土的保护层厚度不宜小于 35mm，无垫层时不宜小于 70mm。纵向分布钢筋直径为 6～8mm，间距为 250～300mm。

(4) 混凝土强度等级不宜低于 C15。

2. 条形基础施工工艺流程

清理→混凝土垫层→清理→钢筋绑扎→支模板→相关专业施工→清理→混凝土搅拌→混凝土浇筑→混凝土振捣→混凝土找平→混凝土养护。

3. 施工方法

1) 清理及垫层浇灌

地基验槽完成后，清除表层浮土及扰动土，不得积水，立即进行垫层混凝土施工，混凝土垫层必须振捣密实，表面平整，严禁晾晒基土。

2) 钢筋绑扎

垫层浇灌完成达到一定强度后，在其上弹线、支模、铺放钢筋网片。

上下部垂直钢筋绑扎牢，将钢筋弯钩朝上，按轴线位置校核后用方木架成井字形，将插筋固定在基础外模板上；底部钢筋网片应用与混凝土保护层同厚度的水泥砂浆或塑料垫块垫塞，以保证位置正确，表面弹线后进行钢筋绑扎，钢筋绑扎不允许漏扣，柱插筋除要满足搭接要求外，还应满足锚固长度的要求。

当基础高度在 900mm 以内时，插筋伸至基础底部的钢筋网上，并在端部做成直弯钩；当基础高度较大时，位于柱子四角的插筋应伸到基础底部，其余的钢筋只需伸至锚固长度即可。插筋伸出基础部分长度应按柱的受力情况及钢筋规格确定。

3) 支模板

钢筋绑扎及相关专业施工完成后立即进行模板安装，模板采用小钢模或木模，利用架子管或木方加固。锥形基础坡度为 30° 时，采用斜模板支护，利用螺栓与底板钢筋拉紧，防止上浮，模板上部设透气及振捣孔，坡度≤30° 时，利用钢丝网(间距 30cm)，防止混凝土下坠，上口设井子木控制钢筋位置。

不得用重物冲击模板，不准在吊帮的模板上搭设脚手架，以保证模板的牢固和严密。

4) 清理

清除模板内的木屑、泥土等杂物，木模浇水湿润，堵严板缝及孔洞，清除积水。

5) 混凝土搅拌

根据配合比及砂石含水率计算出每盘混凝土材料的用量。后台认真按配合比用量投料。投料顺序为石子→水泥→砂子→水→外加剂。严格控制用水量，搅拌均匀，搅拌时间不少于 90s。

6) 混凝土浇筑

浇筑现浇柱下条形基础时，注意柱子插筋位置要正确，防止造成位移和倾斜。在浇筑开始时，先满铺一层 5～10cm 厚的混凝土并捣实，使柱子插筋下段和钢筋网片的位置基本固定，然后对称浇筑。对于锥形基础，应注意保持锥体斜面坡度的正确，斜面部分的模板应随混凝土浇捣分段支设并顶压紧，以防模板上浮变形；边角处的混凝土必须捣实。严禁斜面部分不支模，用铁锹拍实。基础上部柱子后施工时，可在上部水平面留设施工缝。施工缝的处理应按有关规定执行。条形基础根据高度分段分层连续浇筑，不留施工缝，各段各层间应相互衔接，每段长 2～3m，做到逐段逐层呈阶梯形推进。浇筑时先使混凝土充满模板内边角，然后浇注中间部分，以保证混凝土密实。分层下料，每层厚度为振动棒的有效振动长度。防止由于下料过厚，振捣不实或漏振，吊帮的根部砂浆涌出等原因造成蜂窝、麻面或孔洞。

7) 混凝土振捣

采用插入式振捣器，插入的间距不大于作用半径的 1.5 倍。上层振捣棒插入下层 3～5cm。尽量避免碰撞预埋件、预埋螺栓，防止预埋件移位。

8) 混凝土找平

混凝土浇筑后，表面比较大的混凝土，使用平板振捣器振一遍，然后用大杆刮平，再用木抹子搓平。收面前必须校核混凝土表面标高，不符合要求处立即整改。浇筑混凝土时，要经常观察模板、支架、螺栓、预留孔洞和管有无走动情况，一经发现有变形、走动或位移时，应立即停止浇筑，并及时修整和加固模板，然后再继续浇筑。

9) 混凝土养护

已浇筑完的混凝土，常温下，应在 12h 左右覆盖和浇水。一般常温养护不得少于 7 昼夜，特种混凝土养护不得少于 14 昼夜。养护设专人检查落实，防止由于养护不及时，造成混凝土表面裂缝。

10) 模板拆除

侧面模板在混凝土强度能保证其棱角不因拆模板而受损坏时方可拆模，拆模前设专人检查混凝土强度，拆除时采用撬棍从一侧顺序拆除，不得采用大锤砸或撬棍乱撬，以免造成混凝土棱角破坏。

2.2.2 独立基础

建筑物上部结构采用框架结构或单层排架结构承重时，常采用圆柱形和多边形等形式的基础，这类基础称为独立式基础，也称单独基础，如图 2-5 所示。独立基础分三种：阶形基础、坡形基础、杯形基础。

图 2-5 独立基础实物图

独立基础.mp4

独立基础一般设在柱下，常用的断面形式有踏步形、锥形、杯形。材料通常采用钢筋混凝土、素混凝土等。当柱为现浇时，独立基础与柱子是整浇在一起的；当柱子为预制时，通常将基础做成杯口形，然后将柱子插入，并用细石混凝土嵌固，此时称为杯口基础。

1. 施工工艺流程

清理基坑及抄平→混凝土垫层→基础放线→钢筋绑扎→相关专业施工→清理→支模板→清理→混凝土搅拌→混凝土浇筑→混凝土振捣→混凝土找平→混凝土养护→模板拆除。

2. 施工方法

1) 清理基坑及抄平

清理基坑是清除表层浮土及扰动土，不留积水。抄平是为了使基础底面标高符合设计要求，施工基础前应在基面上定出基础底面标高。

2) 垫层施工

地基验槽完成后，应立即进行垫层混凝土施工，在基面上浇筑 C10 的细石混凝土垫层，垫层混凝土必须振捣密实，表面平整，严禁晾晒基土。垫层施工是为了保护基础的钢筋。

3) 定位放线

用全站仪将所有独立基础的中心线、控制线全部放出来。

4) 钢筋工程

垫层浇灌完成，混凝土达到 1.2MPa 后，表面弹线进行钢筋绑扎，钢筋绑扎不允许漏扣，柱插筋弯钩部分必须与底板筋成 45° 绑扎，连接点处必须全部绑扎。

5) 模板工程

模板采用小钢模或木模，利用架子管或木方加固。阶梯形独立基础根据基础施工图样的尺寸制作每一阶梯模板，支模顺序由下至上逐层向上安装。

6) 清理

清除模板内的木屑、泥土等杂物，木模浇水湿润，堵严板缝及孔洞。

7) 混凝土浇筑

混凝土应分层连续进行，间歇时间不超过混凝土初凝时间，一般不超过 2h，为保证钢筋位置正确，先浇一层 5～10cm 厚混凝土固定钢筋。台阶型基础每一台阶高度整体浇捣，每浇完一台阶停顿 0.5h 待其下沉，再浇上一层。

浇筑混凝土时，要经常观察模板、支架、钢筋、螺栓、预留孔洞和管有无走动情况，一经发现有变形、走动或位移时，应立即停止浇筑，并及时修整和加固模板，然后再继续浇筑。

8) 混凝土振捣

采用插入式振捣器，插入的间距不大于振捣器作用部分长度的 1.25 倍。上层振捣棒插入下层 3～5cm。尽量避免碰撞预埋件、预埋螺栓，防止预埋件移位。

9) 混凝土找平

混凝土浇筑后，表面比较大的混凝土，使用平板振捣器振一遍，然后用刮杆刮平，再用木抹子搓平。收面前必须校核混凝土表面标高，不符合要求处立即整改。

10) 混凝土养护

已浇筑完的混凝土，应在 12h 左右覆盖和浇水。一般常温养护不得少于 7d，特种混凝土养护不得少于 14d。养护设专人检查落实，防止由于养护不及时，造成混凝土表面裂缝。

11) 模板拆除

侧面模板在混凝土强度能保证其棱角不因拆模板而受损坏时方可拆模，拆模前设专人检查混凝土强度，拆除时采用撬棍从一侧顺序拆除，不得采用大锤砸或撬棍乱撬，以免造成混凝土棱角破坏。

2.2.3 筏形基础

筏形基础，又叫筏板基础、满堂基础，它是把柱下独立基础或者条形基础全部用联系梁联系起来，下面再整体浇注底板，由底板、梁等整体组成，如图 2-6 所示。

筏形基础.mp4

上部结构荷载较大，地基承载力较低，采用一般基础不能满足要求时，可将基础扩大成支承整个建筑物结构的大钢筋混凝土板，即成为筏形基础。

筏形基础可以减少地基土的单位面积压力、提高地基承载力，能够增强基础的整体刚性，多应用于多层和高层建筑。

音频.筏板基础施工要点.mp3

1. 筏形基础施工工艺

测量定位放线→垫层施工→测量定位放线→筏形基础钢筋绑扎→筏形基础侧模安装→柱插筋→验收→筏形基础混凝土浇注→混凝

土养护。

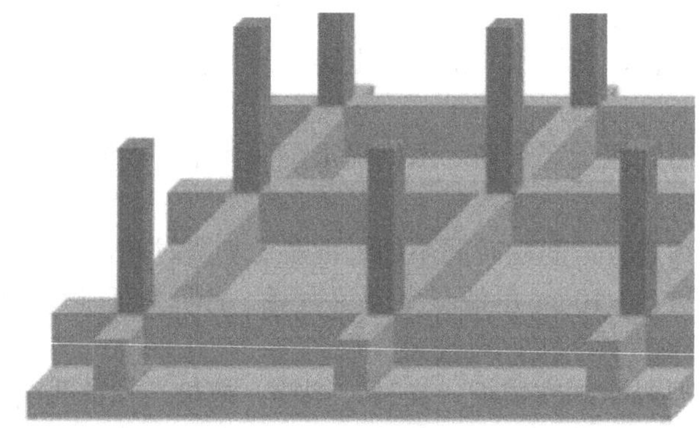

图 2-6　筏形基础示意图

防雷接地应随着筏形基础施工进行。

2. 筏形基础的构造要求

筏板厚度一般不小于柱网最大跨度的 1/20，并不小于 200mm，且应按抗冲切验算。设置肋梁时宜取 200～400mm。筏基可适当加设悬臂部分以扩大基底面积和调整基底形心与上部荷载重心尽可能一致。悬臂部分宜沿建筑物宽度方向设置。

当梁肋不外伸时板挑出长度不宜大于 2m。混凝土不低于 C20，垫层 100mm 厚。钢筋保护层不小于 35mm。地下水位以下的地下室底板应考虑抗渗，并进行抗裂度验算。

筏板配筋率一般在 0.5%～1.0%为宜。

当板厚小于 300mm 时单层配置，大于 300mm 时双层布置。受力钢筋最小直径 8mm，一般不小于 12mm，间距 100～200mm；分布钢筋 8～10mm，间距 200～300mm。

2.2.4　箱形基础

箱形基础是由钢筋混凝土的底板、顶板、侧墙及一定数量的内隔墙构成的封闭箱体，基础中部可在内隔墙开门洞作地下室，如图 2-7 所示。这种基础整体性和刚度都好，调整不均匀沉降的能力较强，可消除因地基变形使建筑物开裂的可能性，减少基底处原有地基自重应力，降低总沉降量。它适用于作软弱地基上的面积较小，平面形状简单，荷载较大或上部结构分布不均的高层重型建筑物的基础及对沉降有严格要求的设备基础或特殊构筑物，但混凝土及钢材用量较多，造价也较高。在一定条件下采用，如能充分利用地下部分，那么在技术上、经济效益上也是较好的。

箱形基础.mp4

1. 构造要求

(1)　箱形基础为避免基础出现过度倾斜，在平面布置上应尽可能对称，以减少荷载的偏心距，偏心距一般不宜大于 0.1ρ(ρ为基础底板面积抵抗矩与基础底面积之比)。

(2)　箱形基础高度一般取建筑物高度的 1/8～1/12，同时不宜小于其长度的 1/18。

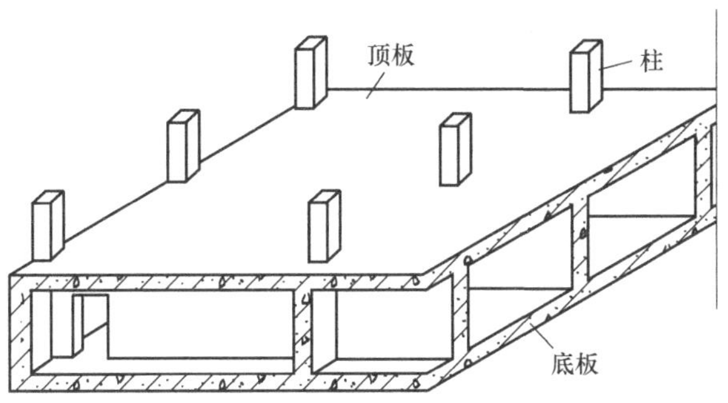

图 2-7 箱形基础示意图

(3) 底、顶板的厚度应满足柱或墙冲切验算要求，根据实际受力情况通过计算确定。底板厚度一般取隔墙间距的 1/10～1/8，约为 30～100cm，顶板厚度约为 20～40cm，内墙厚度不宜小于 20cm，外墙厚度不应小于 25cm。

(4) 基础混凝土标号不宜低于 C20，抗渗标号不宜低于 S6。

(5) 为保证箱形基础的整体刚度，对墙体的数量应有一定的限制，即平均每平方米基础面积上墙体长度不得小于 40cm，或墙体水平截面积不得小于基础面积的 1/10，其中纵墙配置量不得小于墙体总配置量的 3/5。

2. 箱形基础施工工艺

1) 钢筋绑扎工艺流程

核对钢筋半成品→画钢筋位置线→绑扎基础钢筋(墙体、顶板钢筋)→预埋管线及铁件→垫好垫块及马凳铁→隐检。

2) 模板安装工艺流程

确定组装模板方案→搭设内外支撑→安装内外模板(安装顶板模板)→预检。

3) 混凝土工艺流程

搅拌混凝土→混凝土运输→浇筑混凝土→混凝土养护。

2.3 桩基础施工

2.3.1 桩基础概述

桩基础由基桩和连接于桩顶的承台共同组成。若桩身全部埋于土中，承台底面与土体接触，则称为低承台桩基；若桩身上部露出地面而承台底位于地面以上，则称为高承台桩基。建筑桩基通常为低承台桩基础，广泛应用于高层建筑、桥梁、高铁等工程。

1. 桩基础的适用条件

在工程实践中，一般下列情况可以考虑采用桩基础。

(1) 建筑物荷载较大，地基软弱，采用天然地基不能满足承载力的要求或地基沉降过大对建筑物造成危害时。

(2) 经技术经济指标、工程质量、施工条件等方面综合比较，采用桩基础比天然地基或地基加固处理优越时。

(3) 高耸建筑物对整体倾斜有严格限制时。

(4) 重要、大型、精密机械设备的基础对地基变形有严格限制时。

(5) 因地基沉降对相邻建筑物产生相互巨大影响时。

音频.桩基础的分类.mp3

2. 桩基础的分类

桩可按承台位置、受力情况、桩身材料、桩的使用功能、成孔方法等进行分类。

1) 按承台位置高低分类

端承桩.mp4

(1) 高承台桩基：由于结构设计上的需要，群桩承台底面有时设在地面或局部冲刷线之上，这种桩基称为高承台桩基。这种桩基在桥梁、港口等工程中常用。

(2) 低承台桩基：凡是承台底面埋置于地面或局部冲刷线以下的桩基称为低承台桩基。房屋建筑工程的桩基多属于这一类。

2) 按桩受力情况分类

按桩身材料分类.docx

(1) 端承桩：在极限荷载作用状态下，桩顶荷载由桩端阻力承受的桩。如通过软弱土层桩尖嵌入基岩的桩，外部荷载通过桩身直接传给基岩，桩的承载力由桩的端部提供，不考虑桩侧摩擦阻力的作用。

(2) 摩擦端承桩：在极限承载力状态下，桩顶荷载主要由桩端阻力承受的桩。如通过软弱土层桩尖嵌入基岩的桩，由于桩的细长比很大，在外部荷载作用下，桩身被压缩，使桩侧摩擦阻力得到部分发挥。

3) 按桩身材料分类

钢桩.mp4

根据桩身材料可分为混凝土桩、钢桩、木桩、灰土桩和砂石桩等。

(1) 混凝土桩。混凝土桩是目前应用最广泛的桩，具有制作方便、桩身强度高、耐腐蚀性能好、价格较低等优点。它可分为预制混凝土方桩、预应力混凝土空心管桩和灌注混凝土桩等。

(2) 钢桩。钢桩由钢管桩和型钢桩组成。钢桩桩身材料强度高，桩身表面积大而截面积小，在沉桩时贯透能力强而挤土影响小，在饱和软黏土地区可减少对邻近建筑物的影响。型钢桩常见有工字形钢桩和 H 形钢桩。钢管桩由各种直径和壁厚的无缝钢管制成。由于钢桩价格昂贵，耐腐蚀性能差，应用受到一定的限制。

木桩.mp4

(3) 木桩。目前已经很少使用，只在某些加固工程或能就地取材的临时工程中使用。在地下水位以下时，木材有很好的耐久性，而在干湿交替的环境下，木材很容易腐蚀。

(4) 灰土桩。主要用于地基加固。

(5) 砂石桩。主要用于地基加固和挤密土壤。

4) 按桩的使用功能分类

摩擦桩.mp4

(1) 竖向抗压桩：竖向抗压桩主要承受竖向荷载，是主要的受荷形式。根据荷载传递特征，可分为摩擦桩、端承摩擦桩、摩擦端承桩

及端承桩四类。

(2) 竖向抗拔桩：主要承受竖向抗拔荷载的桩，应进行桩身强度和抗裂性能以及抗拔承载力验算。

(3) 水平受荷桩：港口工程的板桩、基坑的支护桩等，都是主要承受水平荷载的桩。桩身的稳定依靠桩侧土的抗力，往往还设置水平支撑或拉锚以承受部分水平力。

(4) 复合受荷桩：承受竖向、水平荷载均较大的桩，应按竖向抗压桩及水平受荷桩的要求进行验算。

5) 按成孔方法分类

(1) 非挤土桩是指成桩过程中桩周土体基本不受挤压的桩。在成桩过程中，将与桩体积相同的土挖出，因而桩周围的土很少受到扰动。这类桩主要有干作业法、泥浆护壁法和套管护壁法钻挖孔灌注桩，或钻孔桩、井筒管桩和预钻孔埋桩等。

(2) 部分挤土桩。这类桩在设置过程中，由于挤土作用轻微，故桩周土的工程性质变化不大。这类桩主要有打入的截面厚度不大的工字形和 H 形钢桩、开口钢管桩和螺旋钻成孔桩等。

(3) 挤土桩。在成桩过程中，桩周围的土被挤密或挤开，使桩周围的土受到严重扰动，土的原始结构遭到破坏，土的工程性质发生很大变化。挤土桩主要有打入或压入的混凝土方桩、预应力管桩、钢管桩和木桩。另外沉管式灌注桩也属于挤土桩等。

2.3.2 预制桩

预制桩，是在工厂或施工现场制成的各种材料、各种形式的桩(如木桩、混凝土方桩、预应力混凝土管桩、钢桩等)，用沉桩设备将桩打入、压入或振入土中。中国建筑施工领域采用较多的预制桩主要是混凝土预制桩和钢桩两大类。混凝土预制桩能承受较大的荷载、坚固耐久、施工速度快，是广泛应用的桩型之一，但其施工对周围环境影响较大，常用的有混凝土实心方桩和预应力混凝土空心管桩，如图 2-8 所示。钢桩主要有钢管桩和 H 形钢桩两种。

图 2-8 混凝土预制桩实物图

预制桩的优点是生产成本低，配筋率很小，节约钢材，空心桩很环保，直径小，比表面积大，单方混凝土的承载力很大，施工简单，技术难度低。缺点是预制桩的挤土效应在饱和黏性土中是负面的，会引发灌注桩断桩、缩颈等质量事故，对于挤土预制混凝土桩和钢桩会导致桩体上浮，降低承载力，增大沉降；挤土效应还会造成周边房屋、市政设施受损；在松散土和非饱和填土中则是正面的，会起到加密、提高承载力的作用。

1. 预制桩的工艺流程

就位桩机→起吊预制桩→稳桩→打桩→接桩→送桩→中间检查验收→移桩机。

2. 预制桩的施工方法

1) 就位桩机

打桩机就位时，应对准桩位，保证垂直、稳定，确保在施工过程中不发生倾斜、移位。

2) 起吊预制桩

先拴好吊桩用的钢丝绳和索具，然后应用索具捆绑在桩上端吊环附近处，一般不宜超过 300mm，再启动机器起吊预制桩，使桩尖垂直或按设计要求的斜角准确地对准预定的桩位中心，缓缓放下插入土中，位置要准确，再在桩顶扣好桩帽，即可除去索具。

3) 稳桩

桩尖插入桩位后，先用较小落距轻锤 1～2 次，桩入土一定深度后，再调整桩锤、桩帽、桩垫及打桩机导杆，使之与打入方向成一直线，并使桩稳定。10m 以内短桩可用线锤双向校正；10m 以上或打接桩必须用经纬仪双向校正，不得目测。打斜桩时必须用角度仪测定，校正角度。观测仪器应设在不受打桩机移动及打桩作业影响的地点，并经常与打桩机成直角移动。桩插入土中时，垂直度偏差不得超过 0.5%。

桩在打入前，应在桩的侧面或桩架上设置标尺，以便在施工中观测、记录。

4) 打桩

(1) 用落锤或单动汽锤打桩时，锤的最大落距不得超过 1m，用柴油锤打桩时，应使锤跳动正常。

(2) 打桩宜重锤低击，锤重的选择应根据工程地质条件、桩的类型、结构、密集程度及施工条件来选用。

(3) 打桩顺序应根据基础的设计标高，先深后浅；依桩的规格先大后小，先长后短。由于桩的密集程度不同，可由中间向两个方向对称进行或向四周进行，也可由一侧向单一方向进行。

(4) 打入初期应缓慢地、间断地试打，在确认桩中心位置及角度无误后再转入正常施打。

5) 接桩

(1) 在桩长不够的情况下，采用焊接或浆锚法接桩。

(2) 接桩前应先检查下节桩的顶部，如有损伤应适当修复，并清除两桩端的污染和杂物等，如下节桩头部严重破坏时应补打桩。

(3) 焊接时，其预埋件表面应清洁，上下节之间的间隙应用垫片垫实焊牢。施焊时，先将四角点焊固定，然后对称焊接，并应采取措施减少焊缝变形，焊缝应连续焊满。0℃以下时需停止焊接作业，否则需采取预热措施。

(4) 浆锚法接桩时，接头间隙内应填满熔化了的硫黄胶泥，硫黄胶泥温度控制在 145℃左右。接桩后应停歇至少 7min 后才能继续打桩。

(5) 接桩时，一般在距地面 1m 左右时进行。上下节桩的中心线偏差不得大于 5mm，节点弯曲矢高不得大于 1/1000 桩长。

(6) 接桩处入土前，应对外露铁件再次补刷防腐漆。桩的接头应尽量避免下述位置：

- 桩尖刚达到硬土层的位置；
- 桩尖将穿透硬土层的位置；
- 桩身承受较大弯矩的位置。

6) 送桩

设计要求送桩时，送桩的中心线与桩身吻合一致方能进行送桩。送桩下端宜设置桩垫，要求厚薄均匀，若桩顶不平可用麻袋或厚纸垫平，送桩留下的桩孔应立即回填密实。

7) 检查验收

预制桩打入深度以最后贯入度(一般以连续三次锤击均能满足为准)及桩尖标高为准，即“双控”，如两者不能同时满足要求时，首先应满足最后贯入度。坚硬土层中，每根桩已打到贯入度要求，而桩尖标高进入持力层未达到设计标高，应根据实际情况与有关单位会商确定。一般要求继续击 3 阵，每阵 10 击的平均贯入度，不应大于规定的数值；在软土层中以桩尖打至设计标高来控制，贯入度可做参考。符合设计要求后，填好施工记录，然后移桩机到新桩位。如打桩发生与要求相差较大时，应会同有关单位研究处理，一般采取补桩方法。

在每根桩桩顶打至场地标高时应进行中间验收，待全部桩打完后，开挖至设计标高，做最后检查验收，并将技术资料提交总承包方。

8) 移桩机

移桩机至下一桩位，按照上述施工程序进行下一根桩的施工。

2.3.3 灌注桩

1. 灌注桩概述

灌注桩是直接在所设计的桩位上开孔，其截面为圆形，成孔后在孔内加放钢筋笼，灌注混凝土而成的桩。

灌注桩具有不受地层变化限制，不需要接桩和截桩，适应能力强，受力相对较稳，抗压又抗拔，振动小、噪声小等特点。由于其既不存在挤土负面效应，又具有穿越各种硬夹层、嵌岩和进入各类硬持力层的能力，桩的几何尺寸和单桩的承载力可调空间大，因此钻、挖孔灌注桩使用范围大，尤以高重建筑物更为合适。

灌注桩.mp4

灌注桩的缺点是造价大，工艺复杂，工期相对长，基础和上部结构施工有时有间断；但这类桩都存在桩底沉渣(虚土)无法清理干净的突出问题，因而制约了其承载能力和工程质量的稳定性。为了解决这一问题，在 20 世纪 90 年代后期发明了在钻孔灌注桩桩底压力灌浆的施工工艺。

2. 灌注桩的施工工艺流程

灌注桩按其成孔方法不同，可分为钻孔灌注桩、沉管灌注桩、人工挖孔灌注桩、爆扩灌注桩等。

1) 钻孔灌注桩

钻孔灌注是指利用钻孔机械钻出桩孔，并在孔中浇筑混凝土(或先在孔中吊放钢筋笼)而成的桩。根据钻孔机械的钻头是否在土的含水层中施工，又分为泥浆护壁成孔、干作业成孔及套管护壁三种方法。

(1) 泥浆护壁成孔灌注桩施工工艺流程。

场地平整→桩位放线→开挖浆池、浆沟→护筒埋设→钻机就位、孔位校正→成孔、泥浆循环、清除废浆和泥渣→第一次清孔→质量验收→下钢筋笼和钢导管→第二次清孔→浇筑水下混凝土→成桩。

(2) 干作业成孔灌注桩施工工艺流程。

测定桩位→钻孔→清孔→下钢筋笼→浇筑混凝土。

(3) 套管护壁成孔灌注桩施工工艺流程。

场地平整和确定桩位→套管桩机(咬合桩)就位→钢管就位→压入第一节钢套→校核钢套管垂直→抓土取土、对接钢套管→继续压入钢套管至设计标高→测量孔深→磨桩机移位、灌注桩机就位→钻孔→测定孔深、孔径、孔斜度→清孔、测沉渣厚度→下钢筋笼→下导管→清孔→灌注混凝土。

2) 沉管灌注桩

沉管灌注桩是指利用锤击打桩法或振动打桩法，将带有活瓣式桩尖或预制钢筋混凝土桩靴的钢套管沉入土中，然后边浇筑混凝土(或先在管内放入钢筋笼)，边锤击或振动边拔管而成的桩。前者称为锤击沉管灌注桩，后者称为振动沉管灌注桩。

沉管灌注桩成桩过程为：

桩机就位→锤击(振动)沉管→上料→边锤击(振动)边拔管，并继续浇筑混凝土→下钢筋笼，继续浇筑混凝土及拔管→成桩。

【案例 2-3】某沿海大桥，其主墩基础有 40 根桩径为 1.55m 的钻孔灌注桩，实际成孔深度达 50m。桥位区地质如下：表层为 5m 的砾石，以下为 37m 的卵漂石层，再以下为软岩层。承包商采用下列施工方法进行施工：场地平整，桩位放样，埋设护筒之后，采用冲击钻进行钻孔。然后设立钢筋骨架，在制作钢筋笼时，采用搭接焊接，当钢筋笼下放后，发现孔底沉淀量超标，但超标量较小，施工人员采用空压机风管进行扰动，使孔底残留沉渣处于悬浮状态。之后，安装导管，导管底口距孔底的距离为 35cm，且导管口处于沉淀的淤泥渣之上，对导管进行接头抗拉试验，并用 1.5 倍的孔内水深压力的水压进行水密承压试验，试验合理后，进行混凝土灌注，混凝土坍落度为 18cm，混凝土灌注在整个过程中均连续均匀进行。

施工单位考虑到灌注时间较长，在混凝土中加入缓凝剂。首批混凝土灌注后埋置导管的深度为 1.2m，在随后的灌注过程中，导管的埋置深度为 3m。当灌注混凝土进行到 10m 时，出现塌孔，此时，施工人员立即用吸泥机进行清理；当灌注混凝土进行到 23m 时，发现导管埋管，但堵塞长度较短，施工人员采取用型钢插入导管的方法疏通导管；当灌注到

27m 时，导管挂在钢筋骨架上，施工人员采取了强制提升的方法；进行到 32m 时，又一次堵塞导管，施工人员在导管始终处于混凝土中的状态下，拔抽抖动导管，之后继续灌注混凝土，直到顺利完成。养护一段时间后发现有断桩事故。问题：

(1) 断桩可能发生在何处，原因是什么？

(2) 在灌注水下混凝土时，导管可能出现的问题有哪些？

(3) 钻孔灌注桩施工的主要工序是什么？

(4) 塞管处理的方法有哪些？

3) 人工挖孔灌注桩

人工挖孔灌注桩是指桩孔采用人工挖掘方法进行成孔，然后安放钢筋笼，浇筑混凝土而成的桩。为了确保人工挖孔桩施工过程中的安全，施工时必须考虑预防孔壁坍塌和流砂现象发生，制定合理的护壁措施。护壁方法可以采用现浇混凝土护壁、喷射混凝土护壁、砖砌体护壁、沉井护壁、钢套管护壁、型钢或木板桩工具式护壁等多种。下面以应用较广的现浇混凝土分段护壁为例说明人工挖孔灌注桩的施工工艺流程。

人工挖孔灌注桩的施工程序是：

场地整平→放线、定桩位→挖第一节桩孔土方→支模浇筑第一节混凝土护壁→在护壁上二次投测标高及桩位十字轴线→安装活动井盖、垂直运输架、起重卷扬机或电动葫芦、活底吊土桶，以及排水、通风、照明设施等→第二节桩身挖土→清理桩孔四壁，校核桩孔垂直度和直径→拆上节模板，支第二节模板，浇筑第二节混凝土护壁→重复第二节挖土、支模、浇筑混凝土护壁工序，循环作业直至设计深度→进行扩底(当需扩底时)→清理虚土、排除积水，检查尺寸和持力层→吊放钢筋笼就位→浇筑桩身混凝土。

4) 爆扩灌注桩

爆扩灌注桩是指用钻孔爆扩成孔，孔底放入炸药，再灌入适量的混凝土，然后引爆，使孔底形成扩大头，再放入钢筋笼，浇注桩身混凝土的桩。

3. 灌注桩常见问题及防治措施

1) 斜孔

(1) 原因分析。

① 钻机未处于水平位置，或施工场地未整平及压实，在钻进过程中发生不均匀沉降。

② 钻孔平台基底座不稳固、未处于水平状态，在钻孔过程中，钻机架发生不均匀变形。

③ 钻杆弯曲，接头松动，致使钻头晃动范围较大。

④ 土层软硬不均，致使钻头受力不均，或遇到孤石、探头石等。

(2) 防治措施。

① 钻机就位前，应对施工现场进行整平和压实，并把钻机调整到水平状态，在钻进过程中，应经常检查使钻机始终处于水平状态工作。钻机平台在钻机就位前，必须进行安装验收，其平台要牢固、水平，钻机架要稳定。

② 应使钻机顶部的起重滑轮槽、钻杆的卡盘和护筒桩位的中心在同一垂直线上，并在钻进过程中防止钻机移位或出现过大的摆动。

③ 要经常对钻杆进行检查，对弯曲的钻杆要及时调整或废弃。

④ 使用冲击钻施工时冲程不要过大，应尽量采用二次成孔，以保证成孔的垂直度。

2) 缩孔

(1) 原因分析。

① 地质构造中含有软弱层，在钻孔通过该层时，软弱层在土压力的作用下，向孔内挤压形成缩孔。

② 地质构造中有塑性土层，遇水膨胀，形成缩孔。

③ 钻头磨损过快，未及时补焊，从而形成缩孔。

(2) 防治措施。

① 根据地质钻探资料及钻井中的土质变化，若发现含有软弱层或塑性土时，要注意经常扫孔。

② 经常检查钻头，当出现磨损时要及时补焊，把磨损较多的钻头补焊后，再进行扩孔至设计桩径。

3) 卡钻

(1) 原因分析。

① 孔内出现梅花孔、探头石或缩孔。

② 下钻头时太猛，或钢丝绳松绳太长，使钻头倾倒卡在井壁上。

③ 坍孔时落下的石块或落下较大的工具将钻头卡住。

④ 出现缩孔后，补焊后的钻头尺寸加大，冲击太猛，冲锥被吸住。

⑤ 使用冲击钻在黏土地层中进行钻孔时，冲程量过大，或泥浆太稠，冲锥被吸住。

(2) 防治措施。

① 对于上下能活动的卡钻，可以采用上下轻微提动钻头，并辅以转动钢丝绳，使钻头转动，以便提起。

② 下钻时不可太猛。

③ 对钻头进行补焊时，要保证尺寸与孔径配套。

④ 使用冲击钻进行施工时冲程量不宜过大，以防锥头倾倒造成卡钻。

4) 钢筋笼变形

(1) 原因分析。

① 当钢筋笼较长时，未加设临时固定杆。

② 吊点位置不对。

③ 加劲箍筋间距大，或直径小，刚度不够。

④ 吊点处未设置加强筋。

(2) 防治措施。

① 钢筋笼上每隔 2～2.5m 增设一道加劲箍筋，在吊点位置应设置加强筋。在加强筋上加做十字交叉钢筋来提高加强筋的刚度，以增强抗变形能力，在钢筋笼入井时，再将十字交叉筋割除。

② 钢筋笼尽量采用一次整体入孔，若钢筋笼较长不能一次整体入孔时，也尽量少分段，以减少入孔时间；分段的钢筋笼也要设临时固定杆，并备足焊接设备，尽量缩短焊接时间；两钢筋笼对接时，上下节中心线保持一致。若能整体入孔时，应在钢筋笼内侧设置临时固定杆整体入孔，入孔后再拆除临时固定杆件。

③ 吊点位置应选好，钢筋笼较短时可采用一个吊点，较长时可采用两个吊点。

5) 钢筋笼下沉

(1) 原因分析。

① 钢筋笼固定不牢固或固定措施不得当。

② 测量定位出现误差或在灌注混凝土过程中，导管碰撞钢筋笼。

③ 在施工过程中，桩位控制点未采取保护措施，出现人为移动。

(2) 防治措施。

① 在钢筋笼定位后，将钢筋笼牢固固定在位于护筒之上的垫木上。垫木应该用20cm×20cm×(300～400)cm 长方木根。

② 护筒周围的回填土要夯实，防止护筒移位。

③ 测量定位要准确，要用控制桩进行复核，复核无误后方可进行水下混凝土灌注。

6) 钢筋笼上浮

(1) 原因分析。

① 当灌注的混凝土接近钢筋笼底部时灌注速度过快，混凝土将钢筋笼托起；或提升导管速度过快，带动混凝土上升，导致钢筋笼上浮。

② 在提升导管时，导管挂在钢筋笼上，钢筋笼随同导管一同上升。

(2) 防治措施。

① 当所灌注的混凝土接近钢筋笼时，要适当放慢混凝土的灌注速度，待导管底口提高至钢筋笼内至少 2m 以上时方可恢复正常的灌注速度。

② 在安放导管时，应使导管的中心与钻孔中心尽量重合，导管接头处应做好防挂措施，以防止提升导管时挂住钢筋笼，造成钢筋笼上浮。

7) 钻孔桩中心偏位

(1) 原因分析。

① 桩位定位存在误差。

② 护筒的形状不符合要求或埋设时出现偏差。

③ 钢筋笼定位不准确。

(2) 防治措施。

① 在桩位定位时要认真复核，做好骑马式控制桩并采取一定的保护措施，以便能够准确确定钻头中心及对钢筋笼进行准确定位。

② 护筒的形状要符合要求，埋设时其四周的回填要密实，防止在钻进过程中发生移动。

③ 钢筋笼定位要准确，固定要牢固，经复核无误后方可灌注混凝土。

2.3.4 桩基础的检测及验收

1. 桩基础的检测

1) 钻芯检测法

由于大直钻孔灌注桩的设计荷载一般较大，用静力试桩法有许多困难，所以常用地质钻机在桩身上沿长度方向钻取芯样，通过对芯样的观察和测试确定桩的质量。

但这种方法只能反映钻孔范围内的小部分混凝土质量，而且设备庞大、费工费时、价

格昂贵，不宜作为大面积检测方法，而只能用于抽样检查，一般抽检总桩量的 3%～5%，或作为无损检测结果的校核手段。

2) 振动检测法

振动检测法又称动测法。它是在桩顶用各种方法施加一个激振力，使桩体及至桩土体系产生振动。或在桩内产生应力波，通过对波动及波动参数的种种分析，以推定桩体混凝土质量及总体承载力的一种方法。

这类方法主要有四种，分别为敲击法和锤击法、稳态激振机械阻抗法、瞬态激振机械阻抗法、水电效应法。

3) 超声脉冲检验法

该法是在检测混凝土缺陷的基础上发展起来的。其方法是在桩的混凝土灌注前沿桩的长度方向平行预埋若干根检测用管道，作为超声检测和接收换能器的通道。检测时探头分别在两个管子中同步移动，沿不同深度逐点测出横断面上超声脉冲穿过混凝土时的各项参数，并按超声测缺原理分析每个断面上混凝土的质量。

4) 射线法

该法是以放射性同位素辐射线在混凝土中的衰减、吸收、散射等现象为基础的一种方法。当射线穿过混凝土时，因混凝土质量不同或存在缺陷，接收仪所记录的射线强弱会发生变化，据此来判断桩的质量。

5) 自平衡法

自平衡法，顾名思义，是由桩体本身重量提供反力，而不借助外力的一种静载荷试桩方法。通过在桩间预埋压力盒，并在此由千斤顶加载，通过测试上下段桩的承载力得到整根桩的承载力。

自平衡法与传统的堆载法和锚桩法不同，该技术是在施工过程中将按桩承载力参数要求定型制作的荷载箱置于桩身底部，连接施压油管及位移测量装置于桩顶部，待混凝土养护到标准龄期后，通过顶部高压油泵给底部荷载箱施压，得出桩端承载力及桩侧总摩阻力。

2. 桩基础的验收

桩基施工是一个多工种、多工序的作业过程，从桩的制作到成桩，再到基础施工，往往是几个单位分别进行。桩的施工又是一项隐蔽工程，其质量对于建筑的安全具有极为重要的影响，因此，必须加强过程的质量检查与验收。

1) 施工质量验收内容

预制桩或桩质量检查主要包括制作、打入(静压)深度、停锤标准、桩位及垂直度检查。制作时应根据设计图纸，其偏差应符合有关规范要求；沉桩过程中的检查项目应包括每米进展锤击数，最后一米锤击数，最后之际贯入度及桩尖标高、桩身(架)垂直度等。

灌注桩的成孔质量检查包括成孔和清孔，钢筋笼制作及安放，混凝土搅拌及灌筑三个工序的质量检查。成孔及清孔时，主要检查已成孔的中心位置、孔深、孔径、垂直度、孔底沉渣厚度；制作安放钢筋笼时，主要检查钢筋规格、焊条规格与品种、焊口规格、焊缝长度、焊缝外观和质量，主筋和箍筋的制作偏差及钢筋笼安放的实际位置等；搅拌和灌筑混凝土时，主要检查原材料质量与计量，混凝土配合比、坍落度、混凝土强度等。

2) 质量验收标准

桩身施工后，在平面和垂直度上与设计位置的偏差，预制桩不得超过表 2-2 所规定的范围，灌注桩不得超过表 2-3 所规定的范围。

表 2-2 预制桩(钢管桩)允许偏差

项 次	项 目	平面位置偏差
1	上面有承台的桩： (1)垂直承台梁的中心线 (2)沿承台梁的中心线	 100mm 150mm
2	桩数为 1～2 根或单排桩基的桩	100m
3	桩数为 3～20 根桩基中的桩	1/2 桩径或边长
4	桩数大于 20 根桩基中的桩 (1)最外边的桩 (2)中间的桩	 1/2 桩径或边长 一个桩径或边长

表 2-3 灌注桩的平面位置和垂直度的允许偏差

项 次	项 目	允许偏差		垂直度
		1～2 根单排桩基垂直于中心线和群桩基础的边桩	条形桩基沿顺桩基中心线方向和群桩基础的中间桩	
1	护壁成孔灌注桩、干成孔灌注桩、爆扩成孔灌注桩	1/6 桩径	1/6 桩径	1%
2	沉管成孔灌注桩 1.桩数为 1～2 根或单排桩基中的桩 2.桩数为 3～20 根桩基中的桩 3.桩数大于 20 根的桩基中的桩 (1)最外边的桩 (2)中间的桩	 7cm 1/2 桩径 1/2 桩径 1 个桩径		

3) 质量验收资料

桩基施工过程中应随时注意做好施工记录和有关技术检查资料的收集、整理和保管工作，桩基工程验收时应提交下列资料。

(1) 桩基工程验收时应提交的资料。

① 工程地质勘察报告、桩基施工图、图纸会审纪要、设计变更单及材料代用通知单等。

② 经审定的施工组织设计、施工方案及执行中的变更情况。

③ 桩位测量放线图，包括工程桩位线复核签证单。

④ 成桩质量检查报告。

⑤ 单桩承载力检测报告。

⑥ 基坑挖至设计标高的基桩竣工平面图及桩顶标高图。

(2) 承台工程验收时应提交的资料。

① 承台钢筋、混凝土的施工与检查记录。

② 桩头与承台的锚筋、边桩离承台边缘距离、承台钢筋保护层记录。

③ 承台厚度、长宽记录及外观情况描述等。

本章小结

本章首先介绍了地基处理与基础的相关概念，从地基处理的相关概念开始，介绍常见的地基处理方法，其次介绍了几种常见的浅埋基础的施工方法，如条形基础、独立基础、筏形基础、箱形基础等，再次介绍了桩基础的概念，以及预制桩和灌注桩的施工工艺，最后介绍了桩基础的检测及验收。本章通过对这些内容的讲解，让读者对地基与基础的知识有一个深刻的了解。

实训练习

一、单选题

1. 下列关于基础概念说法有误的一项是(　　)。

   A. 基础是连接上部结构与地基的结构构件

   B. 基础按埋置深度和传力方式可分为浅基础和深基础

   C. 桩基础是浅基础的一种结构形式

   D. 通过特殊的施工方法将建筑物荷载传递到较深土层的基础称为深基础

2. 通过特殊的施工方法将建筑物荷载传递到较深土层的结构是(　　)。

   A. 天然地基　　B. 人工地基　　C. 深基础　　D. 浅基础

3. 下列基础中，减小不均匀沉降效果最好的基础类型是(　　)。

   A. 条形基础　　B. 独立基础　　C. 箱形基础　　D. 十字交叉基础

4. 必须满足刚性角限制的基础是(　　)。

   A. 条形基础　　B. 独立基础　　C. 刚性基础　　D. 柔性基础

5. 关于桩基础说法有误的一项是(　　)。

   A. 桩基础一般有高承台桩基和低承台桩基之分

   B. 桩基础由基桩和连接于桩顶的承台共同组成

   C. 低承台桩基是指桩身上部露出地面而承台底与地面不接触的桩基

   D. 桩基础具有承载力高、沉降小而均匀等特点

二、多选题

1. 以下(　　)基础形式属浅基础。

   A. 沉井基础　　B. 扩展基础　　C. 地下连续墙

   D. 地下条形基础　　E. 箱形基础

2. 下列浅基础的定义正确的是(　　)。

A. 做在天然地基上、埋置深度小于 5m 的一般基础
B. 在计算中基础的侧面摩阻力不必考虑的基础
C. 基础下没有基桩或地基未经人工加固的，与埋深无关的基础
D. 只需经过挖槽、排水等普通施工程序建造的，一般埋深小于基础宽度的基础
E. 埋深虽超过 5m，但小于基础宽度的大尺寸的基础

3. 下列(　　)是减少建筑物沉降和不均匀沉降的有效措施。
A. 在适当的部位设置沉降缝
B. 调整各部分的荷载分布、基础宽度或埋置深度
C. 采用覆土少、自重轻的基础型式或采用轻质材料作回填土
D. 加大建筑物的层高和柱网尺寸
E. 设置地下室和半地下室

4. 混凝土灌注桩按其成孔方法不同，可分为(　　)。
A. 站孔灌注桩　　B. 沉管灌注桩　　C. 人工挖孔灌注桩
D. 静压沉桩　　E. 爆扩灌注桩

5. 打桩时应注意观察的事项有(　　)。
A. 打桩入土的速度　　B. 打桩架的垂直度　　C. 桩身压缩情况
D. 桩锤的回弹情况　　E. 贯入度变化情况

三、简答题

1. 简述换填垫层法的施工工艺流程。
2. 筏形基础的优点有哪些？
3. 简述预制桩成本的优点。

第 2 章答案.doc

实训工作单一

<table>
<tr><td>班级</td><td></td><td>姓名</td><td></td><td>日期</td><td></td></tr>
<tr><td colspan="2">教学项目</td><td colspan="4">地基处理及加固</td></tr>
<tr><td>任务</td><td colspan="2">学习常见的地基处理方法</td><td>学习途径</td><td colspan="2">本章案例及查找相关图书资源</td></tr>
<tr><td colspan="3">学习目标</td><td colspan="3">1. 了解地基处理的概念
2. 掌握常见的地基处理方法</td></tr>
<tr><td colspan="3">学习要点</td><td colspan="3"></td></tr>
<tr><td colspan="6">学习查阅记录</td></tr>
<tr><td>评语</td><td colspan="3"></td><td>指导老师</td><td></td></tr>
</table>

实训工作单二

<table>
<tr><td>班级</td><td></td><td>姓名</td><td></td><td>日期</td><td></td></tr>
<tr><td colspan="2">教学项目</td><td colspan="4">桩基础施工</td></tr>
<tr><td>任务</td><td colspan="2">学习桩基础的施工工艺</td><td>学习途径</td><td colspan="2">本章案例及查找相关图书资源</td></tr>
<tr><td colspan="3">学习目标</td><td colspan="3">1. 熟悉桩基础的相关概念
2. 掌握预制桩和灌注桩的施工工艺
3. 了解桩基础的检测方法
4. 熟悉桩基础验收的相关规定</td></tr>
<tr><td colspan="3">学习要点</td><td colspan="3"></td></tr>
<tr><td colspan="6">学习查阅记录</td></tr>
<tr><td>评语</td><td colspan="3"></td><td>指导老师</td><td></td></tr>
</table>

第3章 砌筑工程

【教学目标】

第 3 章-砌筑工程.pptx

1. 了解砌筑工程常见的术语、施工准备条件。
2. 掌握烧结普通砖、烧结多孔砖、烧结空心砖砌体的简单知识。
3. 掌握混凝土小型空心、砌体工程加气混凝土、粉煤灰砌块的相关知识。
4. 掌握轻质砌块墙、加气混凝土小型砌块填充墙施工及填充墙质量要求。

【教学要求】

本章要点	掌握层次	相关知识点
砌筑工程常见术语、施工准备条件	1. 了解砌筑工程常见术语的基本含义 2. 掌握上述施工准备条件	砌体
砂浆技术条件、配合比、拌制	1. 知道原材料要求砂浆技术条件 2. 掌握配合比计算、拌制及使用砌筑砂浆质量	砂浆
烧结普通砖、烧结多孔砖、烧结空心砖砌体	1. 了解烧结普通砖、烧结多孔砖、烧结空心砖砌体的基本知识 2. 掌握烧结普通砖、烧结多孔砖、烧结空心砖砌体的使用特点	砌块砌体
混凝土小型空心、砌体工程加气混凝土、粉煤灰砌块	1. 了解混凝土小型空心、砌体工程加气混凝土、粉煤灰砌块基础概念等知识 2. 掌握混凝土小型空心、砌体工程加气混凝土、粉煤灰砌块的特点	砌体
毛石、料石砌体，挡土墙技术	学习毛石、料石砌体，挡土墙技术要点	砌体

【案例导入】

某工程 3 号住宅楼位于该市某住宅区内，为五层砌体结构，在平面上被划分为 A、B 两部分(段)，A 段平面轴线尺寸为 10600mm × 26600mm；B 段平面轴线尺寸为 10600mm × 53080mm；总建筑面积 4160m^2。楼板为装配式预制 RC 板，采用条形基础，下有 750mm 厚 37 灰土垫层。2013 年房屋出现局部倾斜与裂缝，少部分已经倒塌，其余墙体也有很多细小裂缝。

【问题导入】

试结合上下文内容，分析这种情况发生的原因。

3.1 砌体工程的基本知识

3.1.1 砌筑工程常见的术语

- 混水墙：是指墙体砌成之后，墙面需进行装饰处理才能满足使用要求的墙体。
- 清水墙：是指表面墙面不加其他覆盖装饰面层，只作勾缝处理，保持砖本身质地的一种做法。

混水墙.mp4

清水墙.mp4

混水墙和清水墙两种砌体的施工工艺方法差不多，但清水墙的技术要求及质量要求比较高。

- 包心砌法：砖柱采用先砌四周后填心的砌法，里外皮砖层互不相咬，形成周围通天缝的砌法。
- 通缝：上下层砖的搭砌长度小于或等于 25mm 时，称之为通缝。

通缝.mp4

- 螺丝墙：组砌层数不一致会造成螺丝墙，又叫作“打楔子”。
  螺丝墙问题反映在内外墙交接处将无法处理，会造成大量返工。其原因是升线时左右不一致或标高测定出现错误。防治办法是认真做好抄平弹线工作，立皮数杆挂线砌筑，升线时左右相互通知并统一层数。
- 百格网：检查块材底面砂浆的黏结痕迹面积(即水平灰缝饱满度)的工具。

3.1.2 砌体材料

1. 砌筑砂浆

砌筑砂浆一般采用水泥混合砂浆或水泥砂浆，由胶凝材料、细骨料、掺合料(或外加剂)和水按适当比例配制而成。在砌体中起着黏结块材、传递荷载的作用。砂浆的种类、强度等级应符合设计要求。为便于操作，提高劳动生产率和砌体质量，砂浆应有适宜的稠度和良好的保水性。

2. 对原材料的要求

水泥品种和强度等级应符合设计要求。水泥砂浆采用的水泥，其强度等级不宜大于 32.5 级；水泥混合砂浆采用的水泥，其强度等级不宜大于 42.5 级。水泥进场使用前，应分批对其强度、安定性进行复验。当在使用中对水泥质量有怀疑或出厂日期超过三个月时，应经试验鉴定后方可使用。不同品种的水泥不得混合使用。

3. 砂浆的制备与使用

砂浆的配合比应经试验确定，试配砂浆时，应按设计强度等级提高 15%。施工中如用水泥砂浆代替同强度等级的水泥混合砂浆砌筑砌体时，因水泥砂浆和易性差，砌体强度有所下降(一般考虑下降 15%)，因此，应提高水泥砂浆的配制强度(一般提高一级)，方可满足设计要求。水泥砂浆中掺入微沫剂(简称微沫砂浆)时，砌体抗压强度较水泥混合砂浆砌体降低 10%，故用微沫砂浆代替水泥混合砂浆使用时，微沫砂浆的配制强度也应提高一级。砂浆配料应采用质量比，配料要准确。水泥、微沫剂的配料精度应控制在±2%以内；砂、石灰膏、黏土膏、电石膏、粉煤灰的配料精度应控制在±5%以内。外加剂由于总掺入量很少，要按说明或技术交底严格计量加料，不能多加或少加。掺外加剂时，应先将外加剂按规定浓度溶于水中，再将外加剂溶液与拌合水一起投入拌和，不得将外加剂直接投入拌制的砂浆中。砂浆应采用机械搅拌，自投料完算起，拌和时间应符合下列规定：水泥砂浆和水泥混合砂浆不得少于 2min；水泥粉煤灰砂浆和掺外加剂的砂浆不少于 3min；掺有机塑化剂的砂浆，应为 3～5min，拌和后的砂浆盛入贮灰器内。砂浆应具有良好的保水性，砂浆的保水性是用分层度来衡量的。

4. 砂浆的强度等级

砂浆强度等级是用边长为 70.7mm 的立方体试块，在(20±3)℃及正常湿度条件下，置于室内不通风处养护 28d 的平均抗压极限强度确定的，其强度等级有 M20、M15、M10、M7.5、M5、M2.5 六种。

5. 砖

音频.砖的分类.mp3

砖的类型.docx

砖有实心砖、多孔砖和空心砖，按其生产方式不同又分为烧结砖和蒸压(或蒸养)砖两类。烧结砖有烧结普通砖(为实心砖)、烧结多孔砖和空心砖，它们是以黏土、页岩、煤矸石、粉煤灰为主要原料，经压制成型、烧制而成。烧结普通砖按所用原料不同，分为黏土砖、页岩砖、煤矸石砖和粉煤灰砖。烧结普通砖的外形为直角六面体，其规格为 240mm×115mm×53mm(长×宽×高)，即 4 块砖长加 4 个灰缝、8 块砖宽加 8 个灰缝、16 块砖厚加 16 个灰缝(简称 4 顺、8 丁、16 线)均等于或约等于 1m。根据抗压强度分为 MU30、MU25、MU20、MU15、MU10 五个强度等级。

1) 烧结多孔砖

烧结多孔砖是以黏土、页岩、煤矸石等为主要原料，经压制成型、烧制而成的多孔砖。烧结多孔砖的规格有 190mm×190mm×90mm、240mm×115mm×90mm、240mm×180mm×115mm 等多种。承重多孔砖的强度等级与烧结普通砖相同，非承重空心砖的强度等级为 MU5、MU3、MU2。

实心砖.mp4

2) 蒸压砖

蒸压砖有煤渣砖和灰砂空心砖。蒸压煤渣砖是以煤渣为主要原料，掺入适量的石灰、石膏，经混合、压制成型，通过蒸压(或蒸养)而成的实心砖。其规格同烧结普通砖，强度等级由抗压、抗折强度来

定，有 MU20、ML15、MU10、MU7.5 四个强度等级。

蒸压空心砖.mp4

蒸压灰砂空心砖是以石灰、砂为主要原料，经配料制备、压制成型、蒸压养护成型而制成的孔洞率大于 15%的空心砖。蒸压灰砂空心砖的尺寸：长为 240mm，宽均为 115mm，高有 53mm、90mm、115mm、175mm 四种，强度等级有 MU25、MU20、MU15、MU10、MU7.5 五个强度等级。

砖的品种、强度等级必须符合设计要求，并应规格一致。用于清水墙、柱表面的砖，应边角整齐，色泽均匀。无出厂证明的砖要送试验室鉴定。在砌砖前 1～2 天(视天气情况而定)应将砖堆浇水润湿，以免在砌筑时因干砖吸收砂浆中大量的水分，使砂浆流动性降低，造成砌筑困难，并影响砂浆的黏结力和强度。

6. 石料

石料.mp4

砌筑用的石料分为毛石、料石两类。

毛石又分为乱毛石和平毛石。乱毛石指形状不规则的石块；平毛石指形状不规则，但有两个平面大致平行的石块。毛石的中部厚度不宜小于 150mm。料石按其加工面的平整程度分为细料石、粗料石和毛料石三种。料石的宽度、厚度均不宜小于 200mm，长度不宜大于厚度的 4 倍。石材的强度等级分为 MU100、MU80、MU60、MU50、MU40、MU30、MU20、MU15 和 MU10。石砌体一般用于两层以下的居住房屋及挡土墙等，一般采用水泥砂浆或混合砂浆砌筑，砂浆稠度为 30～50mm，两层以上石墙的砂浆标号不小于 M2.5。

7. 砌块材料

砌块按照孔洞设置状况分，有实心砌块和空心砌块两种；按材料分为粉煤灰砌块、加气混凝土砌块、混凝土砌块、硅酸盐砌块等；按规格分为小型砌块、中型砌块和大型砌块。砌块高度为 115～380mm 称小型砌块，高度为 381～980mm 称中型砌块，高度大于 980mm 称大型砌块。

3.1.3 施工准备工作与作业条件

施工准备工作，就是指工程施工前所做的一切工作。不仅在开工前要做，开工后也要做，它是有组织、有计划、有步骤分阶段地贯穿于整个工程建设的始终。施工准备工作，是建筑施工管理的一个重要组成部分，是组织施工的前提，是顺利完成建筑工程任务的关键。按施工对象的规模和阶段，可分为全场性和单位工程的施工准备。全场性施工准备指的是大、中型工业建设项目，大型公共建筑或民用建筑群等带有全局性的部署，包括技术、组织、物资、劳力和现场准备，是各项准备工作的基础。单位工程施工准备是全场性施工准备的继续和具体化，要求做得细致，预见到施工中可能出现的各种问题，能确保单位工程均衡、连续和科学合理地施工。

1. 施工前的准备工作

(1) 采用翻斗车运输砖、砂浆等材料时应注意稳定，不得高速行驶，前后车距离应不少于 2m；下坡行车，两车距应不少于 10m；禁止并行或超车，所载材料不许超出车厢之上。

(2) 翻斗车推进吊笼里垂直运输时，装量和车辆数不准超出吊笼的吊运荷载能力。

(3) 禁止用手向上抛砖运送，人工传递时，应稳递稳接，两人位置应严禁在同垂直线上作业。

(4) 在操作地点临时堆放材料时，要放在平整坚实的地面上，不得放在湿润积水或泥土松软崩裂的地方。当放在楼面板或通道上时，不得超出其设计承载能力，并应分散堆置，不能过分集中。基坑 0.8～1.0m 范围以内不准堆料。

2. 淋湿砌块

砖与小型砌块，均应提前在地面上用水淋(或浸水)至湿润，不应在砌块运到操作地点时才进行，以免造成场地湿滑。

3. 砂浆拌制

(1) 停放机械的地方土质要坚实平整，防止土面下沉造成机械侧倾。

(2) 砂浆搅拌机的进料口上应装上铁栅栏遮盖保护。严禁脚踏在拌和筒和铁栅栏上面操作。传动皮带和齿轮必须安装安全防护罩。

(3) 工作前应做如下检查：检查搅拌页有无松动或磨刮筒身现象；检查出料机械是否灵活；检查机械运转是否正常。

(4) 必须在搅拌页达到正常运转后，才可以投料。

(5) 在转页转动时，不准用手或棒等其他物体去拨刮拌和筒口灰浆或材料。

(6) 出料时必须使用摇手柄，不准用手转拌和筒。

(7) 工作中机具如遇故障或停电，应立即拉开电闸，同时将筒内拌料清除。

4. 设活动脚手架

(1) 活动脚手架安装在地面时，地面必须平整坚实，否则要夯实至平整不下沉为止，或在架脚铺垫枋板，扩大支承面。当安设在楼板时，如高低不平则应用木板楔稳，如用红砖作垫则不应超过两皮高度。地面上的脚手架大雨后应检查有无变动。

(2) 脚手架间距按脚手板(桥枋)长度和刚度来定，脚手板不得少于两块，其端头须伸出架的支承横杆约 20cm，但不许伸出太长做成悬臂(探头板)；防止重量集中在悬空部位，造成脚手板有“翻跟斗”的危险。

(3) 当活动脚手架提升到 2m 时，架与架之间应装设交叉杆以加强联结稳定。

(4) 两脚手板(桥枋)相搭接时，每块板应各伸出边架的支承横杆，严密注意不要将上块板仅搭在下一块板的探头(悬空)部位。如用钢筋桥枋代替脚手板时，应用铁线与架子绑扎牢固，以防脚手板滑动。

音频.下列位置不能设置脚手眼.mp3

(5) 每块脚手板上操作人员不应超过两人，堆放砖块不应超过单行 3 皮。宜一块板站人，一块板堆料。

5. 砌砖工程

根据砌筑主体的不同，砌体工程可分为砖砌体工程、石砌体工程、砌块砌体工程、配

筋砌体工程。由砖和砂浆砌筑而成的砌体称为砖砌体。砖有烧结多孔砖、蒸压灰砂砖、粉煤灰砖、混凝土砖等。

一块砖有三个两两相等的面，最大的面叫大面，长的一面叫条面，短的一面叫丁面。砖砌入墙体后，条面朝向操作者的叫顺砖，丁面朝向操作者的叫丁砖。砖墙的厚度有：半砖(120mm)、一砖(240mm)、一砖半(370mm)和二砖(490mm)等厚度。用普通砖砌筑的砖墙，依其墙面组砌形式不同，有一顺一丁、三顺一丁、梅花丁、全顺砌法、全丁砌法、两平一侧砌法等。

砌筑法施工工艺如下。

(1) 首层基础砌砖前，基槽或基础垫层施工均已完成并办理好工程隐蔽验收手续。

(2) 首层砖墙、柱砌筑前，地基、基础工程均已完成并办理好工程隐蔽验收手续。

(3) 首层砖墙、柱砌筑前，应完成室外回填土及室内地面垫层，安装好所有沟、井盖板，并按设计要求及标高完成水泥砂浆防潮层。

(4) 砌体砌筑前应按照试验室砂浆配合比，做好技术交底及配料的计量准备工作。

(5) 普通砖、空心砖等在砌筑前1～2天应浇水湿润，湿润后普通砖、空心砖含水率宜为10%～15%；灰砂砖、粉煤灰砖含水率宜为5%～8%。不宜采用即时浇水淋砖、即时使用的方式。各种砌体均严禁干砖砌筑。

(6) 砌体施工应弹好建筑物的主要控制轴线及砌体的砌筑控制边线，经有关专职质量检验员进行技术复核，检查合格后方可开始砌体施工，基础砌砖应弹出基础轴线和边线、水平标高；首层砖墙、柱砌筑应弹出墙、柱边线，轴线、门窗洞口平面位置线；砖烟囱砌筑应根据烟囱的底部尺寸，以烟囱中心为圆心，在基础顶面划出筒身外圆及内衬内圆和烟囱的中心线。

(7) 砌体施工应设置皮数杆，并根据设计要求、砖块规格和灰缝厚度在皮数杆上标明皮数及竖向构造的变化部位。

(8) 根据皮数杆最下面一层砖的标高，可用拉线或水准仪进行抄平检查。如砌筑第一皮砖的水平灰缝厚度超过20mm时，应先用细石混凝土找平。严禁在砌筑砂浆中掺填碎砖或用砂浆找平，更不允许采用两侧砌砖、中间填心找平的方法。

3.2 砌筑砂浆原材料

3.2.1 原材料要求

1. 水泥

(1) 水泥品种：常用的各品种的水泥均可作为砌筑砂浆的结合料。

(2) 水泥标号：由于砂浆的强度等级较低，所以，水泥的标号不宜过高。施工中如果承包商所选用的水泥标号过高，则会因为水泥的用量太少而导致砂浆的保水性不良。通常水泥的强度(标号)为砂浆强度等级的4～5倍为宜。

(3) 水泥的其他质量技术要求：用于砌筑的水泥的其他质量技术标准，应符合水泥混凝土工程所用水泥相应标号的质量技术标准。

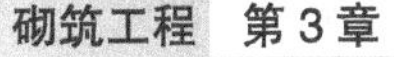

砌筑砂浆原材料.docx

音频.墙体中需要C20混凝土灌实砌块的孔洞.mp3

2. 砂

1) 砂的颗粒径

砌筑砂浆用的砂应是中砂或粗砂，其细度模数应在2.3以上。当缺乏中砂或粗砂时，在适当增加水泥用量的基础上，也可以细砂代替。砂的最大粒径不能超过砌缝厚度的1/5～1/4。在检查时，可根据砌体材料的不同分为两种情况：

(1) 当砂浆用于砌筑片石时，砂的最大粒径不宜超过5mm。

(2) 当砂浆用于砌筑石块或粗料石时，砂的最大粒径不宜超过2.5mm。

2) 砂的含泥量

砌筑砂浆用砂的含量与混凝土用砂的含泥量控制指标相同。实际中，如果砂的含泥量大于混凝土用砂的含泥量控制指标，在检查时，可根据砂浆的标号分为两种情况：

(1) 当砂浆标号大于或等于M5时，砂的含泥量不能超过5%。

(2) 当砂浆标号小于M5时，砂的含泥量不能超过7%。

3. 水

凡是人、畜能饮用的水均可用来拌制砌筑砂浆。

3.2.2 砂浆技术条件

根据抹面砂浆功能的不同，可将抹面砂浆分为普通抹面砂浆、装饰砂浆和具有某些特殊功能的抹面砂浆(如防水砂浆、绝热砂浆、吸音砂浆和耐酸砂浆等)。对抹面砂浆要求具有良好的和易性，容易抹成均匀平整的薄层，便于施工。还应有较高的黏结力，砂浆层应能与底面黏结牢固，长期不致开裂或脱落。处于潮湿环境或易受外力作用部位(如地面和墙裙等)，还应具有较高的耐水性和强度。

砂浆.mp4

砌筑砂浆水泥砂浆拌合物的密度不宜小于1900kg/m^3；水泥混合砂浆拌合物的密度不宜小于1800kg/m^3。砌筑砂浆的稠度应按表3-1的规定选用。

砌筑砂浆的分层度不得大于30mm。水泥砂浆中的水泥用量不应小于200kg/m^3，水泥混合砂浆中水泥和掺加料总量宜为300～350kg/m^3。

具有冻融循环次数要求的砌筑砂浆，经冻融试验后，质量损失率不得大于5%，抗压强度损失率不得大于25%。

表 3-1　砌筑砂浆稠度表

砌体种类	砂浆稠度/mm
烧结普通砖砌体 蒸压粉煤灰砖砌体	70～90
混凝土实心砖、混凝土多孔砖砌体 普通混凝土小型空心砌块砌体 蒸压灰砂砖砌体	50～70
烧结多孔砖、空心砖砌体 轻骨料小型空心砌块砌体 蒸压加气混凝土砌块砌体	60～80
石砌体	30～50

3.2.3 砌筑砂浆配合比的计算与确定

1. 确定试配强度 $f_{m,o}$

砂浆的试配强度可按下式计算：

$$f_{m,o} = f_2 + 0.645\sigma \tag{3-1}$$

式中：$f_{m,o}$——砂浆的适配强度，精确至 0.1MPa；

f_2——砂浆抗压强度平均值，精确至 0.1MPa；

σ——砂浆现场强度标准差，精确至 0.01MPa。

当有统计资料时，砂浆现场强度标准差σ应按下式计算：

$$\sigma = \sqrt{\frac{\sum_{i=1}^{n} f_{m,i}^2 - n\mu f_m^2}{n-1}} \tag{3-2}$$

式中：$f_{m,i}$——统计周期内同一品种砂浆第 i 组试件的强度，MPa；

μf_m——统计周期内同一品种砂浆 n 组试件强度的平均值，MPa；

n——统计周期内同一品种砂浆试件的总组数，$n \geqslant 25$。

当不具有近期统计资料时，砂浆现场强度标准差可按表 3-2 取用。

表 3-2　砂浆强度标准值选用表

施工水平	砂浆强度等级					
	M2.5	M5	M7.5	M10	M15	M20
优良	0.50	1.00	1.50	2.00	3.00	4.00
一般	0.62	1.25	1.88	2.50	3.75	5.00
较差	0.75	1.50	2.25	3.00	4.50	6.00

2. 水泥砂浆配合比选用

水泥砂浆材料用量可按表 3-3 选用。

表 3-3 每立方米水泥砂浆材料用量表

砂浆强度等级	每立方米砂浆水泥用量/kg	每立方米砂浆砂用量/kg	每立方米砂浆用水量/kg
M2.5、M5	200～230	1m³ 砂的堆积密度值	270～330
M7.5、M10	220～280		
M15	280～340		
M20	340～400		

3. 配合比适配、调整与确定

试配时应采用工程中实际使用的材料，采用机械搅拌。搅拌时间，应自投料结束算起，对水泥砂浆和水泥混合砂浆，不得少于 120s；对掺用粉煤灰和外加剂的砂浆，不得少于 180s。按计算或查表所得配合比进行试拌时，应测定砂浆拌合物的稠度和分层度，当不能满足要求时，应调整材料用量，直到符合要求为止，最后确定为试配时的砂浆基准配合比。

试配时至少应采用三个不同的配合比，其中一个为基准配合比，其他配合比的水泥用量应按基准配合比分别增加或减少 10%。在保证稠度、分层度合格的条件下，可将用水量或掺加料用量作相应调整。对三个不同的配合比进行调整后，应按现行行业标准《建筑砂浆基本性能试验方法标准》(JGJ/T 70—2009)的规定成型试件，测定砂浆强度，并选定符合试配强度要求且水泥用量最少的配合比作为砂浆配合比。如果水泥石灰砂浆配合比(水：水泥：石灰膏：砂)为 270：162：168：1450，则以水泥为 1，配合比为 1.66：1：1.04：8.95。

3.2.4 砂浆拌制及使用

(1) 新拌砂浆的和易性。新拌砂浆应具有良好的和易性，容易在砖、石、砌体及结构等的表面铺成均匀的薄层，并与基底黏结牢固。砂浆的流动性也称稠度，是指砂浆在自重或外力作用下流动的性质。它反映新拌砂浆在停放、运输和使用过程中，各组成材料是否容易分离的性能。砂浆的分层度以 10～20mm 为宜，分层度过大(>30mm)，保水性差，容易离析，不便于施工和保证质量；分层度过小(<10mm)，虽然保水性好，但易产生收缩开裂，影响质量。

(2) 硬化砂浆的强度。砂浆的强度是指六块边长为 70.7mm 的立方体试件，在标准养护条件下(温度为 20℃±2℃，相对湿度对水泥混合砂浆为 60%～80%，对水泥砂浆为 90%以上)养护 28d 的抗压强度平均值(单位为 MPa)，用 $f_{m,o}$ 表示。

3.2.5 砌筑砂浆质量

砌筑砂浆试块强度(大于一组时)验收时其强度合格标准必须符合以下规定：同一验收批砂浆试块抗压强度平均值必须大于或等于设计强度等级所对应的立方体抗压强度；同一验收批砂浆试块抗压强度的最小一组平均值必须大于或等于设计强度所对应的立方体抗压强

度的 75%。

抽检数量：每一检验批且不超过 250m^3 砌体的各种类型及强度等级的砌筑砂浆，每台搅拌机应至少抽检一次。

检验方法：在砂浆搅拌机出料口随机取样制作砂浆试块(同盘砂浆只用制作一组 6 块 70.7mm 立方体试块)，最后检查试块强度试验报告单。

当施工中或验收时出现下列情况，应该采用现场检验方法对砂浆和砌体强度进行原位检测或取样检测，并判定其砂浆强度。

(1) 砂浆试块缺乏代表性或试块数量不足。

(2) 对砂浆试块的试验结果有怀疑或有争议。

(3) 砂浆试块的试验结果，不能满足设计规定的要求。

【案例 3-1】某写字楼项目，建筑面积 84540.4m^2，两层连通整体地下室，地上为两栋塔楼，基础形式为筏板基础，结构体系为全现浇钢筋混凝土剪力墙结构。地下结构施工过程中，发生如下事件。

事件一：地下室底板外防水设计为两层 2mm 的高聚物改性沥青卷材，施工单位拟采用热熔法、满粘施工，监理工程师认为施工方法存在不妥，不予确认。

事件二：地下室单层面积较大，由于设备所需空间要求，地下二层层高达 6.6m，不便于一次施工，故底板、竖向墙体及顶板分次浇筑。监理要求提前上报施工缝留置位置。

(1) 指出事件一中做法的不妥之处，为什么？

(2) 事件二中，地下二层墙体与底板、顶板的施工缝分别应留置在什么位置？

3.3 砖砌体工程

3.3.1 烧结普通砖砌体的施工

1. 砌筑前准备

砌体施工前，施工单位必须对相关班组进行技术交底工作(包括材料计划、入场材料报验、砌体施工方法及工艺流程、质量控制措施、安全文明施工等)，要求对各专业所有施工管理人员及作业班组统一交底培训，使施工单位各方人员心中有数，正常有序地开展工作，强调必须切实落实总包管理制度。

砖砌体.docx

砌体进场后，应按不同规格型号进行堆码(注意楼层不要超载)，堆码高度不超过 2m，在搬运过程中轻拿轻放，保证砌块棱角不被碰坏。砌块及配砖在砌筑前，提前一天浇水湿润充分，严禁干砖上楼润湿及干砖上墙。

按照砌体施工检验批做好对楼层的放线工作。楼层放线应以结构施工内控点主线为依据，根据业主确认的砌体固化图弹好楼层标高控制线和墙体边线。

2. 砖基础的砌筑

在垫层之上，一般砌筑在混凝土砖基础的下部为大放脚，上部为基础墙，大放脚的宽度为半砖长的整数倍。混凝土垫层厚度一般为 100mm，宽度每边比大放脚最下层宽 100mm。

大放脚有等高式和间隔式。等高式大放脚是每砌两皮砖，两边各收进 1/4 砖长(60mm)；间隔式大放脚是每砌两皮砖及一皮砖，轮流两边各收进 1/4 砖长(60mm)。特别要注意，等高式和间隔式大放脚(不包括基础下面的混凝土垫层)的共同特点是最下层都应为两皮砖砌筑，如图 3-1 所示。

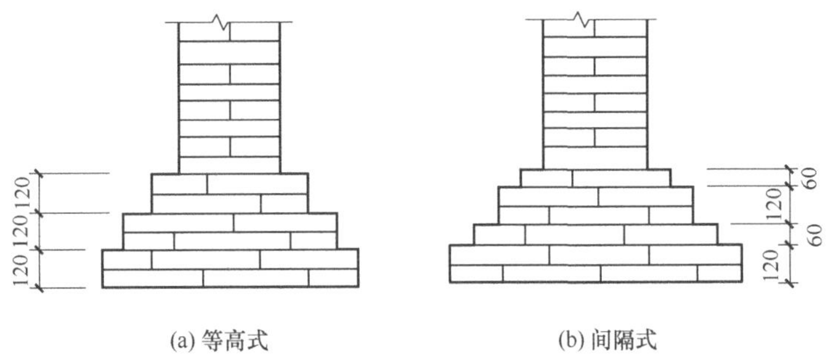

图 3-1 大放脚基础示意图

砖基础大放脚一般采用一顺一丁砌筑形式，即一皮顺砖与一皮丁砖相间，上下皮垂直灰缝相互错开 1/4 砖(60mm)。砖基础的转角处、交接处，为错缝应加砌配砖(3/4 砖、半砖或 1/4 砖)。如图 3-2 所示是底宽为 2 砖半等高式砖基础大放脚转角处分皮砌法。

不等高大方脚.mp4

等高大方脚.mp4

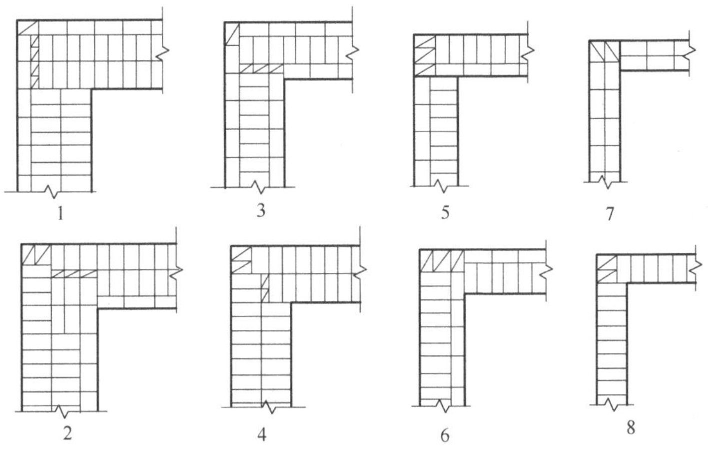

图 3-2 大放脚转角处分皮砌法示意图

砖基础的水平灰缝厚度和垂直灰缝宽度宜为 10mm。水平灰缝的砂浆饱满度不得小于 80%。砖基础的底标高不相同时，应从低处开始砌筑，并由低处向高处搭砌，当设计无要求时，搭砌长度不应小于砖基础大放脚的高度，如图 3-3 所示。

砖基础的转角处和交接处应同时砌筑，当不能同时砌筑时，应留置斜槎(踏步槎)。基础墙的防潮层，当设计无具体要求时，宜用 1∶2 水泥砂浆加适量防水剂铺设，其厚度宜为 20mm。防潮层位置宜在室内地面标高以下一皮砖(−0.06m)处。砖基础砌筑完成后应该有一定的养护时间，再进行回填土方，回填时，砖基础的两边应该同时对称回填，避免砖基础移位或倾覆。

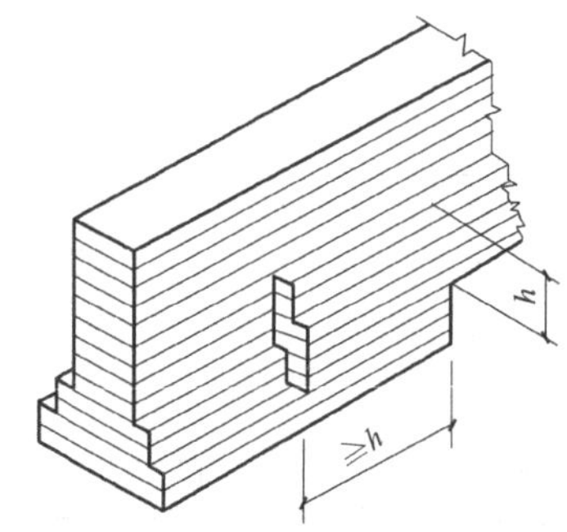

图 3-3　砖基础大放脚高度示意图

3. 砖墙砌筑

根据其厚度不同，可采用全顺(120mm)、两平一侧(180mm 或 300mm)、全丁、一顺一丁、梅花丁或三顺一丁的砌筑形式，如图 3-4 所示。

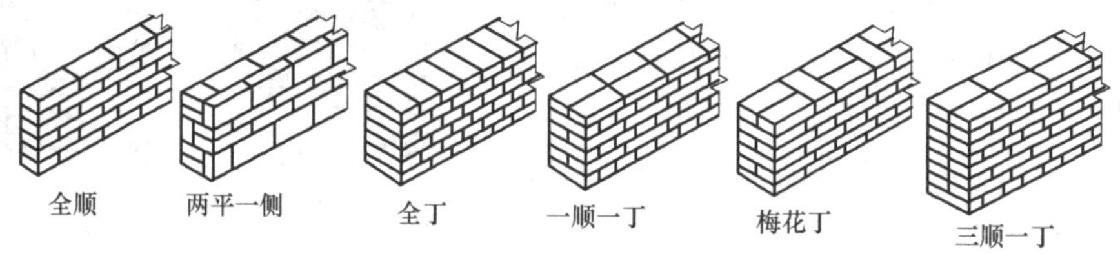

图 3-4　砖墙砌筑形式示意图

全顺：各皮砖均顺砌，上下皮垂直灰缝相互错开半砖长(120mm)，适合砌半砖厚(115mm)墙。

两平一侧：两皮顺砖与一皮侧砖相间，上下皮垂直灰缝相互错开 1/4 砖长(60mm)以上，适合砌 3/4 砖厚(180mm 或 300mm)墙。

全丁：各皮砖均采用丁砌，上下皮垂直灰缝相互错开 1/4 砖长，适合砌一砖厚

(240mm)墙。

一顺一丁：一皮顺砖与一皮丁砖相间，上下皮垂直灰缝相互错开 1/4 砖长，适合砌一砖及一砖以上厚墙。

梅花丁：同皮中顺砖与丁砖相间，丁砖的上下均为顺砖，并位于顺砖中间，上下皮垂直灰缝相互错开 1/4 砖长，适合砌一砖及一砖以上厚墙。

三顺一丁：三皮顺砖与一皮丁砖相间，顺砖与顺砖上下皮垂直灰缝相互错开 1/2 砖长；顺砖与丁砖上下皮垂直灰缝相互错开 1/4 砖长。适合砌一砖及一砖以上厚墙。

一砖厚承重墙每层墙的最上一皮砖、砖墙的阶台水平面及挑出层，应采用整砖丁砌。砖墙的转角处、交接处，根据错缝需要应该加砌配砖。如图 3-5 所示是一砖厚墙一顺一丁转角处分皮砌法，配砖为 3/4 砖(俗称七分头砖)，位于墙外角。

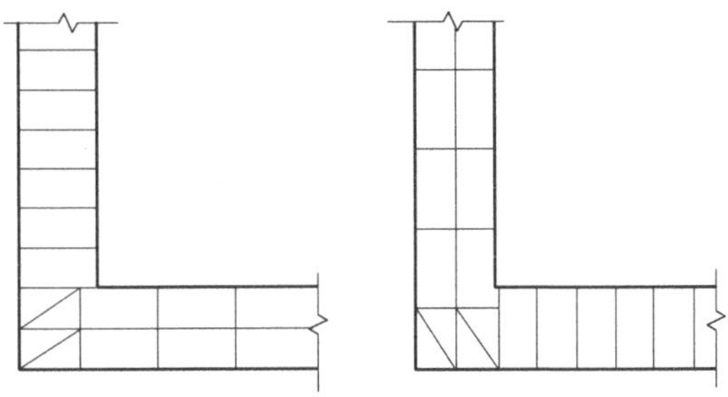

图 3-5 转角处分皮砌法示意图

砖墙的水平灰缝厚度和垂直灰缝宽度宜为 10mm，但不应小于 8mm，也不应大于 12mm。砖墙的水平灰缝砂浆饱满度不得小于 80%；垂直灰缝宜采用挤浆或加浆方法，不得出现透明缝、瞎缝和假缝。在墙上留置临时施工洞口，其侧边离交接处墙面不应小于 500mm，洞口净宽度不应超过 1m；临时施工洞口应做好补砌；不得在下列墙体或部位设置脚手眼。

(1) 梁和梁垫下及其左右各 500mm 范围内。

(2) 在空斗墙、半砖墙和砖柱中。

(3) 砖过梁上与过梁成 60° 角的三角形范围内。

(4) 宽度小于 1m 的窗间墙。

(5) 墙体转角处每边各 400mm 范围内。

(6) 砖砌体门窗洞口两侧 200mm 范围内。

(7) 施工图上规定不允许留洞眼的部位。

设计时要求的洞口、管道、沟槽应于砌筑时正确留出或预埋，未经设计同意，不得打凿墙体和在墙体上开凿水平沟槽。宽度超过 300mm 的洞口上部，应设置钢筋混凝土过梁。砖墙每日砌筑高度不得超过 1.8m，雨天不得超过 1.2m。

【案例 3-2】某县一机关修建职工住宅楼，共六栋，设计均为七层砖混结构，建筑面积 10001m^2，主体完工后进行墙面抹灰，采用某水泥厂生产的 325 水泥。抹灰后在两个月内相继发现该工程墙面抹灰出现开裂，并迅速发展。开始由墙面一点产生膨胀变形，形成不规则的放射状裂缝，多点裂缝相继贯通，成为典型的龟状裂缝，并且空鼓，实际上此时抹灰与墙体已产生剥离。最后该工程墙面抹灰全面返工，造成严重的经济损失。分析其墙面抹灰开裂的原因。

4. 钢筋砖过梁

钢筋砖过梁是指在洞口顶部配置钢筋，其上用砖平砌，形成能承受弯矩的加筋砖砌体。钢筋为 6Φ，间距小于 120mm，伸入墙内 1～1.5 倍砖长。过梁跨度不超过 2m，高度不应少于 5 皮砖，且不小于 1/5 洞口跨度。

该种过梁的砌法是，先在门窗顶支模板，M5 号水泥砂浆 20～30mm 厚，按要求在其中配置钢筋，然后砌砖，钢筋砖过梁。门窗洞口构造是指门窗上部承重构件，其作用是承担门窗洞口上部荷载，并将它传到两侧构件上。采用砖侧砌而成。灰缝上宽下窄，宽不得大于 20mm，窄不得小于 5mm。砖的行数为单，立砖居中，为拱心砖，砌时应将中心提高大约跨度的 1/50，以待凝固前的受力沉降，砖砌平拱。

钢筋砖过梁.mp4

5. 烧结普通砖砌体的施工质量

烧结普通砖砌体的施工质量只有合格一个等级。烧结普通砖砌体质量合格应达到以下规定。

1) 主控项目应全部符合规定

烧结普通砖砌体的主控项目：砖烧砖的质量直接影响砌体的施工质量。

项目部应审核进场砖的质保资料，按规定频率对砖进行复试检验，检查其是否符合设计要求。对进场砖的外观质量和几何尺寸进行检查，不符合要求的砖坚决不得使用。

(1) 砌块应有出厂合格证，砌块品种强度等级及规格应符合设计要求；砌块进场应按要求进行取样试验，并出具试验报告，合格后方可使用。

(2) 用于清水墙、柱表面的砖，应边角整齐，色泽均匀。

(3) 砌体砌筑时，混凝土多孔砖、混凝土实心砖、蒸压灰砂砖、蒸压粉煤灰砖等块体的产品龄期不应小于 28d。

(4) 有冻胀环境和条件的地区、地面以下或防潮层以下的砌体，不应采用多孔砖。

(5) 不同品种的砖不得在同一楼层混砌。

(6) 砌筑烧结普通砖、烧结多孔砖、蒸压灰砂砖、蒸压粉煤灰砖砌体时，砖应提前 1～2d 适度湿润，严禁采用干砖或处于吸水饱和状态的砖砌筑，块体湿润程度宜符合以下规定。

① 烧结类块体的相对含水率为 60%～70%。

② 混凝土多孔砖及混凝土实心砖不需浇水湿润，但在气候干燥炎热的情况下，宜在砌筑前对其喷水湿润。

③ 其他非烧结类块体的相对含水率为 40%～50%。

2) 一般项目的要求

应有 80%及以上的抽检处符合规定，且最大偏差值在允许偏差值的 150%以内。达不到上述规定，则为施工质量不合格。

(1) 施工现场砌块应堆放平整，堆放高度不宜超过 2m，有防雨要求的要防止雨淋，并做好排水，砌块保持干净。

(2) 对于非抗震设防及抗震设防烈度为 6 度、7 度地区的砌筑临时间断处，当不能留斜槎时，除转角处外，可留成直槎，但直槎的形状必须做成阳槎。在留直槎处应加设拉结钢

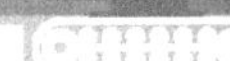

筋，拉结钢筋的数量为每 120mm 墙厚放置 1Φ6 拉结钢筋(但 120mm 与 240mm 厚墙均需放置 2Φ6 拉结钢筋)，间距沿墙高不应超过 500mm；埋入长度从留槎处算起每边均不应小于 500mm，对抗震设防烈度 6 度、7 度地区的砖混结构砌体，拉结钢筋长度从留槎处算起每边均不应小于 1000mm；末端应有 90° 弯钩，建议长度 60mm，如图 3-6 所示。

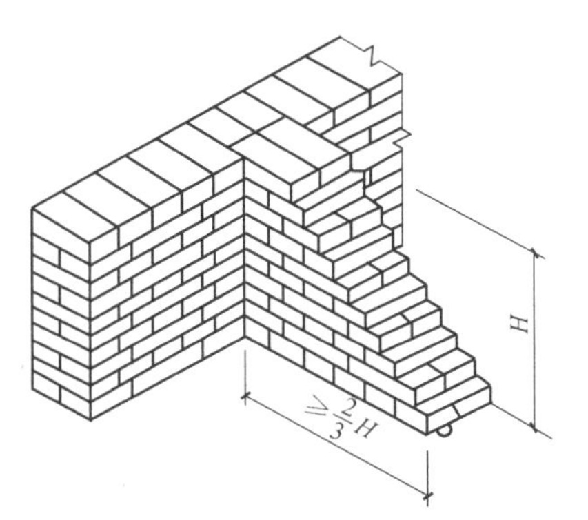

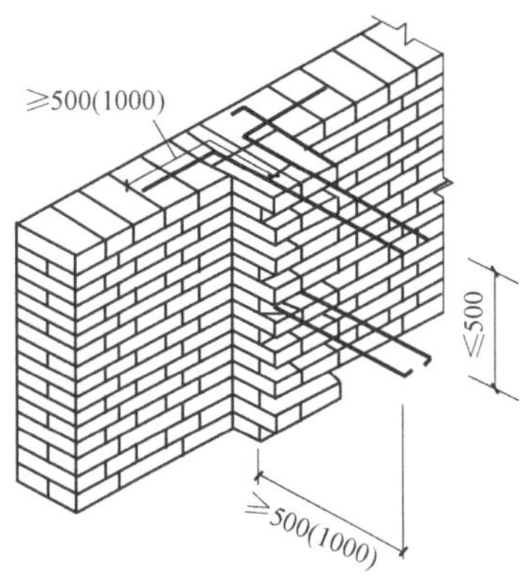

图 3-6　留槎砌筑示意图

普通砖砌体的位置及垂直度允许偏差应符合表 3-4 的规定。

表 3-4　砌筑位置及垂直度允许偏差表

项　次	项　目			允许偏差/mm	检验方法
1	轴线位置偏移			10	用经纬仪和尺检查或用其他测量仪器检查
2	垂直度	每层		5	用 2m 托线板检查
		全高	≤10m	10	用经纬仪、吊线和尺检查，或用其他测量仪器检查
			>10m	20	

普通砖砌体的一般尺寸允许偏差应符合表 3-5 的规定。

表 3-5　普通砖砌体的一般尺寸允许偏差表

项　次	项　目		允许偏差/mm	检查方法	抽检数量
1	基础顶面和楼面标高		±15	用水平仪和尺检查	不应少于 5 处
2	表面平整度	清水墙、柱	5	用 2m 靠尺和楔形塞尺联合检查	有代表性自然间 10%，但不应少于 3 间，每间不应少于 2 处
		混水墙、柱	8		
3	门窗洞口高、宽(后塞口)		±5	用尺检查	检验批洞口的 10%，且不应少于 5 处
4	外墙上下窗口偏移		20	以底层窗口为准，用经纬仪或吊线检查	检验批的 10%，且不应少于 5 处
5	水平灰缝平直度	清水墙	7	拉 10m 线和尺检查	有代表性自然间 10%，但不应少于 3 间，每间不应少于 2 处
		混水墙	10		

续表

项　次	项　目	允许偏差/mm	检查方法	抽检数量
6	清水墙游丁走缝	20	吊线和尺检查，以每层第一皮砖为准	有代表性自然间 10%，但不应少于 3 间，每间不应少于 2 处

3.3.2 烧结多孔砖砌体的施工

1. 多孔砖墙

砌筑清水墙的多孔砖，应边角整齐、色泽均匀。一般情况下，应采用“三一”砌砖法砌筑；对非抗震设防地区的多孔砖墙可采用铺浆法砌筑，铺浆长度不得超过 750mm；当施工期间最高气温高于 30℃时，铺浆长度不得超过 500mm。方形多孔砖一般采用全顺砌法，多孔砖中手抓孔应平行于墙面，上下皮垂直灰缝相互错开半砖长。矩形多孔砖宜采用一顺一丁或梅花丁的砌筑形式，上下皮垂直灰缝相互错开 1/4 砖长，如图 3-7 所示。

多孔砖.mp4

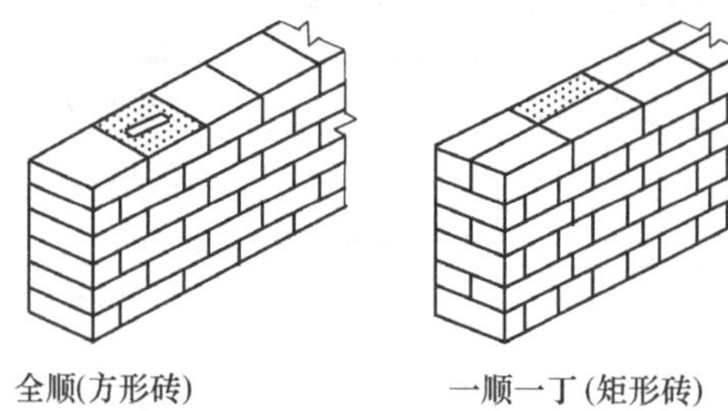

图 3-7　多孔砖砌筑类型示意图

2. 砌体的细部做法

1)　门窗洞口

门窗洞口有两种，第一种是毛口，就是没有找平偏差较大的门窗洞口，这种洞口在安装门窗时需要预留 20mm 左右的空隙(伸缩缝)做洞口找平抹灰用。第二种是净口，就是在毛口的基础上进行了找平的洞口，这种洞口安装门窗时要预留 10mm 左右的空隙，主要的作用是打发泡胶(毛口安装同样要打发泡胶)，最后进行窗口的抹灰密封。在整个过程中，对伸缩缝的处理一般叫洞口收边。

2)　管线槽的砌筑

在砌体施工中，墙内预埋水管、电线管是常见的现象。为保证砌体良好的结构性，应在承重较大的墙体部位采用合理的砌筑方法，以确保结构安全，通常采用下列处理方法。

①　针对水平管道可在墙体中埋开槽的预制砌块，砌块长 240mm，同墙厚，高 190mm，管道后嵌固安装进去。

②　单根 PVΦ20 以内的管，可在墙中预埋，宜在墙厚 1/2 处埋设，以防止砌体偏心受

压，此做法少砍砖，在顺砖中埋设较为理想，如在丁砖中埋设，则要求下一层砖为丁砖。管道周边应用砂浆填实。

③ 竖向暗装管道单根的在墙厚 1/2 处，多根的因配电箱关系，需平墙面埋设。且在结构重要部位或管道较大较多处，应采用在墙中安放水平墙拉筋，并在竖向安装模板浇灌混凝土的方法来补强。严禁在墙中开槽埋管，防止因墙体厚度削弱而影响结构安全。

3) 窗台的砌筑

窗台线在室内的高度应在抹灰及地面装饰完成后达到 90cm，因此砌筑时考虑到窗外流水坡面的关系，一般都预留 40～50mm 作为抹灰找坡的空间。安装前门窗供应商应在现场校核预留洞口尺寸，以确定合理的加工尺寸，保证窗框安装与装饰抹灰相互协调。

3. 多孔砖砌体质量

多孔砖砌体的质量只有合格一个等级。多孔砖砌体质量合格标准及主控项目、一般项目的规定与烧结普通砖砌体基本相同。其不同之处在以下几方面。

(1) 主控项目的第一条，抽检数量按 5 万块多孔砖为一验收批。

(2) 主控项目的第四条取消。

(3) 一般项目第三条，砖砌体一般尺寸允许偏差表中增加水平灰缝厚度(10 皮砖累计数)一个项目，允许偏差为+8mm。检验方法：与皮数杆比较，用尺检查。

3.3.3 烧结空心砖砌体的施工

空心砖墙常用于非承重部位，孔洞率等于或大于 35%，空的尺寸大而数量少的砖称为空心砖。空心砖分为水泥空心砖、黏土空心砖、页岩空心砖。空心砖是建筑行业常用的墙体主材，由于质轻、消耗原材少等优势，已经成为国家建筑部门首先推荐的产品。与红砖差不多，空心砖的常见制造原料是黏土和煤渣灰，一般规格是 390mm×190mm×190mm。

空心砖.mp4

砌筑空心砖墙时，砖应提前 1～2d 浇水湿润，砌筑时砖的含水率宜为 10%～15%。空心砖墙应侧砌，其孔洞呈水平方向，上下皮垂直灰缝相互错开 1/2 砖长。空心砖墙底部宜砌 3 皮烧结普通砖，如图 3-8 所示。

空心砖墙与烧结普通砖交接处，应以普通砖墙引出不小于 240mm 长与空心砖墙相接，并与隔 2 皮空心砖高在交接处的水平灰缝中设置 2Φ6 钢筋作为拉结筋，拉结钢筋在空心砖墙中的长度不小于空心砖长加 240mm，如图 3-8 所示。

空心砖墙中不得留置脚手眼，不得对空心砖进行砍凿，空心砖砌体一般尺寸允许偏差如表 3-6 所示。

空心砖砌体的砂浆饱满度及检验方法应符合表 3-7 的规定。

抽检数量：每步架子不少于 3 处，且每处不应少于 3 块。

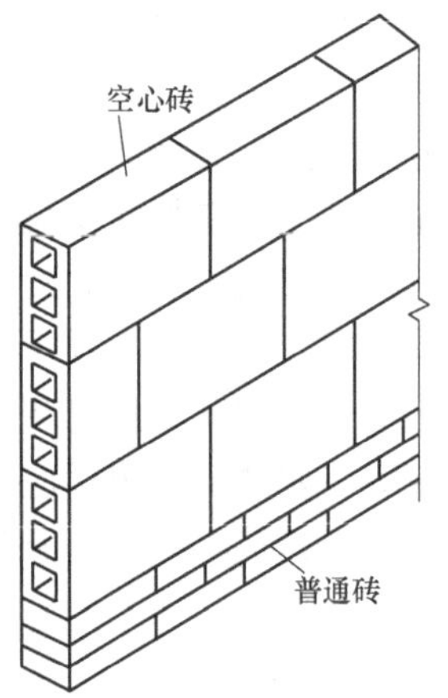

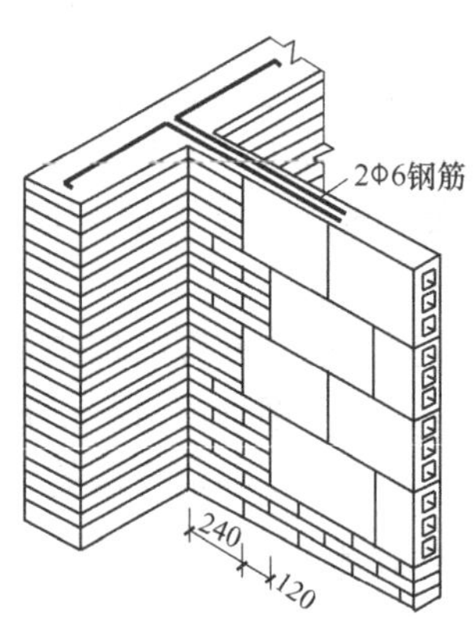

图 3-8　空心砖墙砌筑示意图

表 3-6　空心砖砌体一般尺寸允许偏差表

项　次	项　目		允许偏差/mm	检验方法
1	轴线位移		10	用尺检查
	垂直度	小于或等于 3m	5	用 2m 托线板或吊线、尺检查
		大于 3m	10	
2	表面平整度		8	用 2m 靠尺和楔形塞尺检查
3	门窗洞口高、宽(后塞口)		±5	用尺检查
4	外墙上、下窗口偏移		20	用经纬仪或吊线检查

表 3-7　空心砖砌体的砂浆饱满度要求表

灰　缝	饱满度及要求	检验方法
水平灰缝	≥80%	用百格网检查砖底面砂浆的黏结痕迹面积
垂直灰缝	填满砂浆，不得有透明缝、瞎缝、假缝	

3.4　砌块砌体工程

3.4.1　混凝土小型空心砌块砌体工程

1. 普通混凝土小型空心砌块

普通混凝土小型空心砌块(简称混凝土小砌块)是以水泥、砂、石等普通混凝土材料制成的。其空心率为 25%～50%，常用的混凝土砌块外形如图 3-9 所示。混凝土小型空心砌块适用于建筑地震设计烈度为 8 度及 8 度以下地区的各种建筑墙体，包括高层与大跨度的建筑，也可以用于围墙、挡土墙、桥梁和花坛等市政设施，应用范围十分广泛。

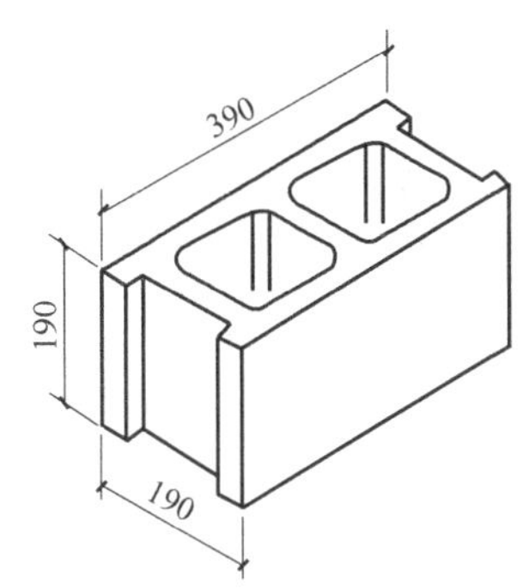

图 3-9 常用的混凝土砌块外形图

2. 轻骨料混凝土小型空心砌块

主砌块和辅助砌块的规格尺寸与普通混凝土小型空心砌块相同。其他规格尺寸可由供需双方商定。承重砌块最小外壁厚不应小于 30mm，肋厚不应小于 25mm；保温砌块最小外壁厚和肋厚不宜小于 20mm。非承重砌块最小外壁厚和肋厚不应小于 20mm。

轻骨料混凝土小型空心砌块以水泥、轻骨料、砂、水等预制而成。轻骨料混凝土小型空心砌块主规格尺寸为 390mm×190mm×190mm。按其孔的排数有单排孔、双排孔、三排孔和四排孔四类。轻骨料混凝土小型空心砌块按其密度分为 500、600、700、800、900、1000、1200、1400 八个密度等级。

轻骨料混凝土小型空心砌块按其强度分为 MU1.5、MU2.5、MU3.5、MU5、MU7.5、MU10 六个强度等级。

3. 一般构造要求

混凝土小型空心砌块砌体所用的材料，除满足强度计算要求外，尚应符合下列要求。

(1) 对室内地面以下的砌体，应采用普通混凝土小砌块和不低于 M5 的水泥砂浆。

(2) 五层及五层以上民用建筑的底层墙体，应采用不低于 MU5 的混凝土小砌块和 M5 的砌筑砂浆。在墙体的下列部位，应用 C20 混凝土灌实砌块的孔洞。

① 底层室内地面以下或防潮层以下的砌体。

② 无圈梁的楼板支承面下的一皮砌块。

③ 没有设置混凝土垫块的屋架、梁等构件支承面下，高度不应小于 600mm，长度不应小于 600mm 的砌体。

④ 挑梁支承面下，距墙中心线每边不应小于 300mm，高度不应小于 600mm 的砌体。

砌块墙与后砌隔墙交接处，应沿墙高每隔 400mm 在水平灰缝内设置不少于 2Φ4、横筋间距不大于 200mm 的焊接钢筋网片，钢筋网片伸入后砌隔墙内不应小于 600mm，如图 3-10 所示。

4. 夹心墙构造

混凝土砌块夹心墙由内叶墙、外叶墙及其间拉结件组成，内外叶墙间设保温层，如图 3-11 所示。

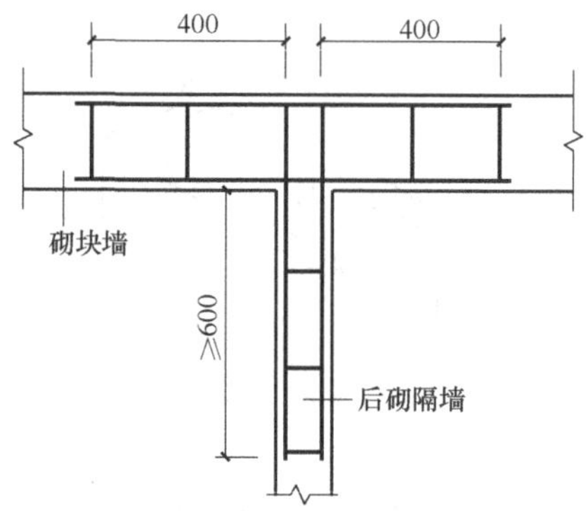

图 3-10　砌块墙与后砌墙相交做法示意图

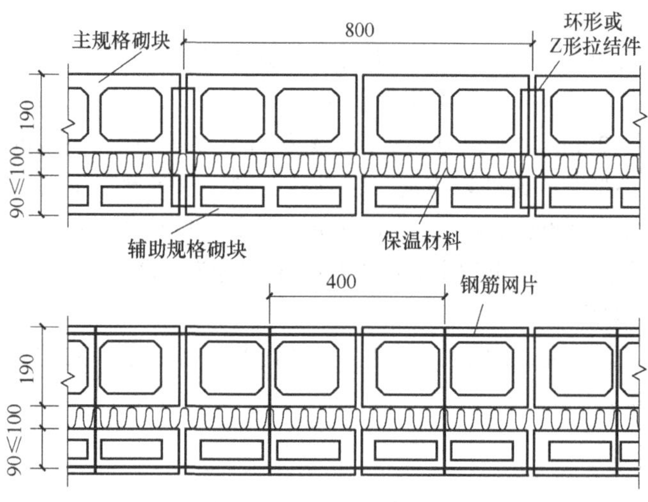

图 3-11　混凝土砌块夹心墙做法示意图

【案例 3-3】某住宅建筑，建筑层高为 3.0m，用 240mm × 115mm × 90mm 标准多孔砖砌筑。其中楼面采用现浇板 120mm 厚面层，现浇板与承重墙体的现浇圈梁整体浇筑。圈梁设计截面高度为 240mm，底层地圈梁已完成，其面标高为-0.02m，楼地面装饰层预留 40mm 厚面层，门窗洞口高度为 2700mm，试确定底层墙和二层标准层墙体的砌筑高度和组砌层(皮)数。

3.4.2　加气混凝土砌块

加气混凝土砌块是一种轻质多孔、保温隔热、防火性能良好、可钉、可锯、可刨和具有一定抗震能力的新型建筑材料。早在 20 世纪 30 年代初期，中国就开始生产这种产品，并广泛使用，例如上海国际饭店、上海大厦、福州大楼、中国人民银行大楼等高层建筑中。它是一种优良的新型建筑材料，并且具有环保等优点。

1. 加气混凝土砌块砌体构造

加气混凝土砌块可砌成单层墙或双层墙体。单层墙是将加气混凝土砌块立砌，墙厚为砌块的宽度。双层墙是将加气混凝土砌块立砌，两层中间夹以空气层，两层砌块间，每隔

500mm 墙高在水平灰缝中放置$\phi 4 \sim \phi 6$ 的钢筋扒钉，扒钉间距为 600mm，空气层厚度约为 70～80mm，如图 3-12 所示。

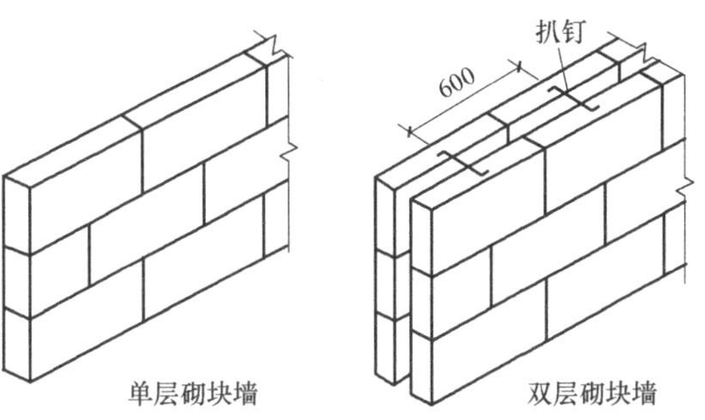

图 3-12　单、双层砌块墙做法示意图

承重加气混凝土砌块墙的外墙转角处、墙体交接处，均应沿墙高 1m 左右，在水平灰缝中放置拉结钢筋，拉结钢筋为 3Φ6，钢筋伸入墙内不少于 1000mm，如图 3-13 所示。

非承重加气混凝土砌块墙的转角处、与承重墙交接处，均应沿墙高 1m 左右，在水平灰缝中放置拉结钢筋，拉结钢筋为 2Φ6，钢筋伸入墙内不少于 700mm，如图 3-13 所示。

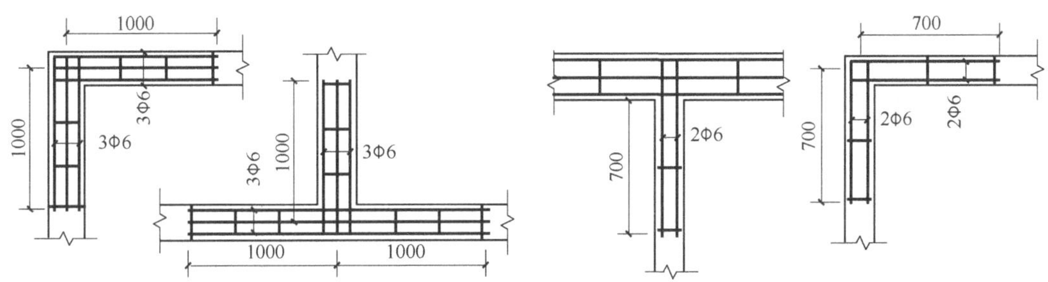

图 3-13　承重加气混凝土砌块墙拉结钢筋布置示意图

加气混凝土砌块外墙的窗口下一皮砌块下的水平灰缝中应设置拉结钢筋，拉结钢筋为 3Φ6，钢筋伸过窗口侧边应不小于 500mm，如图 3-14 所示。

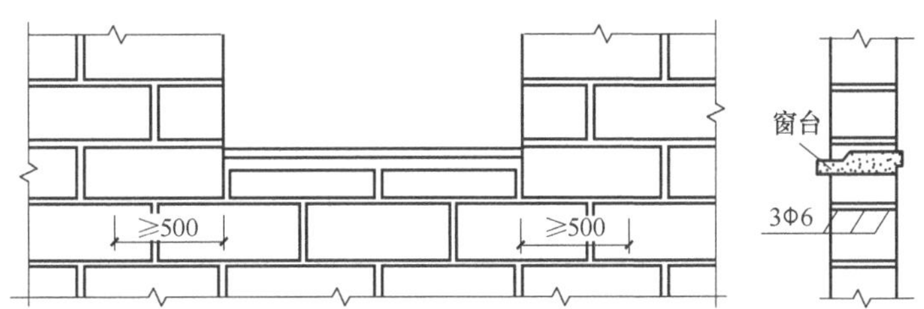

图 3-14　拉结钢筋示意图

2. 加气混凝土砌块砌体施工

加气混凝土砌块砌筑前，应根据建筑物的平面、立面图绘制砌块排列图。在墙体转角处设置皮数杆，皮数杆上画出砌块皮数及砌块高度，并在相对砌块上边线间拉准线，依准线砌筑。加气混凝土砌块的砌筑面应适量洒水。砌筑加气混凝土宜采用专用工具(铺灰铲、锯、钻、镂、平直架等)。

加气混凝土砌块墙的上下皮砌块的竖向灰缝应相互错开，相互错开长度宜为 300mm，并不小于 150mm。如不能满足时，应在水平灰缝设置 2Φ6 的拉结钢筋或ϕ4 钢筋网片，拉结钢筋或钢筋网片的长度不应小于 700mm。

加气混凝土砌块墙的灰缝应横平竖直，砂浆饱满，水平灰缝砂浆饱满度不应小于 90%；竖向灰缝砂浆饱满度不应小于 80%。水平灰缝厚度和竖向灰缝宽度不应超过 15mm。

加气混凝土砌块墙的转角处，应使纵横墙的砌块相互搭砌，隔皮砌块露端面。加气混凝土砌块墙的 T 字交接处，应使横墙砌块隔皮露端面，并坐中于纵墙砌块。

3. 加气混凝土砌块墙

加气混凝土砌块墙如无切实有效措施，不得使用于下列部位及环境。

(1) 建筑物防潮层以下部位。

(2) 长期浸水或化学侵蚀环境。

(3) 长期处于有震动源环境的墙体。

(4) 砌块表面经常处于 80℃以上的高温环境。加气混凝土砌块墙上不得留设脚手架眼。

3.4.3 粉煤灰砌块

1. 粉煤灰砌块尺寸及抗压强度

粉煤灰砌块是以粉煤灰、石灰、石膏和轻集料为原料，加水搅拌、振动成型、蒸汽养护而成的密实砌块。

粉煤灰砌块的主规格外形尺寸为 880mm×380mm×240mm，880mm×430mm×240mm。砌块端面应加灌浆槽，坐浆面宜设抗剪槽，如图 3-15 所示。

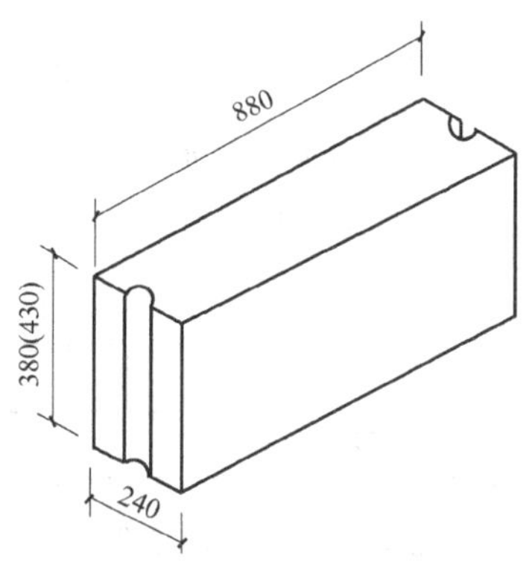

图 3-15　粉煤灰砌块尺寸示意图

粉煤灰砌块按其立方体试件的抗压强度分为 MU10 和 MU3 两个强度等级。粉煤灰砌块按其尺寸允许偏差、外观质量和干缩性能分为一等品和合格品。

2. 粉煤灰砌块砌体

粉煤灰砌块适用于砌筑粉煤灰砌块墙。墙厚为 240mm，所用砌筑砂浆强度等级应不低于 M2.5。

粉煤灰砌块墙砌筑前，应按设计图绘制砌块排列图，并在墙体转角处设置皮数杆。粉

煤灰砌块的砌筑面适量浇水。

粉煤灰砌块的砌筑方法可采用“铺灰灌浆法”。先在墙顶上摊铺砂浆，然后将砌块按砌筑位置摆放到砂浆层上，并与前一块砌块靠拢，留出不大于 20mm 的空隙。待砌完一皮砌块后，在空隙两旁装上夹板或塞上泡沫塑料条，在砌块的灌浆槽内灌砂浆，直至灌满。等到砂浆开始硬化不流淌时，即可卸掉夹板或取出泡沫塑料条，如图 3-16 所示。

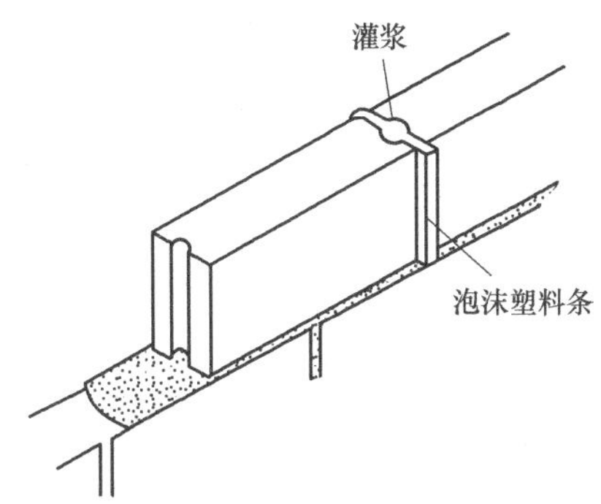

图 3-16 铺灰灌浆法示意图

粉煤灰砌块墙的转角处，应使纵横墙砌块相互搭砌，隔皮砌块露端面，露端面应锯平灌浆槽。粉煤灰砌块墙的 T 字交接处，应使横墙砌块隔皮露端面，并坐中于纵墙砌块，露端面应锯平灌浆槽，如图 3-17 所示。

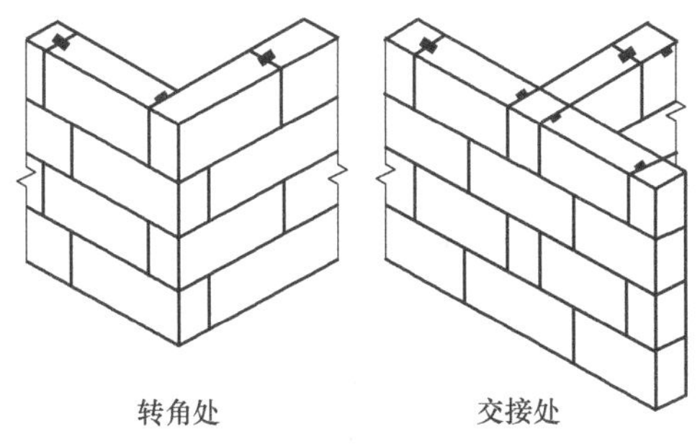

图 3-17 转角处做法示意图

粉煤灰砌块墙砌到接近上层楼板底时，因最上一皮不能灌浆，可改用烧结普通砖或煤渣砖斜砌挤紧。

3.5 石砌体工程

3.5.1 毛石砌体

砌筑毛石基础的第一皮石块坐浆，并将石块的大面向下。毛石基础的转角处、交接处应用较大的平毛石砌筑。

毛石基础的扩大部分，如做成阶梯形，上级阶梯的石块应至少压砌下级阶梯石块的 1/2，相邻阶梯的毛石应相互错缝搭砌，如图 3-18 所示。

图 3-18 毛石基础示意图

毛石基础必须设置拉结石。拉结石应均匀分布。毛石基础同皮内每隔 2m 左右设置一块。拉结石长度：如基础宽度等于或小于 400mm，应与基础宽度相等；如基础宽度大于 400mm，可用两块拉结石内外搭接，搭接长度不应小于 150mm，且其中一块拉结石长度不应小于基础宽度的 2/3。

3.5.2 料石砌体

1. 料石砌体砌筑施工要点

料石砌体应采用铺浆法砌筑，料石应放置平稳，砂浆必须饱满。砂浆铺设厚度应略高于规定灰缝厚度，其高出厚度：细料石宜为 3～5mm；粗料石、毛料石宜为 6～8mm。

料石砌体的灰缝厚度：细料石砌体不宜大于 5mm；粗料石和毛料石砌体不宜大于 20mm。料石砌体的水平灰缝和竖向灰缝的砂浆饱满度均应大于 80%。

料石砌体上下皮料石的竖向灰缝应相互错开，错开长度应不小于料石宽度的 1/2。

2. 料石基础

料石基础的第一皮料石应坐浆丁砌，以上各层料石可按一顺一丁进行砌筑。阶梯形料石基础，上级阶梯的料石至少压砌下级阶梯料石的 1/3，如图 3-19 所示。

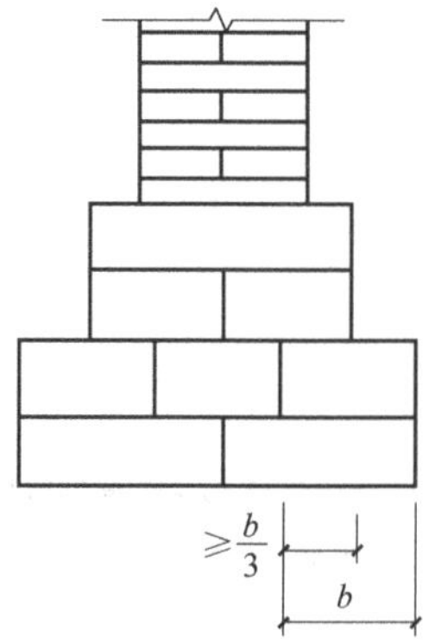

图 3-19 料石基础示意图

3. 料石墙

料石墙厚度等于一块料石宽度时，可采用全顺砌筑形式。

料石墙厚度等于两块料石宽度时，可采用两顺一丁或丁顺组砌的砌筑形式，如图 3-20 所示。

两顺一丁是两皮顺石与一皮丁石相间砌筑。

丁顺组砌是同皮内顺石与丁石相间砌筑，可用一块顺石与丁石相间或两块顺石与一块丁石相间砌筑。

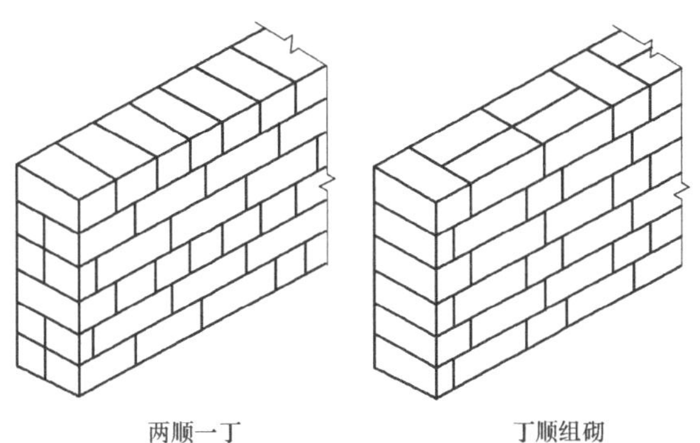

图 3-20　料石墙示意图

在料石和毛石或砖的组合墙中，料石砌体和毛石砌体或砖砌体应同时砌筑，并每隔 2～3 皮料石层用丁砌层与毛石砌体或砖砌体拉结砌合。丁砌料石的长度宜与组合墙厚度相同，如图 3-21 所示。

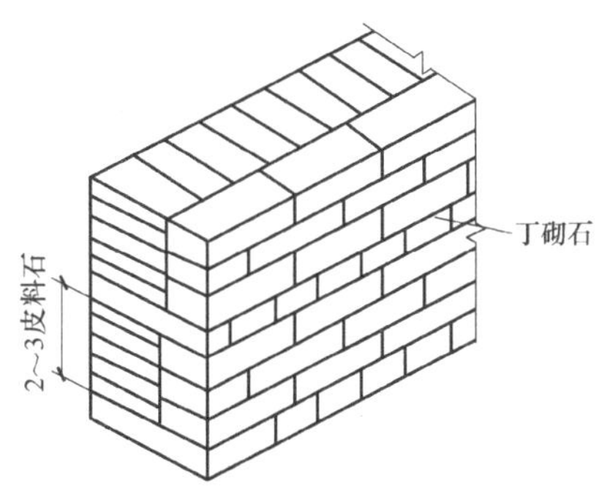

图 3-21　丁砌料石示意图

本章小结

通过本章的学习，可以基本掌握砖砌筑工程常见术语的基本含义，如混水墙、清水墙、包心砌法、通缝等。本章要重点掌握的有砌筑砂浆原料拌制及使用、砌筑砂浆配合比计算与确定；砖砌体工程中烧结普通砖、烧结多孔砖、烧结空心砖的施工；砌块砌体工程中，混凝土小型空心砌块砌体工程、加气混凝土砌块、粉煤灰砌块的简单计算；以及石砌体工程中的毛石料石砌体的砌筑方法等。在实际生活中能够灵活运用，为我们之后的工作和学习打下坚实的基础，并掌握相应清单子目下的计算规则和简单计算。

实训练习

一、单选题

1.　砌体是用块体(包括黏土砖、空心砖、砌块、石材等)和(　　)砌筑而成的结构材料。

A. 砂浆　　B. 混凝土　　C. 泥浆　　D. 水泥

2. 砌体结构是指将由块体和砂浆砌筑而成的(　　)作为建筑物主要受力构件的结构体系。

A. 桩基　　B. 墙、柱　　C. 梁、板　　D. 垫层

3. 目前，在现场对砌体强度进行检测时，以下哪种方法不适合？(　　)

A. 回弹法　　B. 扁式法　　C. 钻芯法　　D. 原位轴压法

4. 砂浆回弹法不适用于以下砖砌体(　　)。

A. 烧结普通砖　　B. 多孔砖砌体　　C. 遭受火灾后的砌体

5. 砂浆回弹仪的钢砧率定值为(　　)。

A. 74±2　　B. 72±2　　C. 78±2　　D. 80±2

二、多选题

1. 砌体工程现场检测技术中，检测单元是指每一楼层且总量不大于 250m³ 的(　　)均相同的砌体。

A. 材料品种　　B. 规格型号　　C. 砌筑数量　　D. 设计强度等级

2. 在砌体工程施工中，石材及砂浆强度等级必须符合设计要求，检验方法包括(　　)。

A. 料石检查产品质量证明书　　B. 石材试验报告

C. 砂浆试块试验报告　　D. 产品使用说明书

3. 砌体工程现场检测技术中，测区是指在一个检测单元内，随机布置的(　　)检测区域。

A. 一个　　B. 二个　　C. 若干

D. 三个　　E. 以上都不对

4. 砌体工程现场检测时，原位轴压法试验正式测试时，应分级加荷，以下说法正确的是(　　)。

A. 每级荷载可取预估破坏荷载的 10%

B. 应在 1～1.5mim 内均匀加完，然后恒载 2min

C. 加荷至预估破坏荷载的 90%后，应按原定加荷速度连续加荷，直至槽间砌体破坏

D. 加荷至预估破坏荷载的 80%后，应按原定加荷速度连续加荷，直至槽间砌体破坏

5. 用切制抗压试件法检测时，应使用电动切割机，在砖墙上切割两条竖缝，竖缝间距可取(　　)，应人工取出与标准砌体抗压试件尺寸相同的试件。

A. 360mm　　B. 370mm　　C. 480mm　　D. 490mm

三、简答题

1. 砌筑砂浆的试块是如何留置和评定的？
2. 砌筑中墙体的组砌方法有哪些？接槎有哪些要求？
3. 超高超长框填充墙时有什么特殊抗震措施？

第 3 章答案.doc

实训工作单一

<table>
<tr><td>班级</td><td></td><td>姓名</td><td></td><td>日期</td><td></td></tr>
<tr><td colspan="2">教学项目</td><td colspan="4">砖基础的施工方法与工艺</td></tr>
<tr><td>任务</td><td colspan="2">砖基础大方脚组砌形式</td><td>组砌形式</td><td colspan="2">三顺一丁</td></tr>
<tr><td colspan="3">相关知识</td><td colspan="3">一砌一丁</td></tr>
<tr><td colspan="3">其他项目</td><td colspan="3"></td></tr>
<tr><td colspan="6">工程过程记录</td></tr>
<tr><td>评语</td><td colspan="3"></td><td>指导老师</td><td></td></tr>
</table>

实训工作单二

<table>
<tr><td>班级</td><td></td><td>姓名</td><td></td><td>日期</td><td></td></tr>
<tr><td colspan="2">教学项目</td><td colspan="4">砌块墙、柱现场施工</td></tr>
<tr><td>任务</td><td colspan="2">砌块墙、柱的施工流程</td><td>组砌形式</td><td colspan="2">掌握砌块墙、柱的工艺要点及施工要注意的事项以及常见问题的处理方法</td></tr>
<tr><td colspan="3">相关知识</td><td colspan="3">其他砌筑</td></tr>
<tr><td colspan="3">其他项目</td><td colspan="3"></td></tr>
<tr><td colspan="6">工程过程记录</td></tr>
<tr><td>评语</td><td colspan="3"></td><td>指导老师</td><td></td></tr>
</table>

第4章　钢筋混凝土与预应力混凝土工程

【教学目标】

1. 了解模板系统的组成、构造要求、受力特点。
2. 掌握模板设计、安装、拆除的方法。
3. 了解钢筋的种类、性能及加工工艺、连接方式。
4. 了解混凝土工程原材料、施工设备和机具的性能。
5. 掌握混凝土施工工艺的原理、施工配料。
6. 了解预应力混凝土工程的施工工艺。
7. 掌握混凝土工程的质量检验和评定。
8. 掌握钢筋下料长度和代换的计算方法。

第4章-外墙.pptx

【教学要求】

本章要点	掌握层次	相关知识点
砌模板系统的组成 模板设计、安装、拆除的方法	1. 了解模板系统的组成、构造要求、受力特点 2. 掌握模板设计、安装、拆除的方法	模板
钢筋的种类、性能及加工工艺、连接方式 钢筋下料长度和代换的计算方法	1. 知道钢筋的种类、性能及加工工艺、连接方式 2. 掌握钢筋下料长度和代换的计算方法	钢筋
混凝土工程原材料、施工设备和机具的性能 混凝土施工工艺的原理、施工配料	1. 了解混凝土工程原材料、施工设备和机具的性能 2. 掌握混凝土施工工艺的原理、施工配料	混凝土
预应力混凝土工程的施工工艺 混凝土工程的质量检验和评定	1. 了解预应力混凝土工程的施工工艺 2. 掌握混凝土工程的质量检验和评定	预应力混凝土

【案例导入】

某楼坐落在石家庄市建设北大街东侧某团院内，是一栋在原二层的基础上加成三层的建筑。2014年11月18日早7点30分，正在拆除北第二间与第三间的屋面梁底模板时突然倒塌，致使三层楼板砸断二层楼板，二层楼板塌落后当场砸死正在睡觉的一名酒店女服务员，造成死亡1人的重大事故。

该楼建筑面积869m^2，坐东朝西，悬挑外廊式，砖混结构，条形大放脚砖基础，三层，

房间进深 5.1m，开间 3.3m，外廊悬挑 1.2m，建筑总长度为 49.7m，宽度为 5.34m，底层高 3.1m，二、三层层高均为 3m，总高度为 9.1m。该楼在 2003 年前为一层结构，2013 年在原一层的基础上接建为二层，2014 年又接建为三层。该楼三层接建工程的设计为一灯光师私人设计，设计人不具备建筑结构基本知识，为无证设计；该工程为一私人包工头施工，为无证施工。

【问题导入】

试结合本章内容，分析引发该事故的原因。

4.1 混凝土结构工程概述

混凝土结构工程是指按设计要求，将钢筋和混凝土两种材料利用模板浇筑而成的各种形状和大小的构件或结构。混凝土是由胶结料、骨料、水、掺合料和外加剂按一定比例拌和而成的混合物，经硬化后所形成的一种人造石。混凝土的抗压能力大，但抗拉能力却很低(约为抗压能力的 1/10)，受拉时容易产生断裂现象。为了弥补这一缺陷，则在构件受拉区配上抗拉能力很强的钢筋与混凝土共同工作，各自发挥其受力特性，从而使构件既能受压，亦能受拉。这种配有钢筋的混凝土，称为钢筋混凝土。

钢筋和混凝土这两种不同性质的材料之所以能共同工作，主要是由于混凝土硬化后紧紧握裹钢筋，钢筋又受混凝土保护而不致锈蚀，同时，钢筋与混凝土的线膨胀系数又较接近，当外界温度变化时，不会因胀缩不均而破坏两者间的黏结。

混凝土结构工程的施工质量应满足现行国家标准《混凝土结构设计规范》和施工项目设计文件提出的各项要求。混凝土结构施工质量的验收综合性强、牵涉面广，因此验收除了执行《混凝土结构工程施工质量验收规范》以外，还应符合国家现行有关标准的规定。

混凝土结构工程是一个子分部工程，包括模板工程、钢筋工程、混凝土工程、预应力工程、现浇结构工程、装配式结构工程等分项工程。

4.2 模板工程

模板工程是指新浇混凝土成型的模板以及支承模板的一整套构造体系，其中，接触混凝土并控制预定尺寸、形状、位置的构造部分称为模板，支持和固定模板的杆件、桁架、联结件、金属附件、工作便桥等构成支承体系，对于滑动模板、自升模板则增设提升动力以及提升架、平台等构件。模板工程在混凝土施工中是一种临时结构。

4.2.1 模板的常见种类和构造

1. 模板的分类

1) 按照材料分类

按材料的不同分为木模板、钢模板、钢木模板、胶合板模板、塑料模板、玻璃模板。

2) 按照装拆方式分类

按装拆方法的不同分为固定式、移动式、永久式。

3) 按照规格形式分类

按规格形式分为定型模板、非定型模板。

4) 按照结构类型分类

按结构类型分为基础模板、柱模板、墙模板、梁和楼板模板、楼梯模板。

音频.模板的分类.mp3

2. 不同模板的特点

基础模板的特点是高度较小而体积较大；柱模板的特点是断面尺寸不大但比较高；梁模板的特点是跨度较大而宽度不大；楼板模板的特点是面积较大而厚度不大；墙体模板的特点是高度大而厚度小；楼梯模板的特点是要倾斜设置，且要能形成踏步。

3. 模板系统的组成

1) 面板系统

面板系统包括面板、横肋、竖肋等。面板是直接与混凝土接触的部分，要求表面平整、拼缝严密、刚度较大、能多次重复使用。竖肋和横肋是面板的骨架，用于固定面板，阻止面板变形，并将混凝土侧压力传给支撑系统。为调整模板安装时的水平标高，一般在面板底部两端各安装一个地脚螺栓。

2) 支撑系统

支撑系统包括支撑架和地脚螺栓。其作用是传递水平荷载，防止模板倾覆。除了必须具备足够的强度外，尚应保证模板的稳定。每块大模板设 2～4 个支撑架，支撑架上端与大模板竖肋用螺栓连接，下部横杆端部设有地脚螺栓，用于调节模板的垂直度。

3) 操作平台

操作平台包括平台架、脚手板和防护栏杆。操作平台是施工人员操作的场所和运输的通道，平台架插放在焊于竖肋上的平台套管内，脚手板铺在平台架上。每块大模板还设有铁爬梯，供操作人员上下使用。

4) 附件

大模板附件主要包括穿墙螺栓和上口铁卡子等。穿墙螺栓用于连接固定两侧的大模板，承受混凝土的侧压力，保证墙体的厚度。为了能使穿墙螺栓重复使用，防止混凝土黏结穿墙螺栓，并保证墙体厚度，螺栓应套以与墙厚相同的塑料套管。拆模后，将塑料套管剔出周转使用。

4.2.2 组合钢模板

组合钢模板由钢模板和配件两大部分组成，它可以拼成不同尺寸、不同形状的模板，以适应基础、柱、梁、板、墙施工的需要。组合钢模板尺寸适中，轻便灵活，装拆方便。既适用于人工装拆，也可预拼成大模板、台模等，然后用起重机吊运安装。

按照结构类型分类.docx

钢模板.mp4

1. 钢模板

钢模板可替代木模板，显著地减少了通常与木材、胶合板或钢板等传统封模板对混凝土压力中的孔隙水压力及气泡的排除；钢模板结构混凝土浇注成型后，形成了一个理想的粗糙界面，不需要进行粗琢作业，就可以进入下一道工序施工。

钢模板既可以在安装钢筋之前放置，也可以在安装钢筋之后放置。如果是在安装钢筋之前放置，放置安装方便简易；可以对混凝土的浇注过程进行可视化监控，从而降低出现孔隙和蜂窝状结构等现象的风险。

2. 钢模板配板

1) 施工工艺要求

(1) 用于钢模面板的材料，其面部必须是平整表面、光滑无损伤变形，整面板料厚度误差在国家标准范围内。

(2) 用于钢模板加工的板料，其工作面板部位严禁使用板面锈蚀(麻坑麻点)、麻面或带有搓板缺角缺边(剪板撕边)的次板。

(3) 组合肋板角钢、槽钢及其他型钢必须顺直无变形(变形死弯)，主要受力处的筋肋必须选用整料，对于异形折角圆弧等无法使用整料的部位必须严格按照要求操作。

(4) 钢模在排料、下料时对于焊接量较大的部位应预留焊接收缩量。钢模板组合装配、加工应按图纸给定尺寸模数加工，中心孔坐标尺寸位置准确，且必须保证钢模板的组合精度及装配过程的互换精度。

2) 组合焊接要求

(1) 模扇制作必须在有一定刚度的胎模上施工，定型肋板组焊→肋板矫正检测→骨架装配定位焊→组对面板焊接，焊接成型。

(2) 钢模板成型必须在胎模上施工，对于组合装配用的螺栓孔，在组合装配时应预先拧紧螺栓，防止在组装时螺栓孔或其他相邻部位尺寸错位。

(3) 钢模板肋条骨架网加固焊可在胎模下施焊，肋条骨架网加固焊后须经矫正后再上胎模组合钢模面板。

(4) 钢模面板上胎必须经矫正矫平修边处理，组合肋条骨架网对位固定，面板与筋板肋条边贴附平顺压紧施焊。钢模骨架网与面板组焊筋板和面板焊接采用对称间隔焊。

4.2.3 木胶合板

1. 木胶合板的使用特点

木胶合板是一组单板(海木片)按相邻层木纹方向相互垂直组坯相互胶合成的板材。其表板和内层板对称配置在中心层或板芯的两层。混凝土模板用的木胶合板属具有高耐气候性耐水性的I类胶合板，胶合剂为酚醛树脂胶。

木胶合板.mp4

胶合板用作混凝土模板具有以下特点。

(1) 板幅大，板面平整。既可减少安装工作量，节省现场人工费用，又可减少混凝土外露表面的装饰及磨去接缝的费用。

(2) 承载能力大，特别是经表面处理后耐磨性好，能多次重复使用。

(3) 材质轻。厚18mm的木胶板，单位面积重量为50kg，模板的运输、堆放、使用和管理等都较为方便。

(4) 保温性能好，能防止温度变化过快，冬季施工有助于混凝土的保温。

(5) 锯截方便，易加工成各种形状的模板。

(6) 便于按工程的需要弯曲成型，用作曲面模板。

2. 胶合性能特点

(1) 胶合板既有天然木材的一切优点，如容重轻、强度高、纹理美观、绝缘等，又可弥补天然木材自然产生的一些缺陷，如节子、幅面小、变形、纵横力学差异性大等缺点。

(2) 胶合板生产能对原木合理利用。因它没有锯屑，每 2.2～2.5m^3 原木可以生产 1m^3 胶合板，可代替约 5m^3 原木锯成板材使用，而每生产 1m^3 胶合板产品，还可产生剩余物 1.2～1.5m^3，这是生产中密度纤维板和刨花板比较好的原料。

由于胶合板有容重轻、强度高、施工方便、不翘曲、横纹抗拉力学性能好等优点，故该产品主要用作家具制造、室内装修、住宅建筑用的各种板材，其次是造船、车厢制造，各种军工、轻工产品以及包装等工业部门之用。

3. 施工要求

(1) 顶模：先在脚手架上横铺木方，间距为1.2m，再纵向铺木方，间距为0.4～0.6m，所浇混凝土厚度超过200mm时，间距应调小。

(2) 墙模：胶合板后纵向铺放三根木方，再横铺二根木方联结，要留好穿墙螺丝位置，立好斜撑。有条件，横向可用钢楞联结形成组合式大墙模，可直接吊接。这样拆换单块模板时会方便一些。

(3) 梁、柱模：按尺寸裁开模板，预留穿墙螺栓位置，柱模可用短脚手架四边锁紧，立好斜撑。

(4) 清洁板面：胶合板前三次使用可不用脱模剂，以后每次使用后应及时清洁板面，严禁用坚硬物敲刮板面。

(5) 施工注意：胶合板铺好后，暂未浇混凝土前，请务必注意覆盖，防止暴淋暴晒，造成板面爆裂；拆模时请注意轻放轻拿，避免高空摔打；拆模后，请务必清洁好板面，及时刷上脱膜剂；暂不用务必垫上木方，整齐码放于干燥通风处。

4.2.4 脚手架与模板支架

1. 脚手架

脚手架是为建筑施工而搭设的上料、堆料与施工作业用的临时结构架，它是建筑工程施工时搭设的一种临时设施，主要是为建筑物空间作业时提供材料堆放和工人施工作业的场所。脚手架的各项性能(构造型式、装拆速度、安全可靠性、周转率、多功能性和经济合理性等)直接影响工程质量、施工安全和劳动生产率。

1) 外脚手架

外脚手架是沿建筑物外围周边搭设的一种脚手架，用于外墙砌筑和外墙装饰。常用的

有多立杆式脚手架、门式脚手架等。

外脚手架.docx

(1) 多立杆式脚手架。

多立杆式脚手架按所用材料分为：木脚手架、竹脚手架和钢管脚手架。多立杆式脚手架的主要构件有立杆、纵向水平杆、横向水平杆、剪刀撑、横向斜撑、抛撑、连墙件等。

多立杆式脚手架的基本形式有单排、双排两种，如图 4-1 所示。单排脚手架仅在脚手架外侧设一排立杆，其横向水平杆一端与纵向水平杆连接，另一端搁置在墙上。单排脚手架节约材料，但稳定性较差且在墙上留有脚手眼，其搭设高度及使用范围受到一定的限制；双排脚手架在脚手架的里外侧均设有立杆，稳定性好，但较单排脚手架费工费料。

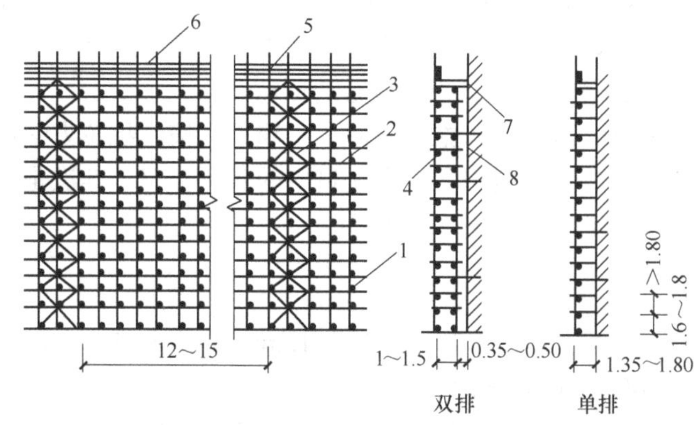

图 4-1 多立杆式脚手架示意图

1—底座；2—大横杆；3—小横杆；4—脚手板；5—立杆；6—栏杆；7—抛撑；8—墙体

(2) 门式脚手架。

门式脚手架是以门架、交叉支撑、连接棒、挂扣式脚手板或水平架、锁臂等组成基本结构，再设置水平加固杆、剪刀撑、扫地杆、封口杆、托座与底座，并采用连墙件与建筑物主体结构相连的一种标准化钢管脚手架。门式钢管脚手架不仅可作为外脚手架，也可作为内脚手架或满堂脚手架。

门式脚手架的用途：

① 用于楼宇、厅堂、桥梁、高架桥、隧道等模板内支顶或作飞模支承主架。

② 用于高层建筑的内外排栅脚手架。

③ 用于机电安装、船体修造及其他装修工程的活动工作平台。

④ 利用门式脚手架配上简易屋架，便可构成临时工地宿舍、仓库或工棚。

⑤ 用于搭设临时的观礼台和看台。

2) 里脚手架

里脚手架.mp4

里脚手架又称内墙脚手架，是沿室内墙面搭设的脚手架。它分为多种，可用于内外墙砌筑和室内装修施工，具有用料少、灵活轻便等优点。

里脚手架搭设于建筑物内部，每砌完一层墙后，即将其转移到上一层楼面，进行新的一层砌体砌筑，它可用于内外墙的砌筑和室内装饰施工。

优缺点：里脚手架用料少，但装、拆频繁，故要求轻便灵活，装、拆方便。其结构形式有折叠式、支柱式、门架式等多种。

2. 模板支架

模板支架是用于支撑模板的、采用脚手架材料搭设的架子。模板支架也是广泛采用扣件式钢管搭设的支架。

1) 施工准备

钢管扣件搭设的模板支撑系统，应根据施工对象的荷载大小、支承高度及使用要求编制专项施工方案。对进入线程的钢管、扣件等配件进行验收，钢管应符合现行《优质碳素结构钢》(GB/T 699—2015)中 Q235 钢的标准，扣件应符合现行《钢管脚手架扣件》(GB 15831—2006)标准，有质量合格证、质检报告、准用证等证明材料，对反复使用的钢管应检测其壁厚，壁厚不得小于公称壁厚的 90%，不得使用不合格的产品。钢管表面要平直光滑，壁厚均匀，不应有裂缝、分层、毛刺、硬弯、电锯结疤，其表面应有防锈处理；扣件不得有裂纹、变形和螺栓出现滑丝等缺陷，并有防锈处理。

钢管、扣件应按规格、种类分类整齐堆放、堆稳。堆放的地方不得有积水。按照支撑系统专项施工方案，必须对地基的软松土、回填土进行平整、夯实，地基设有排水措施，支撑系统范围内的地基承载能力应满足支架施工时总荷载的要求。同时在模板支撑系统的搭设区域应设置安全警戒线。

2) 搭设

模板支撑系统的立杆间距应按施工方案进行设置，先在地平面放线确定立杆位置，将立杆与水平杆用扣件连接成第一层支撑架体，完成一层搭设后，应对立杆的垂直度进行初步校正，然后搭设扫地杆并再次对立杆的垂直度进行校正，扫地杆离地不大于 200mm，逐层搭设支撑架体，每搭设一层纵向或横向水平杆时，应对立杆进行垂直度校正。支撑架体的水平杆位置应严格按施工方案的要求设置，应一层一层进行搭设，不得错层搭设。立杆在同一水平面内对接接长数量不得大于总数量的 1/3，接长点应在层距端部的 1/3 距离范围内，接长杆应均匀分布在支撑架体平面范围内。严禁相邻两根立杆同步接长，立杆的接长应采取满足支撑高度的最少节点原则。立杆接长后仍不能满足所需高度且接长高度小于 800mm 时，可以在立杆顶部采用绑扣件接长，用于调节立杆标高，绑接扣件数量不得少于 2 只且 2 只扣件的距离应为 350～400mm。扣件中心离立杆顶部距离不得小于 100mm，同一只支撑架体上绑接扣件的距离应一致。

3) 使用

模板支撑系统搭设后至拆除的使用全过程中，立杆底部不得松动，不得任意拆除任何一根杆件，不得松动扣件，不得用作起重缆风的拉结。混凝土浇筑应尽可能使模板支撑系统均匀受载，严格控制模板支撑系统的施工荷载，不得超过设计荷载，在施工中应有专人监控。在混凝土浇筑过程中应有专人对模板支撑系统进行监护，发现有松动、变形等情况，必须立即停止浇筑并果断采取相应的加固措施。

4.2.5 模板荷载及计算规定

模板及其支架应根据工程结构形式、荷载大小、地基土类别、施工设备和材料供应等

条件进行设计。模板及其支架应具有足够的承载能力、刚度和稳定性，能可靠地承受浇筑混凝土的重量、侧压力以及施工荷载。对重要结构的模板、特殊形式的模板、超出适用范围的一般模板，应该进行设计或验算以确保质量和施工安全，防止浪费。

1. 在计算模板及支架时，可采用下列荷载数值

(1) 模板及支架自重：根据模板设计图纸确定。肋形楼板及无梁楼板模板自重，可参考下列数据。

① 平板的模板及小楞、定型组合钢模板为0.5kN/m^2；木模板为0.3kN/m^2。

② 楼板模板(包括梁模板)、定型组合钢模板为0.75kN/m^2；木模板为0.5kN/m^2。

③ 楼板模板及支架(楼层高≤4m)、定型组合钢模为1.1kN/m^2；木模板为0.75kN/m^2。

(2) 浇筑混凝土的重量：普通混凝土用25kN/m^3，其他混凝土根据实际重量确定。

(3) 钢筋重量：根据工程图纸确定。一般梁板结构每立方米钢筋混凝土的铜筋重量：楼板1.1kN；梁1.5kN。

2. 计算模板及其支架时的荷载分项系数

计算模板及其支架时的荷载设计值，应采用荷载标准值乘以相应荷载分项系数求得。荷载分项系数为：

(1) 荷载类别为模板及支架自重或新浇筑混凝土自重或钢筋自重时，为1.35。

(2) 当荷载类别为施工人员及施工设备荷载或振捣混凝土产生的荷载时，为1.4。

(3) 当荷载类别为新浇筑混凝土对模板的侧板的侧压力时，为1.35。

(4) 当荷载类别为倾倒混凝土产生的荷载时，为1.4。

3. 计算规定

(1) 模板荷载组合：计算模板和支架时，应根据表4-1的规定进行荷载组合。

(2) 验算模板及支架的刚度时，允许的变形值：结构表面外露的模板，为模板构件跨度的1/400；结构表面隐蔽的模板，为模板构件跨度的1/250。支架压缩变形值或弹性挠度，以相应的荷载另行计算，详细规定如表4-1所示。

表4-1 荷载计算强度表

项 次	项 目	荷载类别	
		计算强度用	验算刚度用
1	平板和薄壳模板及其支架	(1)+(2)+(3)+(4)	(1)+(2)+(3)
2	梁和拱模板的底板	(1)+(2)+(3)+(5)	(1)+(2)+(3)
3	梁、拱、柱(边长≤300mm)、墙(厚≤100mm)的侧面模板	(5)+(6)	(6)
4	厚大结构、柱(边长>300mm)、墙(厚>100mm)的侧面模板	(6)+(7)	(6)

4.2.6 模板安装质量要求

模板及其支架应根据工程结构形式、荷载大小、地基土类别、施工设备和材料供应等

条件进行设计。模板及其支架应具有足够的承载能力、刚度和稳定性，能可靠地承受浇筑混凝土的重量、侧压力以及施工荷载，还应该符合下列规定。

(1) 能够保证工程结构和构件各部分形状尺寸和相互位置的正确性。

(2) 构造简单，装拆方便，并符合钢筋的绑扎、安装和混凝土的浇筑、养护等要求。

(3) 模板的接缝不应漏浆。模板与混凝土的接触面应涂隔离剂。对油质类等影响结构或妨碍装饰工程施工的隔离剂不宜采用。

模板安装工艺流程如图 4-2 所示。

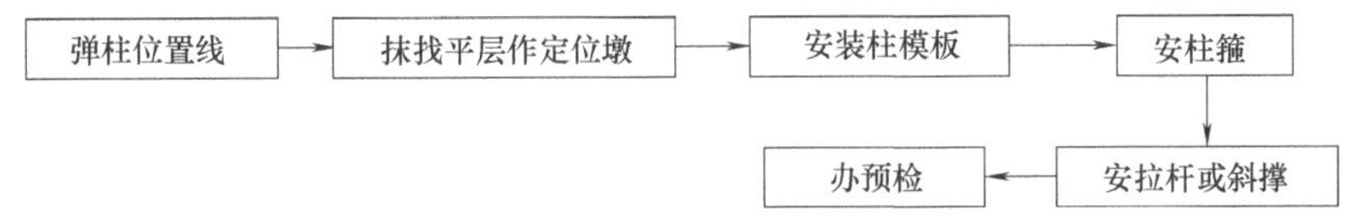

图 4-2 模板安装工艺流程

(1) 按标高抹好水泥砂浆找平层，按位置线做好定位墩台，以便保证柱轴线、边线与标高的准确，或者按照放线位置，在柱四边离地 5～8cm 处的主筋上焊接支杆，从四面顶住模板以防止位移。

(2) 安装柱模板：通排柱，先装两端柱，经校正、固定、拉通线校正中间各柱。模板之间应加双面胶带夹紧，防止漏浆。

(3) 安装柱模板的拉杆或斜撑：柱模每边设 2 根拉杆，固定于事先预埋在楼板内的钢筋环上，用经纬仪控制，用花篮螺栓调节校正模板垂直度。拉杆与地面夹角宜为 45°，预埋的钢筋环与柱距离宜为 3/4 柱高。柱高 4m 或 4m 以上时，一般应四面支撑，柱高超过 6m 时，不宜单柱支撑，宜几根柱同时支撑连成构架。

(4) 安装柱箍：柱箍可用角钢、钢管等制成，柱箍应根据柱模尺寸、混凝土侧压力大小，在模板设计中确定柱箍尺寸间距。

(5) 复查柱模垂直度、位移、对角线以及支撑、连接件稳固情况，将柱模内清理干净，封闭清理口，办理柱模预检。

4.3 钢 筋 工 程

4.3.1 钢筋的种类和性能

1. 钢筋的种类

按生产工艺可分为热轧钢筋、冷轧带肋钢筋、冷轧扭钢筋、钢绞线、消除应力钢丝、热处理钢筋等。建筑工程中常用的钢筋按轧制外形可分为光面钢筋和变形钢筋(螺纹、人字纹及月牙纹)。

按化学成分，钢筋可分为碳素钢钢筋和普通低合金钢钢筋。碳素钢钢筋按含碳量多少，又可分为低碳钢(含碳量小于 0.25%)、中碳钢(含碳量为 0.25%～0.60%)和高碳钢钢筋(含碳量大于 0.60%)。

按结构构件的类型不同，钢筋分为普通钢筋(热轧钢筋)和预应力钢筋。普通钢筋是指用于钢筋混凝土结构中的钢筋和预应力混凝土结构中的非预应力钢筋。普通钢筋按强度分为

HPB235、HRB335、HRB400 及 RRB400 四种，级别越高，强度及硬度越高，塑性则逐级降低。

音频.钢筋的种类.mp3

钢绞线.mp4

冷轧扭钢筋.mp4

热轧钢筋.mp4

其他分类方法：钢筋按直径大小可分为钢丝(直径为 3～5mm)、细钢筋(直径为 6～10mm)、中粗钢筋(直径为 12～20mm)和粗钢筋(直径大于 20mm)。

2. 钢筋的性能

1) 钢筋工艺性能

钢筋工艺性能包括许多项目，针对不同产品的特点可提出不同的要求，如普通钢筋要求进行弯曲和反向弯曲(反弯)试验，某些预应力钢材则要求进行反复弯曲、扭转、缠绕试验。

所有这些试验的形式不同程度地模拟了材料在实际使用时可能涉及的工艺加工方式，如普通钢筋需要弯钩或弯曲成型，预应力钢丝有时需缠绕等，而其目的就是考核材料对这些特定塑性变形的极限承受能力，因而工艺性能也是对材料的塑性要求，且与上述延性(伸长率)要求是相通的。一般来说伸长率大的钢材，其工艺性能好。

2) 机械性能

钢筋的机械性能通过试验来测定，测量钢筋质量标准的机械性能有屈服点、抗拉强度、伸长率、冷弯性能等指标。

3) 屈服点(σ_s)

当钢筋的应力超过屈服点以后，拉力不增加而变形却显著增加，将产生较大的残余变形时，以这时的拉力值除以钢筋的截面积所得到的钢筋单位面积所承担的拉力值，就是屈服点σ_s，如图 4-3 所示。

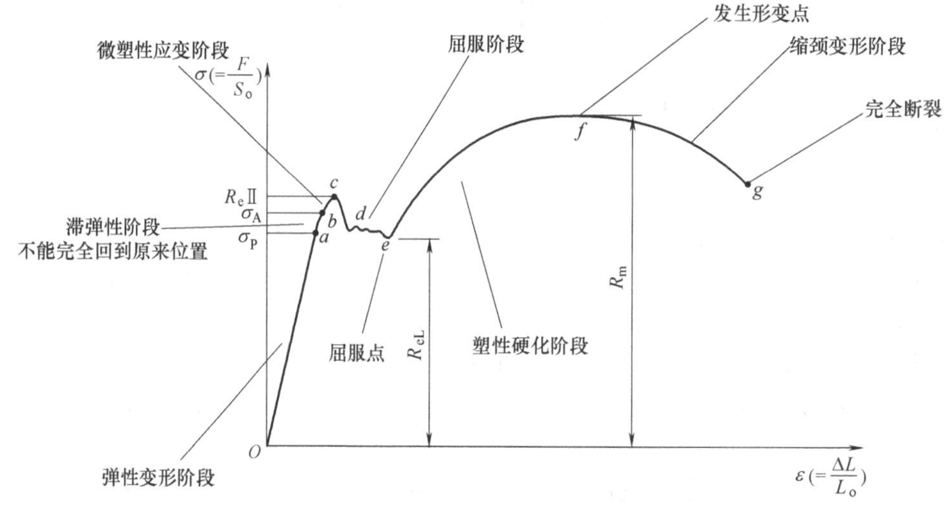

图 4-3 屈服点示意图

4) 抗拉强度(f_u)

抗拉强度就是以钢筋被拉断前所能承担的最大拉力值除以钢筋截面积所得的拉力值，抗拉强度又称为极限强度。它是应力—应变曲线中最大的应力值，虽然在强度计算中没有直接意义，却是钢筋机械性能中必不可少的保证项目。

5) 伸长率

伸长率是应力—应变曲线中试件被拉断时的最大应变值，又称延伸率，它是衡量钢筋塑性的一个指标，与抗拉强度一样，也是钢筋机械性能中必不可少的保证项目。

6) 冷弯性能

冷弯性能是指钢筋在经冷加工(即常温下加工)产生塑性变形时，对产生裂缝的抵抗能力。冷弯试验是测定钢筋在常温下承受弯曲变形能力的试验。试验时不应考虑应力的大小，而将直径为 d 的钢筋试件，绕直径为 D 的弯心(D 规定有 $1d$、$3d$、$4d$、$5d$)弯成 180°或 90°，然后检查钢筋试样有无裂缝、鳞落、断裂等现象，以鉴别其质量是否合乎要求。弯试验是一种较严格的检验，能揭示钢筋内部组织不均匀等缺陷。

4.3.2 钢筋的配料与代换

1. 钢筋配料

钢筋配料是根据构件配筋图，先绘出各种形状和规格的单根钢筋并加以编号，然后分别计算钢筋下料长度和根数，填写配料单，申请加工。

各种钢筋下料长度计算如下：

$$直钢筋下料长度=构件长度-保护层厚度+弯钩增加长度 \tag{4-1}$$

$$弯起钢筋下料长度=直段长度+斜段长度-弯曲调整值+弯钩增加长度 \tag{4-2}$$

$$箍筋下料长度=箍筋周长-箍筋调整值+弯钩增加的长度 \tag{4-3}$$

下料长度：是按钢筋弯曲后的中心线长度来计算的，因为弯曲后该长度不会发生变化。

外包标注：简图尺寸或设计图中注明的尺寸不包括端头弯钩长度，它是根据构件尺寸、钢筋形状及保护层的厚度等按外包尺寸进行标注的，如图 4-4 所示，它有几种不同的标注方法。

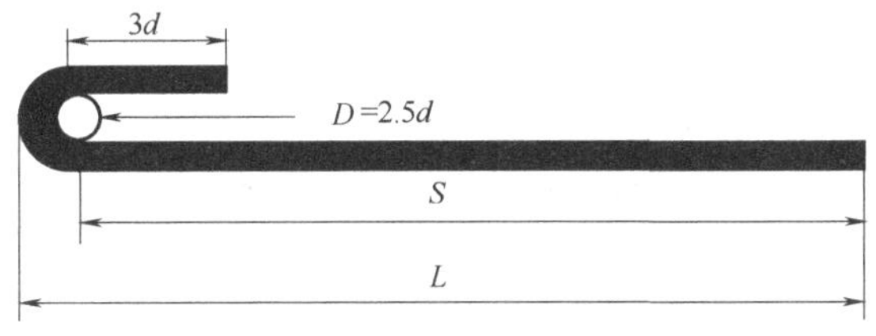

弯钩180°，外包只标注L

图 4-4 弯钩增加长度示意图

弯曲量度差：钢筋弯曲时，其外壁伸长，内壁缩短，而中心线长度并不改变，计算钢筋的下料长度是按中心线的长度计算的。显然外包尺寸大于中心线长度，它们之间存在一个差值，我们称之为“量度差值”。

弯钩增加长度：当使用不同的外包标注方法时，有可能外包标注的长度没有弯钩按中

心线长度增加的大，这样就存在一个实际下料长度和外包标注之间的差值，这个差值就是下料时应按外包标注所增加的长度，具体如图 4-4 所示。

2. 详细计算

弯曲量度差的计算，以弯心直径 $D=2.5d$ 为例进行讲解。

(1) 弯曲 90° 时的弯曲量度差，如图 4-5 所示。

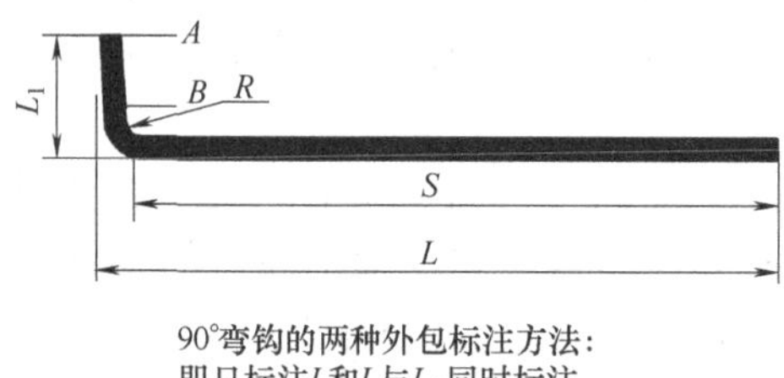

图 4-5　弯曲 90° 时的弯曲量度差示意图

外包尺寸：$2(D/2+d)=2(2.5d/2+d)=4.5d$；

中心线尺寸：$(D+d)\pi/4=(2.5d+d)\pi/4=2.75d$；

量度差：$4.5d-2.75d=1.75d$。

(2) 弯曲 45° 时的弯曲量度差，如图 4-6 所示。

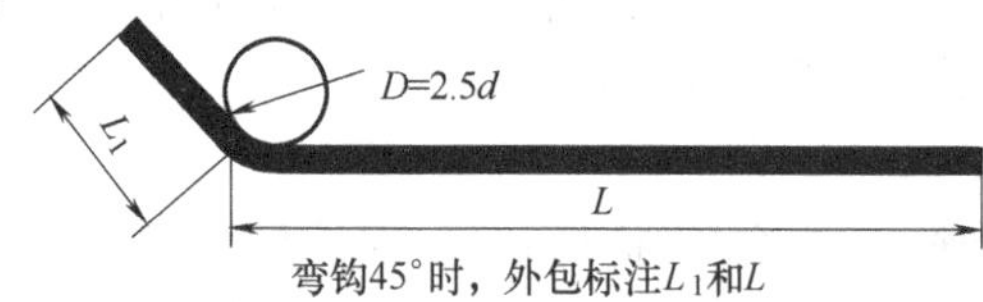

图 4-6　弯曲 45° 时的弯曲量度差示意图

外包尺寸：$2(D/2+d)\tan(45°/2)=(2.5d+2d)\times\tan22.5°=4.5d\times0.414=1.86d$；

中心线尺寸：$(D+d)\pi45°/360°=3.5d\pi\times0.125=1.37d$；

量度差：$1.86d-1.37d=0.49d$。

(3) 弯钩增加长度的计算。

如图 4-7 所示，弯钩 180°，外包只标注 L，其弯钩增加长度计算如下：

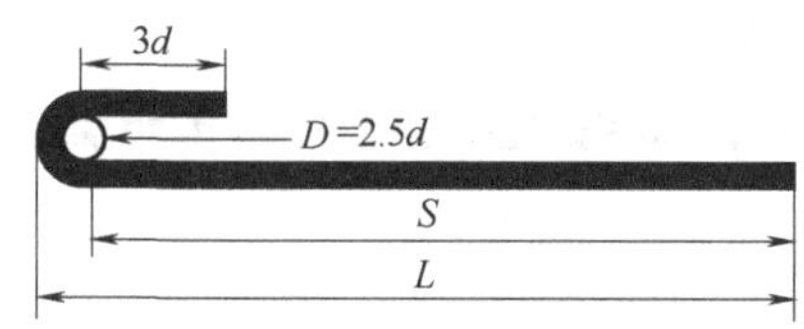

图 4-7　弯钩 180° 增加长度示意图

钢筋中心线长度为：$Z=3d+(D+d)\pi/2+S=3d+(2.5d+d)\pi/2+S=3d+3.5d\pi/2+S=3d+5.5d+S=8.5d+S$；

外包标注长度为：$L=S+D/2+d=S+2.5d/2+d=S+2.25d$；

弯钩增加长度为：$Z-L=8.5d+S-(S+2.25d)=6.25d$。

对于弯钩 90° 的弯钩增加长度，注意外包尺寸只能标注底部平直段部分 L，如图 4-8 所示。

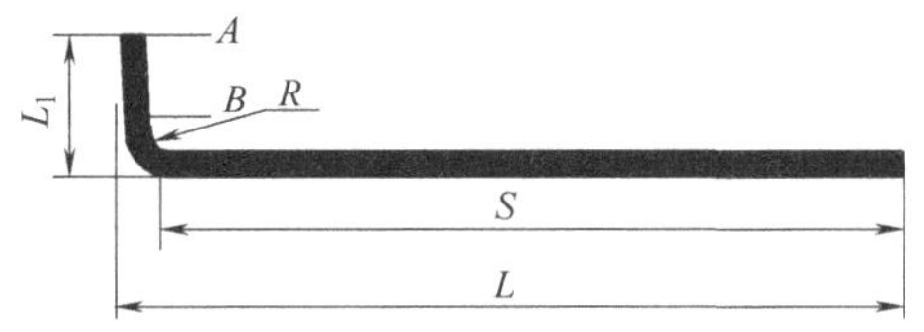

90°弯钩的两种外包标注方法：
即只标注L和L与L_1同时标注

图 4-8 弯钩 90° 增加长度示意图

筋中心线的长度：

$Z=S+L_1+(D+d)\pi/4=S+L_1+(2.5d+d)\pi/4=S+L_1+3.5d\pi/4=S+L_1+2.25d=S+3d+2.25d=S+5.25d$；

外包标注长度为：$L=S+D/2+d=S+2.25d$；

弯钩增加长度为：$Z-L=S+5.25d-(S+2.25d)=3d$。

弯钩 135° 的弯钩增加长度，外包只标注底部平直部分 L，如图 4-9 所示。

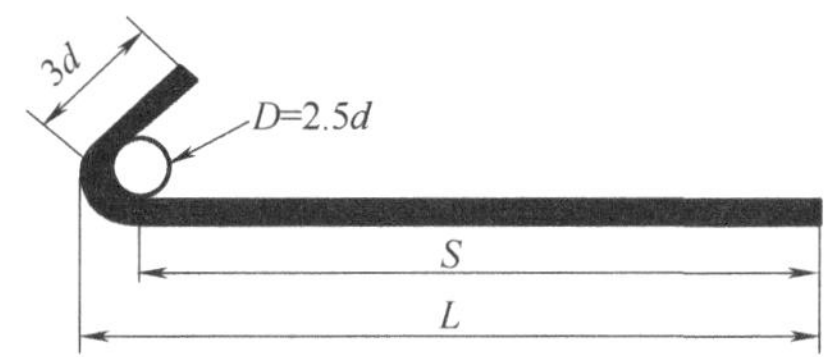

弯钩135°时，外包只标注L

图 4-9 弯钩 135° 增加长度示意图

筋中心线的长度：

$Z=S+3d+(D+d)135°\ \pi/360°\ =S+3d+(2.5d+d)\pi\times0.375=S+3d+4.11d=S+7.11d$；

外包标注长度：$L=S+D/2+d=S+2.25d$；

弯钩增加长度为：$Z-L=S+7.11d-(S+2.25d)=4.86d\approx4.9d$。

弯钩增加长度视具体情况而定，主要看弯心直径和弯钩平直部分长度，应根据实际情况和标准计算。

【案例 4-1】某外廊式教学楼共有 6 根相同型号的钢筋混凝土外伸梁 L，梁的配筋如图 4-10 所示，钢筋级别为 HRB235 级(光圆钢筋)。求各种钢筋的下料长度并填写钢筋配料单。

3. 钢筋的代换

(1) 等截面代换：一般指原设计钢筋和代换钢筋的材质(设计强度)相同，但直径不同的代换。其计算公式为：

代换钢筋间距=(代换钢筋理论重量/原设计钢筋理论重量)×原设计间距 (4-4)

音频.钢筋的代换.mp3

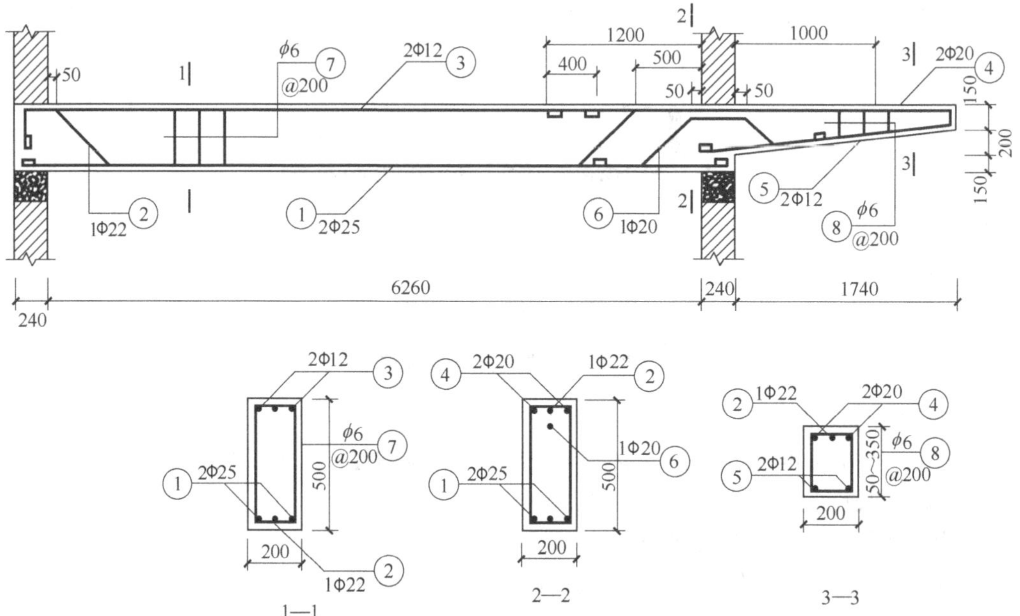

图 4-10　梁配筋图

【案例 4-2】某设计采用了圆 10 钢筋，间距 180mm 配筋，因圆 10 钢筋无货，拟用圆 8 代换，代换钢筋的间距应是多少？

(2)　按理论重量代换钢筋根数：适用于采用根数配筋时。其计算公式为：

代换钢筋根数≥原设计钢筋理论重量/代换钢筋理论重量×原设计根数　　(4-5)

(3)　等强度代换：一般指原设计钢筋与代换钢筋的规格(直径)相同或者不同，但材质(设计强度)不同时的代换。其计算公式为：

代换钢筋间距=(代换钢筋理论重量×代换钢筋强度系数)/(原设计钢筋理论重量×原设计钢筋强度系数)×原设计间距(mm)　　(4-6)

(4)　按强度代换钢筋根数：适用于设计采用根数配筋时。其计算公式如下：

代换钢筋根数≥(原设计钢筋理论重量×原设计钢筋强度系数)/(代换钢筋理论重量×代换钢筋强度系数)×原设计根数　　(4-7)

【案例 4-3】原设计采用 4 根圆 25(Ⅰ级钢)，若用圆 22(Ⅱ级钢)代换钢筋，需要几根？

4.3.3　钢筋的焊接与机械连接

1. 钢筋焊接

钢筋机械连接的接头.docx

采用焊接可改善结构受力性能，提高工效，节约钢材，降低成本。钢筋的焊接质量与钢材的可焊性、焊接工艺有关。在相同的焊接工艺条件下，能获得良好焊接质量的钢材，称其在这种条件下的可焊性好。钢筋的可焊性与其含碳及含合金元素的数量有关。含碳、锰数量增加，则可焊性差；加入适量的钛，可改善焊接性能。焊接参数和操作水平亦影响焊接质量。焊接方法及适用范围如表 4-2 所示。

表 4-2 焊接方法及适用范围

项次	焊接方法		接头型式	适用范围	
				钢筋级别	直径/mm
1	电阻电焊			HPB235 级 HRB335 级 冷拔低碳钢丝	6～14 3～5
2	闪光对焊			HRB335 级 HRB400 级	10～40
3	帮条焊	双面焊		HPB235 级 HRB335 级 HRB400 级	10～40
		单面焊		HPB235 级 HRB335 级 HRB400 级	10～40
	搭接焊	双面焊		HPB235 级 HRB335 级	10～40
		单面焊		HPB235 级 HRB235 级	10～40
	搭槽帮条焊			HPB235 级 HRB335 级 HRB400 级	25～40

2. 钢筋机械连接

钢筋机械连接是一项新型钢筋连接工艺，被称为继绑扎、电焊之后的“第三代钢筋接头”，具有接头强度高于钢筋母材、速度比电焊快 5 倍、无污染、节省钢材 20%等优点。

(1) 套筒挤压连接接头。通过挤压力使连接件钢套筒塑性变形与带肋钢筋紧密咬合形成的接头。有两种形式，径向挤压连接和轴向挤压连接。由于轴向挤压连接现场施工不方便及接头质量不够稳定，没有得到推广；而径向挤压连接技术，连接接头得到了大面积推广使用。工程中使用的套筒挤压连接接头，都是径向挤压连接。

(2) 锥螺纹连接接头。通过钢筋端头特制的锥形螺纹和连接件锥形螺纹咬合形成的接头。锥螺纹连接技术的诞生克服了套筒挤压连接技术存在的不足。锥螺纹丝头完全是提前预制，现场连接占用工期短，只需用力矩扳手操作，不需搬动设备和拉扯电线，深受各施工单位的好评。但是锥螺纹连接接头质量不够稳定。由于加工螺纹的小径削弱了母材的横截面积，从而降低了接头强度，一般只能达到母材实际抗拉强度的 85%～95%。

(3) 直螺纹连接接头。等强度直螺纹连接接头是 20 世纪 90 年代钢筋连接的国际最新潮流，接头质量稳定可靠，连接强度高，可与套筒挤压连接接头相媲美，而且又具有锥螺纹接头施工方便、速度快的特点，因此直螺纹连接技术的出现给钢筋连接技术带来了质的

飞跃。目前我国直螺纹连接技术呈现出百花齐放的景象，出现了多种直螺纹连接形式。直螺纹连接接头主要有镦粗直螺纹连接接头和滚压直螺纹连接接头。国内常见的滚压直螺纹连接接头有三种类型：直接滚压螺纹、挤(碾)压肋滚压螺纹、剥肋滚压螺纹。

4.3.4 钢筋的加工

1. 钢筋的调直

钢筋调直就是利用钢筋调直机通过拉力将弯曲的钢筋拉直，以便于加工的过程。

原机械式调直定长切割机，钢筋由盘料架上出来后进入该筒，适当调整调直块的调整螺钉，将调直块紧固在不同的偏心位置上，以便对不同规格或不同性质的钢筋进行调直。调直的方案有高斯曲线型、正弦曲线型和余弦曲线型，分别适用于不同直径、不同屈服强度的钢筋。

2. 钢筋除锈

1) 人工除锈

人工除锈的常用方法一般是用钢丝刷、沙盘、麻袋布等轻擦或将钢筋在砂堆上来回拉动除锈。

2) 机械除锈

(1) 除锈机除锈对直径较细的盘条钢筋，通过冷拉和调直过程自动去锈；粗钢筋采用圆盘钢丝刷除锈机除锈。

钢筋除锈机有固定式和移动式两种，一般由钢筋加工单位自制，是由动力带动圆盘钢丝刷高速旋转，来清刷钢筋上的铁锈。固定式钢筋除锈机一般安装一个圆盘钢丝刷，为提高效率也可将两台除锈机组合。

(2) 喷砂法除锈主要是用空压机、储砂罐、喷砂管、喷头等设备，利用空压机产生的强大气流形成高压砂流除锈，适用于大量除锈工作，除锈效果好。

3) 化学法除锈

钢筋除锈剂由多种成分复配而成，其特点是使用安全、有效，短时间内即可将严重锈蚀除去。可恢复金属本色，对母材无损伤，可洗净钢筋表面铁锈等物质，可以自动溶解下来，在细微缝隙处也可发生作用。无须加温，常温下即可发挥最佳效果，不燃不爆。处理过的金属表面对焊接、电镀、喷漆不会产生影响，不影响钢筋的握裹力。

3. 钢筋切断

钢筋切断采用手动切断器或钢筋切断机。手动切断器一般用于切断直径小于 12mm 的钢筋；钢筋切断机有电动和液压两种，可切断直径 40mm 的钢筋。直径大于 40mm 的钢筋常用氧乙炔焰或电弧切割或锯断。钢筋应按下料长度切断。钢筋的下料长度应力求准确，允许偏差为±10mm。

钢筋切断机.mp4

4.4 混凝土工程

混凝土工程的主要内容包括：混凝土结构形成与基本性能、混凝土原材料及生产技术、混凝土施工技术、预应力混凝土技术、混凝土制品生产技术、特殊混凝土技术、混凝土产品的检验与测试、混凝土的劣化诊断与修补加固和混凝土工程实例分析等。

4.4.1 混凝土制备

混凝土制备技术主要包括计算混凝土的强度以及混凝土的搅拌，属于混凝土工程中的一个重要环节，而施工前的准备工作又是混凝土制备能否成功的重要因素。

1. 混凝土强度

1) 混凝土配制强度

混凝土配制强度应按下式计算：

$$f_{cu,o} \geqslant f_{cu,k} + 1.645\sigma \tag{4-8}$$

式中：$f_{cu,o}$——混凝土配置强度，MPa；

$f_{cu,k}$——混凝土立方体抗压强度标准值，MPa；

σ——混凝土强度标准差，MPa。

混凝土强度标准差宜根据同类混凝土统计资料按下列公式计算确定：

$$\sigma = \sqrt{\frac{\sum_{n=i}^{n} f_{cu,i}^2 - n f_{cu,m}^2}{n-1}} \tag{4-9}$$

式中：$f_{cu,i}$——统计周期内同一品种混凝土第 i 组试件的强度，MPa；

$f_{cu,m}$——统计周期内同一品种混凝土 N 组强度的平均值，MPa；

n——统计周期内同一品种混凝土试件的总组数，$n \geqslant 25$。

当混凝土强度等级为C20级和C25级，而强度标准差计算值小于2.5MPa时，计算配制强度用的标准差应取不小于2.5MPa；当混凝土强度等级等于或大于C30级，而强度标准差计算值小于3.0MPa时，计算配制强度用的标准差应取不小于3.0MPa。

2) 混凝土施工配合比及施工配料

混凝土的配合比是在实验室根据混凝土的配制强度经过试配和调整而确定的，称为实验室配合比。实验室配合比所用砂、石都是不含水分的，而施工现场的砂、石都有一定的含水率，且含水率的大小随气温等条件不断变化。为保证混凝土的质量，施工中应按砂、石的实际含水率对原配合比进行调整。根据现场砂、石含水率调整后的配合比称为施工配合比。

设实验室配合比为：水泥∶砂∶石=1∶X ∶Y，水灰比W∶C，现场砂、石含水率分别为 W_x、W_y，则施工配合比为：

水泥∶砂∶石=1∶$X(1+W_x)$∶$Y(1+W_y)$，水灰比 W∶C 不变，但加水量应扣除砂、石中的含水量。

施工配料是确定每拌一次需要用的各种原材料量，它根据施工配合比和搅拌机的出料容量计算。

【案例 4-4】某混凝土实验室配合比为 1∶2∶4.45，水灰比 $W:C$=0.6，每立方米混凝土水泥用量 C=290kg，现场测得砂、石含水率分别为 3%、1%，求施工配合比及每立方米混凝土的各种材料用量。

2. 混凝土搅拌机选择

按工作性质分间歇式(分批式)和连续式；按搅拌原理分自落式和强制式；按安装方式分固定式和移动式；按出料方式分倾翻式和非倾翻式；按拌筒结构形式分梨式、鼓筒式、双锥式、圆盘立轴式和圆槽卧轴式等。

为了获得质量优良的混凝土拌合物，除正确选择搅拌机外，还必须正确确定搅拌制度，即投料顺序、搅拌时间和进料容量等。

1) 投料顺序

投料顺序应从提高搅拌质量，减少叶片、衬板的磨损，减少拌合物与搅拌筒的粘结，减少水泥飞扬改善工作条件等方面综合考虑确定。

常用方法如下。

(1) 一次投料法。

一次投料法即在上料斗中先装石子，再加水泥和砂，然后一次投入搅拌机。在鼓筒内先加水或在料斗提升进料的同时加水。这种上料顺序使水泥夹在石子和砂中间。上料时不致飞扬，又不致粘住斗底，且水泥和砂先进入搅拌筒形成水泥砂浆，可缩短包裹石子的时间。

(2) 二次投料法。

二次投料法又分为预拌水泥砂浆法和预拌水泥净浆法。预拌水泥砂浆法是先将水泥、砂和水加入搅拌筒内进行充分搅拌，成为均匀的水泥砂浆，再投入石子搅拌成均匀的混凝土。预拌水泥净浆法搅拌的混凝土与一次投料法相比较，混凝土强度提高约 15%，在强度相同的情况下，可节约水泥 15%～20%。

2) 搅拌时间

搅拌时间是影响混凝土质量及搅拌机生产率的重要因素之一，时间过短，拌和不均匀，会降低混凝土的强度及和易性；时间过长，不仅会影响搅拌机的生产率，而且会使混凝土和易性降低或产生分层离析现象。搅拌时间与搅拌机的类型、鼓筒尺寸、骨料的品种和粒径以及混凝土的坍落度等有关，混凝土搅拌的最短时间(即自全部材料装入搅拌筒中起到卸料止)，可按表 4-3 采用。

表 4-3 混凝土搅拌的最短时间(s)

混凝土坍落度/mm	搅拌机机型	搅拌机出料容量/L		
		<250	250～500	>500
≤30	自落式	90	120	150
	强制式	60	90	120
>30	自落式	90	90	120
	强制式	60	60	90

3) 进料容量

进料容量为搅拌前各种材料体积的累积。进料容量 V_j 与搅拌机搅拌筒的几何容量 V_g 有一定的比例关系，一般情况下 V_j/V_g=0.22～0.4，鼓筒式搅拌机可用较小值。进料容量超过规定容量的 10%以上，就会使材料在搅拌筒内无充分的空间进行拌和，影响混凝土拌合物的均匀性。若装料过少，则不能充分发挥搅拌机的效率。

拌和机的装料体积可根据搅拌机的出料容量按混凝土的施工配合比计算。混凝土拌和机的装料体积是指每拌和一次装入拌和筒内各种松散体积之和。拌和机的出料系数是出料体积与装料体积之比，为 0.6～0.7。

4.4.2 混凝土浇筑

混凝土浇筑指的是将混凝土浇筑入模直至塑化的过程，在土木建筑工程中把混凝土等材料加到模子里制成预定形体，混凝土浇筑时，混凝土的自由高度不宜超过 2m，当超过 3m 时应采取相应措施。

1. 混凝土浇筑要求

音频.混凝土浇筑要求.mp3

(1) 浇筑混凝土前必须先检查模板支撑的稳定情况，特别要注意检查用斜撑支撑的悬臂构件的模板的稳定情况。浇注混凝土过程中，要注意观察模板、支撑情况，发现异常，及时报告。

(2) 水平运输通道旁预留洞口，电梯井口必须检查，完善盖板、围护栏杆。

(3) 垂直运输采用井架、龙门架运输时，推车车把不准超出吊盘外，车轮前后应挡牢，卸料时待吊盘停稳、制动可靠后方可上盘。

(4) 振捣器电源线必须完好无损，供电电缆不得有接头，混凝土振捣器作业转移时，电动机的导线应保持有足够的长度和松度。严禁有电源线拖拉振捣器。作业人员必须穿绝缘胶鞋，戴绝缘手套。

(5) 浇筑混凝土所使用的桶、槽必须固定牢固，使用串筒节间应连接牢靠，操作部位设防护栏杆，严禁站在桶槽帮上操作。

(6) 用泵输送混凝土时，输送管道接头必须紧密可靠不漏浆、安全阀完好，管道架子牢固，输送前，先试送，检修时必须卸压。

2. 多层钢筋混凝土框架结构的浇筑

浇筑这种结构首先要划分施工层和施工段，施工层一般按结构层划分，而每一施工层如何划分施工段，则要考虑工序数量、技术要求、结构特点等。要做到在第一施工层安装完模板，准备转移到第二施工层的第一施工段上时，该施工段所浇筑的混凝土强度可达到允许工人在其上操作的强度(1.2MPa)。混凝土浇筑前应做好必要的准备工作，如模板、钢筋和预埋管线的检查和清理以及隐蔽工程的验收；浇筑用脚手架、走道的搭设和安全检查；根据实验室下达的混凝土配合比通知单准备和检查材料，并准备好施工用具等。

3. 大体积混凝土浇筑的要求

混凝土结构物实体最小几何尺寸不小于 1m 的大体量混凝土，或预计会因混凝土中胶凝

材料水化引起的温度变化和收缩而导致有害裂缝产生的混凝土，称之为大体积混凝土。

大体积混凝土所选用的原材料应注意以下几点。

(1) 粗骨料宜采用连续级配，细骨料宜采用中砂。

(2) 外加剂宜采用缓凝剂、减水剂；掺合料宜采用粉煤灰、矿渣粉等。

(3) 大体积混凝土在保证混凝土强度及坍落度要求的前提下，应提高掺合料及骨料的含量，以降低单方混凝土的水泥用量。

(4) 水泥应尽量选用水化热低、凝结时间长的水泥，优先采用中热硅酸盐水泥、低热矿渣硅酸盐水泥、大坝水泥、矿渣硅酸盐水泥、粉煤灰硅酸盐水泥、火山灰质硅酸盐水泥等。

4. 混凝土密实成型

混凝土浇入模板以后是较疏松的，里面含有空洞与气泡不能达到要求的密度。而混凝土的密度直接影响强度，因此，混凝土入模后，还需经振捣密实成型。而混凝土的强度、抗冻性、抗渗性以及耐久性，目前主要是用人工或机械捣实混凝。人工捣实是用人力的冲击来使混凝土密实成型，只在缺乏机械、工程量不大或机械不便工作的部位采用。机械捣实的方法有多种。

1) 混凝土振动密实原理

新拌制的混凝土是具有弹、黏、塑性性质的一种多相分散体，具有一定的触变性。产生振动的机械将一定频率、振幅和激振力的振动能传递给浇筑入模的混凝土拌合物，混凝土中的固体颗粒都处于强迫振动状态，使颗粒之间的黏着力和内摩力大大降低，混凝土的黏度急剧下降，受振混凝土呈现液化而具有“重质液体”性质，因而能流向模板内的各个角落而充满模板。

2) 动力方式的选择

修建施工普及采用电动式振动器，当工地只需单相电源时，应选用单相串激电念头的振动器；有三相电源时，则可选用各类电动式振动电机。在有瓦斯的任务状况，必须选择风动式振动器，以保证安全。假设在远离城镇、没有电源的临时性工程施工，可以选用内燃式振动器。

3) 结构方式的合理选择

大面积混凝土基础的柱、梁、墙、厚度较大的板，以及预制构件的捣实任务，可选用刺进式振动器；钢筋浓密或混凝土较薄的结构，以及不宜运用刺进式振动器的当地，可选用附着式振动器；表面积大而平整的结构物，如地上、屋面、路途路面等，通常选用平板式振动器。而钢筋混凝土预制构件厂出产的空心板、平板及厚度不大的梁柱构件等，选用振动台可收到疾速而有用的捣实结果。

4.4.3 混凝土养护与拆模

1. 混凝土养护

混凝土浇捣后，之所以能逐渐凝结硬化，主要是因为水泥水化作用的结果，而水化作用则需要适当的温度和湿度条件，因此为了保证混凝土有适宜的硬化条件，使其强度不断增长，必须对混凝土进行养护，混凝土养护方法分自然养护和人工养护。

自然养护是指利用平均气温高于5℃的自然条件，用保水材料或草帘等对混凝土加以覆盖后适当浇水，使混凝土在一定的时间内在湿润状态下硬化。混凝土必须养护至其强度达到1.2MPa以后，方能在其上踩踏和安装模板及支架。

人工养护就是用人工来控制混凝土的养护温度和湿度，使混凝土强度增长，如蒸汽养护、热水养护、太阳能养护等，主要用来养护预制构件，现浇构件大多用自然养护。

2. 模板的拆除

(1) 模板拆除根据现场同条件的试块强度，达到设计及规范要求的强度，并取得拆模令后，方可拆模。

(2) 模板及其支架在拆除时混凝土强度要达到如下要求。在拆除侧模时，混凝土强度应达到2.5MPa以上，保证其表面及棱角不会因拆除模板而受损后方可拆除；在拆除底模时，结构跨度在8m及以内时，混凝土强度应达到设计值的75%，结构跨度在8m以上时，为100%。大体积混凝土的拆模时间除应满足拆模强度外，还应控制好混凝土内外温度差，温差在25℃以下时方可拆除。

(3) 拆除模板的顺序与安装模板的顺序相反，先支的模板后拆，后支的先拆。拆除时，作业人员应站在安全的地方进行操作，严禁站在已拆或松动的模板上进行拆除作业。

(4) 拆除模板时，严禁用铁锤或铁棍乱砸，已拆下的模板应妥善传递或用绳钩放至地面。

(5) 模板拆除吊至存放地点时，模板保持平放，然后用铲刀、湿布进行清理。支模前刷脱模剂。模板有损坏的地方及时进行修理，以保证使用质量。

(6) 遇大于等于6级大风时，应暂停模板拆除作业。

4.4.4 混凝土冬期施工

根据当地多年气温资料，室外日平均气温连续5天稳定低于5℃时，混凝土结构工程应按冬期施工要求组织施工。冬期施工时，气温低，水泥水化作用减弱，新浇混凝土强度增长明显延缓，当温度降至0℃以下时，水泥水化作用基本停止，混凝土强度亦停止增长。特别是温度降至混凝土冰点温度以下时，混凝土中的游离水开始结冻，结冰后的水体积膨胀约9%。在混凝土内部产生冰胀应力，使结构强度降低。受冻的混凝土在解冻后，其强度虽能继续增长，但已不能达到原设计的强度等级。试验证明，混凝土的早期冻害是由于内部水结冰所致。混凝土在浇筑后立即受冻，抗压强度约损失50%，抗拉强度约损失40%，其强度就愈低。试验证明，混凝土遭受冻结带来的危害与遭冰冻的时间早晚、水灰比、水泥标号、养护温度等有关。

1. 混凝土冬期施工方法

混凝土冬期施工的主要方法有：蓄热法、综合蓄热法、蒸汽养护法、暖棚法、负温养护法、电加热法等。

(1) 蓄热法：是以保温材料覆盖减少混凝土温度损失，利用混凝土热量和水泥水化热，使混凝土强度增长达到受冻临界强度的养护方法。

(2) 综合蓄热法：是掺早强剂或复合型早强外加剂的混凝土浇筑后，利用原材料加热及水泥水化放热，并采取适当保温措施延缓混凝土冷却，使混凝土温度降到 0℃以前达到受冻临界强度的施工方法。

(3) 蒸汽养护法：混凝土的蒸汽养护可分静停、升温、恒温、降温四个阶段。

(4) 暖棚法：将被养护的混凝土构件或结构置于搭设的棚中，内部设置散热器、排管、电热器或火炉等加热棚内空气，使混凝土处于正温环境下养护的方法。

(5) 负温养护法：在混凝土中掺入防冻剂，使其在负温环境下能够不断硬化，在混凝土温度降到防冻剂规定温度前达到受冻临界强度的施工方法。

(6) 电加热法：冬期浇筑的混凝土利用电能加热养护，包括电极加热、电热毯、工频涡流、线圈感应和红外线加热法。

2. 混凝土的搅拌、运输

混凝土不宜露天搅拌，应尽量搭设暖棚，优先选用大容量的搅拌机，以减少混凝土的热损失。混凝土搅拌时间应根据各种材料的温度情况，考虑相互间的热平衡过程，可通过试拌确定延长的时间，一般为常温搅拌时间的 1.25～15 倍。拌制混凝土的最短时间应按表 4-4 取用，搅拌混凝土时，骨料中不得带有冰、雪及冻团。混凝土的运输过程是热损失的关键阶段，应采取必要的措施减少混凝土的热损失，同时应保证混凝土的和易性。常用的主要措施为减少运输时间和距离；使用大容积的运输工具并采取必要的保温措施，保证混凝土入模温度不低于 5℃。

表 4-4 拌制混凝土的最短时间(s)

混凝土坍落度/cm	搅拌机机型	搅拌机容积		
		<250	250～650	>650
≤3	自落式	135	180	225
	强制式	90	135	180
>3	自落式	135	135	180
	强制式	90	90	135

3. 混凝土的浇筑

混凝土在浇筑前，应清除模板和钢筋上的冰雪和污垢，尽量加快混凝土的浇筑速度，防止热量散失过多。当采用加热养护时，混凝土养护前的温度不得低于 2℃。

冬期不得在强冻胀性地基土上浇筑混凝土，当在弱冻胀性地基土上浇筑混凝土时，地基土应进行保温，以免遭冻。对加热养护的现浇混凝土结构，混凝土的浇筑程序和施工缝的位置，应能防止在加热养护时产生较大的温度应力。当分层浇筑厚大整体结构时，已浇完层的混凝土温度，在被上一层混凝土覆盖前不得低于 2℃。采用加热养护时，养护前的温度也不低于 2℃。

冬期施工混凝土振捣应用机械振捣，振捣时间应比常温时有所增加。

本章小结

本章介绍了模板工程、钢筋工程和混凝土工程三部分内容，通过对这三部分内容的学习，可以帮助读者了解钢筋混凝土和预应力钢筋混凝土的基本知识，为以后内容的学习打下基础。

实训练习

一、单选题

1. 现浇钢筋混凝土框架柱纵向钢筋的焊接应采用(　　)。
   A. 闪光对焊　B. 坡口立焊　C. 电弧焊　D. 电碴压力焊
2. 钢筋弯曲 180° 时弯曲调整值为增加(　　)。
   A. 4d　B. 3.25d　C. 6.25d　D. 2d
3. 闪光对接焊主要用于(　　)。
   A. 钢筋网的连接　B. 钢筋搭接
   C. 竖向钢筋的连接　D. 水平向钢筋的连接
4. 量度差值是指(　　)。
   A. 外包尺寸与内包尺寸间差值　B. 外包尺寸与轴线间差值
   C. 轴线与内包尺寸间差值　D. 外包尺寸与中心线长度间差值
5. 浇筑混凝土时，为了避免混凝土产生离析，自由倾落高度不应超过(　　)。
   A. 1.5m　B. 2.0m　C. 2.5m　D. 3.0m

二、多选题

1. 模板及支架应具有足够的(　　)。
   A. 刚度　B. 强度　C. 稳定性　D. 密闭性　E. 湿度
2. 用作模板的地坪、胎模等应平整光洁，不得产生影响构件质量的(　　)。
   A. 下沉　B. 裂缝　C. 起砂　D. 起鼓　E. 坡度
3. 模板拆除的一般顺序是(　　)。
   A. 先支的先拆　B. 先支的后拆　C. 后支的先拆
   D. 后支的后拆　E. 先拆模板后拆柱模
4. 在使用绑扎接头时，钢筋下料强度为外包尺寸加上(　　)。
   A. 钢筋末端弯钩增长值　B. 钢筋末端弯折增长值　C. 搭接长度
   D. 钢筋中间部位弯折的量度差值　E. 钢筋末端弯折的量度差值
5. 钢筋锥螺纹连接方法的优点是(　　)。
   A. 丝扣松动对接头强度影响小　B. 应用范围广　C. 不受气候影响
   D. 扭紧力矩不准对接头强度影响小　E. 现场操作工序简单、速度快

三、简答题

第 4 章答案.doc

1. 试述模板的作用，对模板及其支架的基本要求有哪些，模板有哪些类型，各有何特点。

2. 试述定型组合钢模板的特点、组成、适应范围及组合钢模配板的原则。

3. 混凝土工程施工包括哪几个施工过程？

实训工作单一

<table>
<tr><td>班级</td><td></td><td>姓名</td><td></td><td>日期</td><td></td></tr>
<tr><td colspan="2">教学项目</td><td colspan="4">钢筋混凝土与预应力混凝土工程</td></tr>
<tr><td>任务</td><td colspan="2">钢筋混凝土原理</td><td>组砌形式</td><td colspan="2">建构组成</td></tr>
<tr><td colspan="3">相关知识</td><td colspan="3">钢筋混凝土结构设计计算原则</td></tr>
<tr><td colspan="3">其他项目</td><td colspan="3"></td></tr>
<tr><td colspan="6">工程过程记录</td></tr>
<tr><td>评语</td><td colspan="3"></td><td>指导老师</td><td></td></tr>
</table>

实训工作单二

<table>
<tr><td>班级</td><td></td><td>姓名</td><td></td><td>日期</td><td></td></tr>
<tr><td colspan="2">教学项目</td><td colspan="4">钢筋混凝土施工</td></tr>
<tr><td>任务</td><td colspan="2">砌块墙、柱的施工流程</td><td>实习要点</td><td colspan="2">掌握钢筋混凝土施工要注意的事项以及常见问题的处理方法</td></tr>
<tr><td colspan="3">相关知识</td><td colspan="3">其他砌筑</td></tr>
<tr><td colspan="3">其他项目</td><td colspan="3"></td></tr>
<tr><td colspan="6">工程过程记录</td></tr>
<tr><td>评语</td><td colspan="3"></td><td>指导老师</td><td></td></tr>
</table>

第5章　结构安装工程

【教学目标】

第5章-结构安装工程.pptx

1. 了解常用的起重机械的分类和构造。
2. 熟悉预制混凝土构件的制作、运输和堆放。
3. 掌握混凝土构件的安装工艺。

【教学要求】

本章要点	掌握层次	相关知识点
起重机械的构造	1. 了解起重机械的概念 2. 了解三种起重机的不同特点	起重机械
混凝土预制结构的安装	1. 了解混凝土构件的制作方法 2. 熟悉混凝土构件的运输和堆放要求 3. 掌握混凝土构件的安装工艺	混凝土构件的安装工艺

【案例导入】

1. 事故概况

2006年8月28日，某国际大厦工程SCD120/120施工升降机发生故障，工人在维修过程中，吊笼从95.4m高度坠落，造成吊笼内3名工人当场死亡的重大设备伤亡事故。

2. 事故经过

2006年8月28日下午5时许，该施工升降机操作工向现场设备员反映，开机时设备有异响，设备员派两名修理工前往修理。经检查，修理工发现天梁导向滑轮损坏，则开动一侧吊笼上升至26层，将该吊笼对重落地，修理工再将吊笼顶部与配重连接的钢丝绳解开并固定在施工升降机导轨架顶部横梁上，吊笼当即下滑一段距离，限速器动作，制动吊笼下滑，此时吊笼停在离地面95.4m的高度上。修理工用一段钢丝绳将吊笼临时悬挂在导轨架标准节上，然后拆卸限速器。限速器一拆下，该吊笼立即从95.4m高空坠落，造成吊笼内3人当场死亡的重大设备伤亡事故。

【问题导入】

试结合本章内容，分析事故原因。

5.1 起 重 机 械

5.1.1 起重机械概述

1. 起重机械的应用

起重机械是现代化生产必不可少的重要机械设备，它对于减轻繁重的体力劳动、提高劳动生产率和实现生产过程的机械化、自动化以及改善人民的物质、文化生活需要都具有重大的意义。

起重机械的基本任务是垂直升降重物，并可兼使重物做短距离的水平移动，以满足重物装卸、转载、安装等作业的要求。起重机械广泛应用于工矿企业、港口码头、车站仓库、建筑工地、海洋开发、宇宙航行等各个工业部门，可以说陆地、海洋、空中、民用、军用各个方面都有起重机械在进行着有效的工作。

作为起重运输设备，起重机械在建筑施工中的地位非常重要，它的合理选择与使用，对于减轻劳动强度、提高劳动生产率、加速工程进度、降低工程造价等，起着十分重要的作用。各种起重设备的用途不同，构造上有很大差异，但都具有实现升降这一基本动作的起升机构。有些起重设备还具有运行机构、变幅机构、回转机构或其他专用的工作机构。物料可以由钢丝绳或起重链条等挠性件吊挂着升降，也可由螺杆或其他刚性件顶举。在结构安装工程中，常用的起重机械有桅杆式起重机、自行式起重机、塔式起重机。

起重机械.docx

起重机械发展到现在，已经成为合理组织成批大量生产和机械化流水作业的基础，是现代化生产的重要标志之一。在我国四个现代化的发展和各个工业部门机械化水平、劳动生产率的提高中，起重机械必将发挥更大的作用。

2. 起重机械的特点

起重机械是一种间歇动作的机械，它具有重复而短暂的工作特征。起重机械在搬运物料时，通常经历着上料、运送、卸料以及回到原处的过程，各工作机构在工作时做往复周期性的运动，例如起升机构的工作由物品的升、降和空载取物装置的升、降组成；运行机构的工作由负载和空载时的往复运动组成。

在起重机械的每一个工作循环，即每搬运一次物品的过程中，其有关的工作机构都要做一次正向和反向的运动。起重机械与连续运输机械的主要区别就在于前者是以周期性的短暂往复工作循环运送物品，而后者是以长期连续单向的工作运送物品。正是由于这些基本差异决定了起重机械和连续运输机械在构造和设计计算方面的许多重要差别。

5.1.2 桅杆式起重机

桅杆式起重机常用木材或钢材制作。桅杆式起重机具有制作简单、装拆方便，起重量大，受施工场地限制小的特点。特别是吊装大型构件而又缺少大型起重机械时，这类起重设备更显它的优越性。但这类起重机也有其缺点，即服务半径小，移动困难，灵活性差，需要拉设较多的缆风绳等。因此，桅杆式起重机一般多用于构件较重、吊装工程比较集中、施工场地狭窄，而又缺乏其他合适的大型起重机械以及其他起重机不能安装的一些特殊结构和设备的安装时。

桅杆式起重机按其构造不同，可分为独脚拔杆、人字拔杆、悬臂拔杆和牵缆式拔杆起重机等。

1. 独脚拔杆

独脚拔杆.mp4

独脚拔杆分为木独脚拔杆、钢管独脚拔杆和格构式独脚拔杆。其中木独脚拔杆起重高度一般为 8～15m，起重量在 100kN 以内，目前已很少使用；钢管独脚拔杆起重高度为 30m 以内，起重量可达 300kN；格构式独脚拔杆起重高度可达 70m，起重量可达 1000kN 以上。

独脚拔杆由拔杆、起重滑轮组、卷扬机、缆风绳及锚碇等组成。其中缆风绳数量一般为 6～12 根，最少不得少于 4 根，与地面夹角为 30°～45°，拔杆主要依靠缆风绳维持稳定。起重时，拔杆保持不大于 10° 的倾角以便吊装的构件不致碰撞拔杆。独脚拔杆的移动靠其底部的拖撬进行。独脚拔杆如图 5-1 所示。

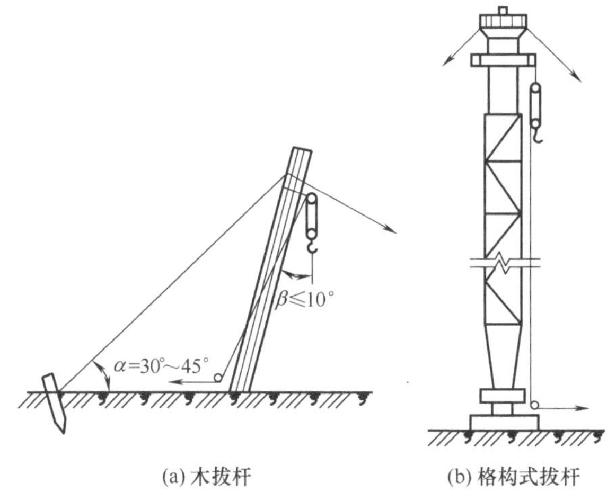

(a) 木拔杆　(b) 格构式拔杆

图 5-1　独脚拔杆

2. 人字拔杆

人字拔杆一般是由两根圆木或两根钢管或两根格构式截面的独脚拔杆在顶部相交成 20°～30° 夹角，以钢丝绳绑扎或铁件铰接而成。其中圆木人字拔杆，起重量 40～140kN，拔杆长 6～13m，圆木小头直径 200～340mm；钢管人字拔杆，起重量 100kN，拔杆长 20m，钢管外径 273mm，壁厚 10mm；格构式独脚拔杆，起重量 200kN，拔杆长 16.7m，钢管外径 325mm，壁厚 10mm。

人字拔杆下悬起重滑轮组，底部设置有拉杆或拉绳，以平衡拔杆本身的水平推力。拔杆下端两脚距离约为高度的 1/2～1/3，起重时拔杆向前倾斜，在后面有两根缆风绳。为保证起重时拔杆底部的稳固，在一根拔杆底部装一导向滑轮，起重索通过它连到卷扬机上，再

用另一根钢丝绳连接到锚碇上。其优点是侧向稳定性比独脚拔杆好，所用缆风绳数量少(一般不少于 5 根)。缺点是构件起吊后活动范围小，一般仅用于安装重型构件或作为辅助设备以吊装厂房屋盖体系上的轻型构件。人字拔杆如图 5-2 所示。

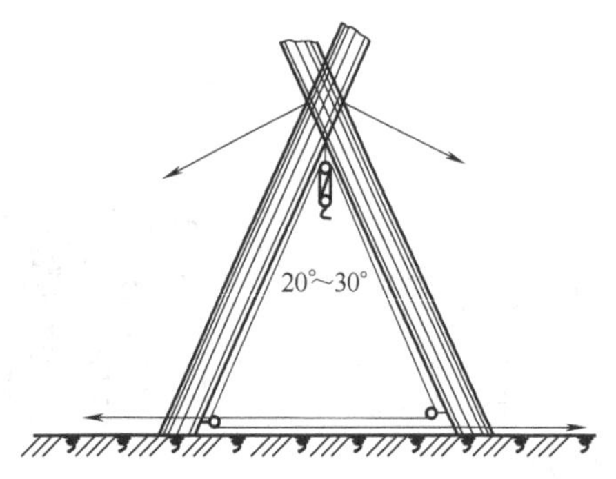

图 5-2　人字拔杆

人字拔杆.mp4

音频.人字拔杆的优缺点.mp3

3. 悬臂拔杆

悬臂拔杆是在独脚拔杆中部或 2/3 高度处装一根起重臂而成，起重杆可以回转和起伏，可以固定在某一部位，亦可根据需要沿杆升降。为了使起重臂铰接处的拔杆部分得到加强，可用撑杆和拉条(或钢丝绳)进行加固。它的特点是起重高度和起重半径较大，起重臂摆动角度也大(120° ～170°)。但因起重量较小，多用于轻型构件的安装。起重臂亦可装在井架上，成为井架拔杆。悬臂拔杆如图 5-3 所示。

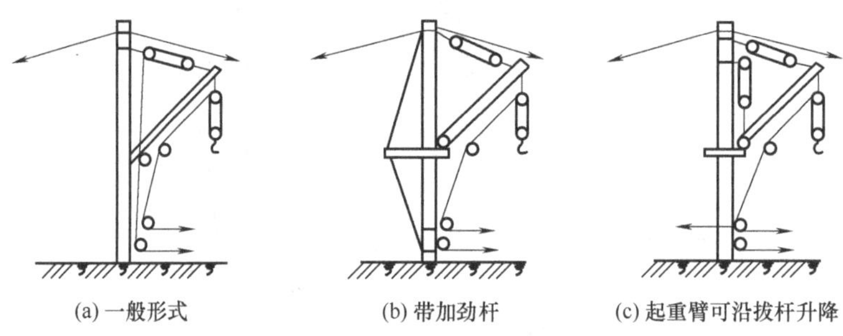

图 5-3　悬臂拔杆

4. 牵缆式拔杆

牵缆式拔杆是在独脚拔杆的下端装上一根可以回转和起伏的起重臂而成。整个机身可回转 360° ，具有较大的起重量和起重半径，灵活性好，可以在较大起重半径范围内，将构件吊到需要的位置。牵缆式拔杆如图 5-4 所示。

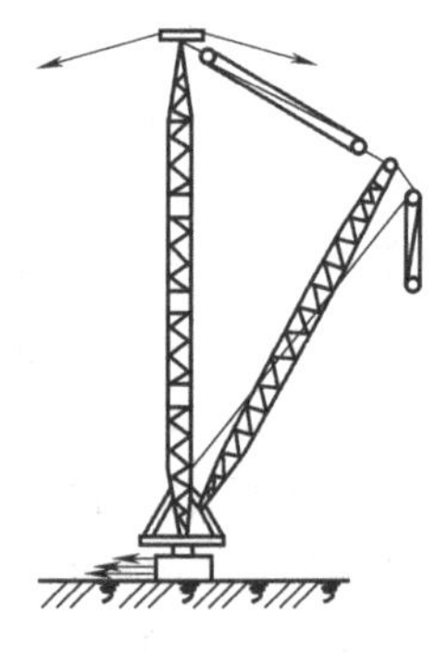

图 5-4　牵缆式拔杆

5.1.3 自行式起重机

自行式起重机分上下两大部分：上部为起重作业部分，称为上车；下部为支承底盘，称为下车。动力装置采用内燃机，传动方式有机械、液力—机械、电力和液压等几种。自行式起重机具有起升、变幅、回转和行走等主要机构，有的还有臂架伸缩机构。表示其起重能力的主要参数是最小幅度时的额定起重量。

常用的自行式起重机有履带式起重机、汽车式起重机和轮胎式起重机三种。

1. 履带式起重机

履带式起重机在行走的履带底盘上装有起重装置的起重机械，是自行式、全回转的一种起重机。履带式起重机主要技术性能包括 3 个主要参数：起重量 Q、起重半径 R 和起重高度 H。起重量 Q 一般不包括吊钩、滑轮组的重量；起重半径 R 是指起重机回转中心至吊钩的水平距离；起重高度 H 是指起重吊钩中心至停机面的距离。起重量、起重半径和起重高度的大小，取决于起重臂长度及其仰角。即当起重臂长度一定时，随着仰角的增加，起重量和起重高度增加，而起重半径减小。当起重仰角不变时，随着起重臂长度增加，则起重半径和起重高度增加，而起重量减小。

履带式起重机.c4d.mp4

履带式起重机操作灵活，使用方便，有较大的起重能力，在平坦坚实的道路上还可负载行走。但履带式起重机行走速度慢，对路面破坏性大，在进行长距离转移时，应用平板拖车或铁路平板车运输。履带式起重机如图 5-5 所示。

(a) 履带式起重机实物图

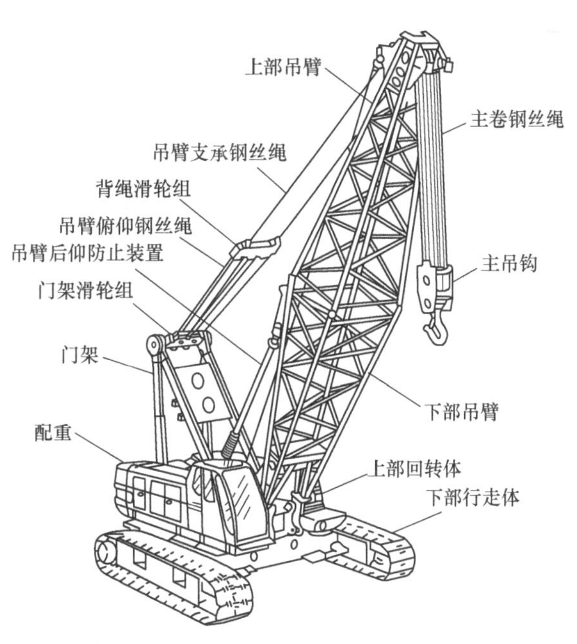

(b) 履带式起重机组成

图 5-5 履带式起重机

2. 汽车式起重机

汽车式起重机是将起重机构安装在通用或专用汽车底盘上的全回转起重机，起重机构动力由汽车发动机供给，其行驶的驾驶室与起重操纵室分开设置。我国生产的汽车式起重机有 Q 系列、QY 系列等。如 QY-32 型汽车式起重机，臂长 32m，最大起重量为 32t，起重臂分四节，外面一节固定，里面三节可以伸缩，可用于一般工业厂房的结构安装。汽车式起重机如图 5-6 所示。

汽车式起重机.mp4

汽车式起重机常用于构件运输、装卸和结构吊装，其特点是转移迅速，对路面损伤小；但吊装时需使用支腿，不能负载行驶，也不适于在松软或泥泞的场地上工作。

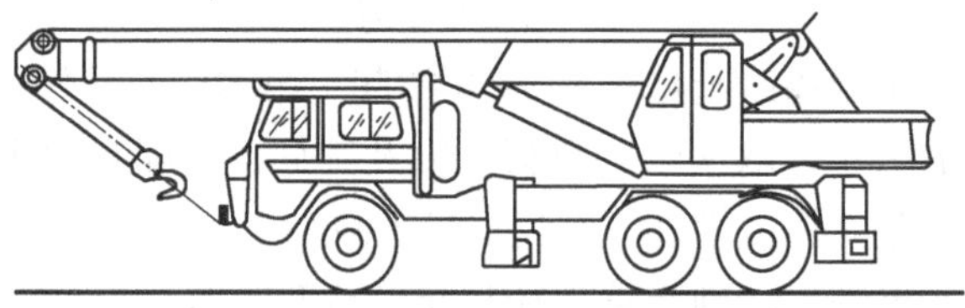

图 5-6　汽车式起重机

3. 轮胎式起重机

轮胎式起重机是把起重机构安装在加重型轮胎和轮轴组成的特制底盘上的一种全回转式起重机，其上部构造与履带式起重机基本相同，底盘下装有若干根轮轴，随着起重量的大小不同，配备有 4～10 个或更多个轮胎，其行走装置采用的也是轮胎。为了保证安装作业时机身的稳定性，起重机设有四个可伸缩的支腿，起重时，利用支腿增加机身的稳定，并保护轮胎。必要时，支腿下可加垫块，以扩大支承面。在平坦的地面上可不用支腿，进行小起重量作业及吊物低速行驶。轮胎式起重机如图 5-7 所示。

图 5-7　轮胎式起重机

轮胎式起重机.mp4

轮胎式起重机的特点与汽车式起重机相同，但与汽车式起重机相比其优点有：轮距较宽、稳定性好、车身短、转弯半径小。不过其行驶时对路面要求较高，行驶速度较汽车起重机慢，不适用于在松软泥泞的地面上工作。

5.1.4 塔式起重机

塔式起重机(towercrane)简称塔机，亦称塔吊，是一种塔身直立、起重臂安在塔身顶部且可做 360° 回转的起重机。它由金属结构、工作机构和电气系统三部分组成。金属结构包括塔身、动臂和底座等。工作机构有起升、变幅、回转和行走四部分。电气系统包括电动机、控制器、配电柜、连接线路、信号及照明装置等。

塔式起重机具有较高的起重高度、工作幅度和起重能力，工作速度快、生产效率高，机械运转安全可靠，操作和装拆方便等优点，一般可按行走机构、变幅方式、回转机构的位置以及爬升方式的不同而分成若干类型。本节仅就爬升式、附着式和轨道式塔式起重机的性能予以介绍。

1. 爬升式塔式起重机

爬升式塔式起重机是安装在建筑物内部电梯井或特设开间的结构上，借助于爬升机构随建筑物的升高而向上爬升的起重机械。一般每隔 1 层或 2 层楼便爬升一次。其特点是塔身短，不需轨道和附着装置，用钢量省，造价低，不占施工现场用地；但塔机荷载均由建筑物承受，建筑结构需进行相对加固，拆卸时需在屋面架设辅助起重设备。爬升式塔式起重机由底座、套架、塔身、塔顶、起重臂和平衡臂等组成。该机适用于施工现场狭窄的高层建筑工程。

塔式起重机的爬升过程是，先用起重钩将套架提升到一个塔位处予以固定，然后松开塔身底座梁与建筑物骨架的连接螺栓，收回支腿，将塔身提至需要位置；最后旋出支腿，扭紧连接螺栓，即可再次进行安装作业。爬升式塔式起重机如图 5-8 所示。

图 5-8 爬升式塔式起重机

【案例 5-1】2011 年 9 月 13 日下午 3:00 左右，某住宅楼工程使用的一台 QTZ60A 型塔机在顶升第三节时，在油缸回缩过程中，液压远控平衡阀失控，塔机上部突然下坠，平衡臂拉杆拉断，平衡臂与平衡重绕臂根销轴转动并撞击塔身上的安装平台，导致 2 人坠地，其中 1 人当场死亡，1 人重伤，平台上 2 人也身受重伤，塔身变形倾斜，塔身基础节主弦杆弯曲、断裂，内套架严重变形，平衡臂拉杆销轴弯曲 3mm，上顶升横梁下拱弯曲 50mm。试分析事故发生的原因。

2. 附着式塔式起重机

附着式塔式起重机是固定在建筑物近旁混凝土基础上的起重机械，塔身可借助顶升系统将塔身自行向上接高，从而满足施工进度的要求。为了减小塔身的计算长度，应每隔 20m 左右将塔身与建筑物用锚固装置相连，以保持稳定。

附着式塔式起重机.mp4

附着式塔式起重机的顶部有套架和液压顶升装置，需要接高时，利用塔顶的行程液压千斤顶，将塔顶上部结构(起重臂等)顶高，用定位销固定；千斤顶回油，推入标准节，用螺栓与下面的塔身连成整体，每次可接高 2.5m。

该塔式起重机可用于多层及高层建筑施工。常用的附着式塔式起重机型号有 QT4-10 型等。附着式塔式起重机如图 5-9 所示。

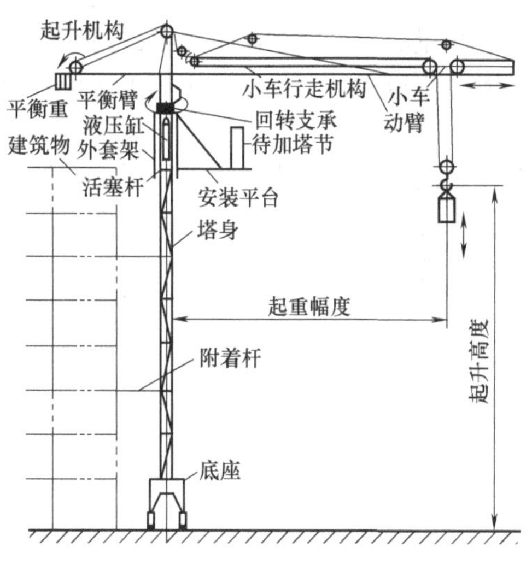

(a) 附着式塔式起重机组成

(b) 附着式塔式起重机实物图

图 5-9　附着式塔式起重机

3. 轨道式塔式起重机

轨道(行走)式塔式起重机是一种能在轨道上行驶的起重机。这种起重机能负荷行走的同时，还能完成水平运输和垂直运输。且有的只能在直线轨道上行驶，有的可沿 L 形或 U 形轨道行驶，使用灵活、安全，活动范围大，生产效率高，起重高度可按需要增减塔身、互换节架。但因需要铺设轨道，装拆及转移耗费工时多，台班费较高。轨道(行走)式塔式起重机有塔身回转式和塔顶旋转式两种，是结构安装工程的常用机械。

5.2 混凝土预制结构安装工程

5.2.1 混凝土构件的制作

1. 混凝土构件的特点

装配式住宅构件工法的特点如下。

1) 设计科学合理

按照标准化进行设计，根据结构、建筑的特点将内墙、外墙、楼梯、阳台、顶板、女儿墙等构件进行拆分，在工厂内进行标准化生产。

2) 现场施工机械化

现场施工主要为机械安装，施工速度快，现场工人数量少，方便现场的安装与管理，大大提高了工作效率，能有效地保证施工工期。

3) 经济合理

预制叠合板支撑采用可调式专用支撑替代传统的脚手架支撑，可调式独立支撑、稳定三脚架配合铝梁共同使用，每 $1.5m^2$ 使用四根独立支撑、两根铝梁，不用设置扫地杆、水平杆，较传统施工工艺减少了脚手架和木方的投入，既降低了施工成本，又减少了木材的应用，从而达到了环保节能绿色施工的效果。

4) 节能环保

整体装配式混凝土结构建筑构件采用工厂化进行生产，在构件厂进行蒸汽养护，现场采用机械进行吊装安装，除墙体连接节点部位和叠合板现浇层采用混凝土现浇作业外，基本避免了现场湿作业，减少建筑垃圾约为 60%，节约施工养护用水约为 70%，减少了现场混凝土振捣造成的噪音污染、粉尘污染，在节能环保方面优势明显。

装配式住宅构件安装施工工法其核心技术为构件在工厂加工生产，现场采用装配式施工，采用吊车吊装预制外墙板、预制内墙板、预制叠合板、预制楼梯、预制阳台、预制女儿墙等构件，提高了施工的效率，缩短了施工工期，减少了现场建筑垃圾，为保护环境做出了巨大贡献。

2. 混凝土构件的制作工艺

根据生产过程中组织构件成型和养护的不同特点，预制构件制作工艺可分为台座法、平模机组流水法和平模传送流水法三种。

1) 台座法

台座一般长 100～180m，是表面光滑平整的混凝土地坪、胎模或混凝土槽，也可以是钢结构，构件的成型、养护、脱模等生产过程都在台座上进行。

台座法常用于露天生产厚度较小的构件和先张法预应力钢筋混凝土构件(见预应力混凝土结构)，如空心楼板、槽形板、T 形板、双 T 板、工形板、小桩、小柱等。

音频.预制构件制作工艺的类型.mp3

2) 平模机组流水法

平模机组流水法是在车间内，根据生产工艺的要求将整个车间划分为几个工段，每个工段皆配备相应的工人和机具设备，构件的成型、养护、脱模等生产过程分别在有关的工段循序完成。

平模机组流水法的施工工艺为在模内布筋后，用吊车将模板吊至指定工位，利用浇灌机往模内灌筑混凝土，经振动梁(或振动台)振动成型后，再用吊车将模板连同成型好的构件送去养护。这种工艺的特点是主要机械设备相对固定，模板借助吊车的吊运，在移动过程中完成构件的成型。

平模机组流水法适合生产板类构件，如民用建筑的楼板、墙板、阳台板、楼梯段，工业建筑的屋面板等。

3) 平模传送流水法

平模传送流水工艺生产线一般建在厂房内，适合生产较大型的板类构件，如大楼板、内外墙板等。在生产线上，按工艺要求依次设置若干操作工位。模板自身装有行走轮或借助辊道传送，不需吊车即可移动，在沿生产线行走过程中完成各道工序，然后将已成型的构件连同钢模送进养护窑。这种工艺机械化程度较高，生产效率也高，可连续循环作业，便于实现自动化生产。平模传送流水工艺有两种布局，一是将养护窑建在和作业线平行的一侧，构成平面循环；二是将作业线设在养护窑的顶部，形成立体循环。

3. 混凝土构件的成型

常用的振捣方法有振动法、挤压法、离心法等，主要以振动法为主。

振动法即用台座法制作构件，使用插入式振动器和表面振动器振捣。插入式振动器振捣时宜呈梅花状插入，间距不宜超过 300mm。若预制构件要求清水混凝土表面，则插入式振动棒不能紧贴模具表面，否则将留下棒痕。表面振动器振捣的方法分为静态振捣法和动态振捣法。前者用附着式振动器固定在模具上振捣，后者是在压板上加设振动器振捣，适宜不超过 200mm 的平板混凝土构件。

挤压法常用于连续生产空心板，尤其是预制轻质内隔墙时常用。

离心法是将装有混凝土的模板放在离心机上，使模板以一定转速绕自身的纵轴旋转，模板内的混凝土由于离心力作用而远离纵轴，均匀分布于模板。

4. 混凝土构件的养护

(1) 预制构件的养护方法有自然养护、蒸汽养护、热拌混凝土热模养护、太阳能养护、远红外线养护等，以自然养护和蒸汽养护为主。

(2) 自然养护成本低，简单易行，但养护时间长，模板周转率低，占用场地大，我国南方地区的台座法生产多用自然养护。

(3) 蒸汽养护可缩短养护时间，模板周转率相应提高，占用场地大大减少。

(4) 蒸汽养护是将构件放置在有饱和蒸汽或蒸汽与空气混合物的养护室(或窑)内，在较高温度和湿度的环境中进行养护，以加速混凝土的硬化，使之在较短的时间内达到规定的强度标准值。

(5) 蒸汽养护效果与蒸汽养护制度有关，它包括养护前静置时间、升温和降温速度、养护温度、恒温养护时间、相对湿度等。蒸汽养护的过程可分为静停、升温、恒温、降温四个阶段，蒸汽养护时，混凝土表面最高温度不宜高于 65℃，升温幅度不宜高于 20℃/h，否则混凝土表面易产生细微裂纹。

5. 混凝土构件的检验

质量检验贯穿在生产的全过程，主要包括以下 6 个环节。

(1) 砂、石、水、水泥、钢材、外加剂等材料检验。

(2) 模具的检验。

(3) 钢筋加工过程及其半成品、成品和预埋件的检验。

(4) 混凝土搅拌及构件成型工艺过程检验。

(5) 养护后的构件检验，并对合格品加检验标记。

(6) 成品出厂前检验。

【案例 5-2】山西某厂有 8 幢 4 层砖混结构住宅，均采用预制空心楼板。该工程 2004 年 5 月开工，同年底完成主体工程，翌年内部装修。在 2005 年 6 月进行工程质量检查时，发现其中一幢(12 号楼)有多处预制楼板起鼓、酥裂情况。随后，该楼楼板损坏越来越严重，其他四幢(11、13、16、17 号楼)也相继不同程度地出现破坏迹象。试分析该质量问题产生的原因。

5.2.2 混凝土构件的运输和堆放

混凝土构件的制作分为工厂制作和现场制作。中小型构件，如屋面板、墙板、吊车梁等，多采用工厂制作；大型构件或尺寸较大不便运输的构件，如屋架、桥面板、大梁、柱等，则采用现场制作。混凝土构件的制作，可采用台座、钢平模和成组立模等方法。台座表面应光滑平整，在气温变化较大的地区应留有伸缩缝。预制构件模板可根据实际情况选择木模板、组合钢模板进行搭设。钢筋安装时，要保证其位置及数量的正确，确保保护层厚度符合设计的要求。对于混凝土薄板可采用平板式振动器，对于厚大构件则可采用插入式振动器。

1. 混凝土构件运输前的准备

预制混凝土构件如果在存储、运输、吊装等环节发生损坏将会很难补修，既耽误工期又造成经济损失。因此，大型预制混凝土构件的存储工具与物流组织非常重要。

构件运输的准备工作主要包括：制定运输方案、设计并制作运输架、验算构件强度、清查构件及查看运输路线。

1) 制定运输方案

此环节需要根据运输构件实际情况，装卸车现场及运输道路的情况，施工单位或当地的起重机械和运输车辆的供应条件以及经济效益等因素综合考虑，最终选定运输方法、选择起重机械(装卸构件用)、运输车辆和运输路线。运输线路的制定应按照客户指定的地点及货物的规格和重量制定特定的路线，确保运输条件与实际情况相符。

2) 设计并制作运输架

根据构件的重量和外形尺寸进行设计制作，且尽量考虑运输架的通用性。

3) 验算构件强度

对钢筋混凝土屋架和钢筋混凝土柱子等构件，根据运输方案所确定的条件，验算构件在最不利截面处的抗裂度，避免在运输中出现裂缝。如有出现裂缝的可能，应进行加固处理。

4) 清查构件

清查构件的型号、质量和数量，有无加盖合格印和出厂合格证书等。

5) 查看运输路线

在运输前再次对路线进行勘查，对于沿途可能经过的桥梁、桥洞、电缆、车道的承载能力，通行高度、宽度、弯度和坡度，沿途上空有无障碍物等实地考察并记载，制定出最佳顺畅的路线。这需要实地现场的考察，如果凭经验和询问很有可能发生许多意料之外的事情，有时甚至需要交通部门的配合等。在制定方案时，每处需要注意的地方需要注明，如不能满足车辆顺利通行，应及时采取措施。此外，应注意沿途是否横穿铁道，如有应查清火车通过道口的时间，以免发生交通事故。

2. 主要构件的运输方式

1) 柱子运输方法

长度在 6m 左右的钢筋混凝土柱可用一般载重汽车运输，如图 5-10、图 5-11 所示，较长的柱则用拖车运输，如图 5-12 所示。拖车运长柱时，柱的最低点至地面距离不宜小于 1m，柱的前端至驾驶室距离不宜小于 0.5m。

柱在运输车上的支垫方法，一般用两点支承。如柱较长，采用两点支承柱的抗弯能力不足时，应用平衡梁三点支承，或增设一个辅助垫点，如图 5-13 所示。

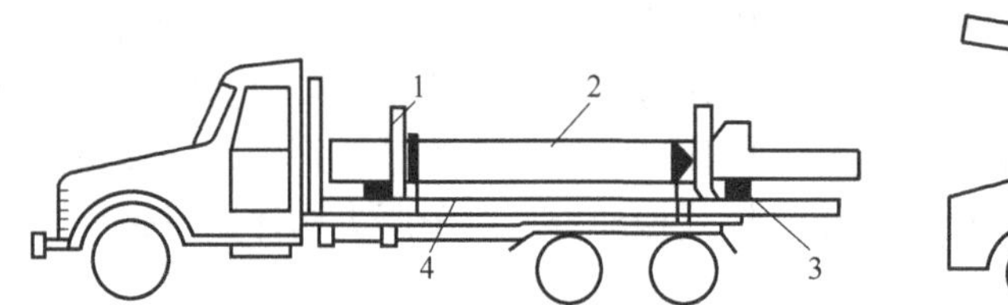

图 5-10 载重汽车上设置平架运短柱

1—运架立柱；2—柱；3—垫木；4—运架

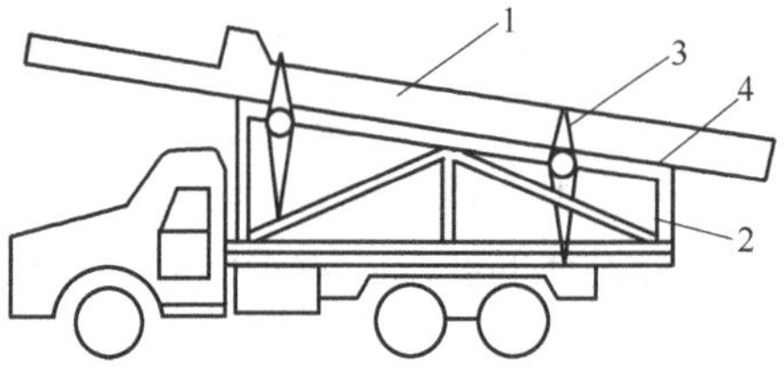

图 5-11 载重汽车上设置空间支架(斜架)运短柱

1—柱子；2—运架；3—捆绑钢丝绳及捯链；4—轮胎垫

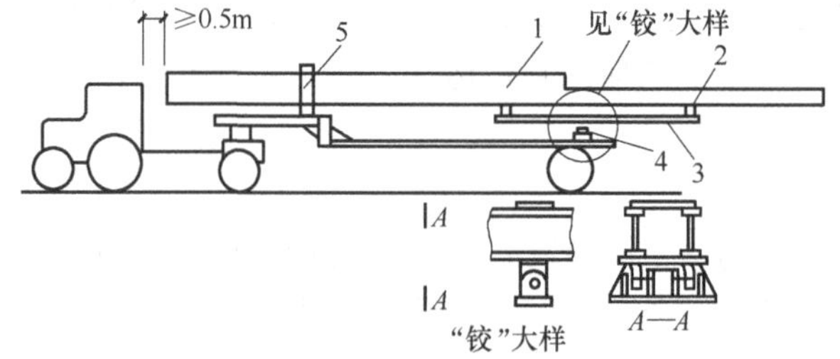

图 5-12 拖车上设置“平衡梁”三点支承运长柱

1—柱子；2—垫木；3—平衡梁；4—铰；5—支架(稳定柱子用)

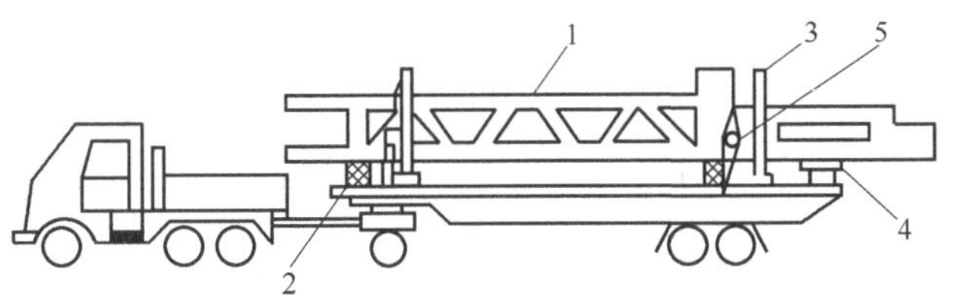

图 5-13　拖车上设置辅助垫点(擎点)运长柱

1—双支柱；2—垫木；3—支架；4—辅助垫点；5—捆绑钢丝绳及捯链

2)　屋面梁运输方法

屋面梁的长度一般为 6～15m。6m 长屋面梁可用载重汽车运输，如图 5-14 所示。9m 长以上的屋面梁，一般都在拖车平板上搭设支架运输，如图 5-15 所示。

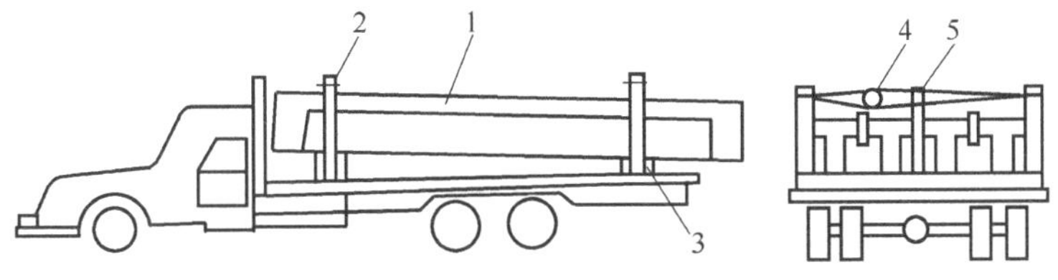

图 5-14　载重汽车运 6m 长屋面梁

1—屋面梁；2—运架立柱；3—垫木；4—捆绑钢丝绳及捯链；5—50mm×100mm 方木

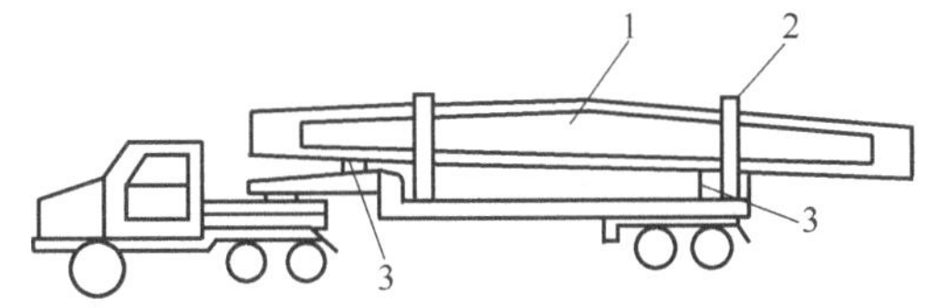

图 5-15　拖车运 9m 长屋面梁

1—屋面梁；2—运架立柱；3—垫木

屋架运输方式-汽车后挂小炮车运输.mp4

3)　屋架运输方法

6～12m 跨度的屋架或块体可用汽车或在汽车后挂“小炮车”运输，如图 5-16 所示。15～24m 跨度的整榀屋架可用平板拖车运输，如图 5-17 所示。

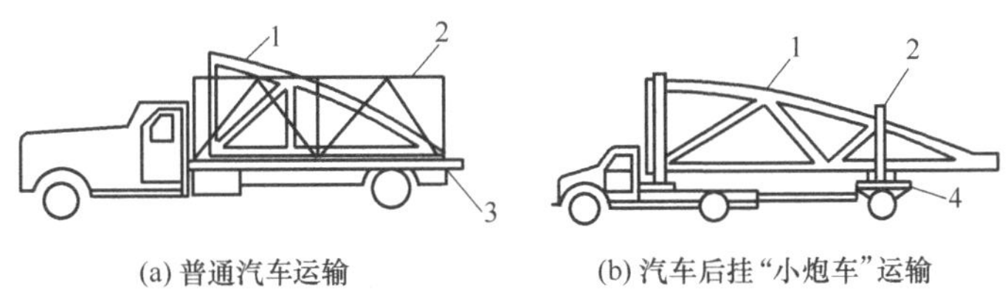

(a) 普通汽车运输　(b) 汽车后挂“小炮车”运输

图 5-16　载重汽车运屋架块体

1—屋架；2—钢运架；3—垫木；4—转盘

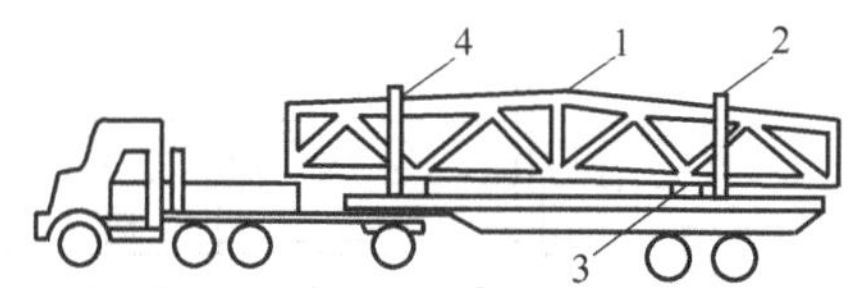

图 5-17　平板拖车运输 24m 以内整榀屋架

1—屋架；2—支架；3—垫木；4—捆绑钢丝绳及捯链

24m 以上的屋架，一般都采取半榀预制，用平板拖车运输(见图 5-18)，如采取整榀预制，则需在拖车平板上设置牢固的钢支架并设“平衡梁”进行运输。装车时屋架靠在支架两侧，每次装载两榀或四榀(根据屋架重量及拖车平板的载重能力确定)。屋架前端下弦至拖车驾驶室的距离不小于 0.25m，屋架后端距地面不小于 1m。屋架上弦与支架用绳索捆绑，下弦搁置在平衡梁上。在屋架两端用木杆将靠在支架两侧的屋架连成整体，并在支架前端与屋架之间绑一竹竿，以便顺利通过下垂的电线。

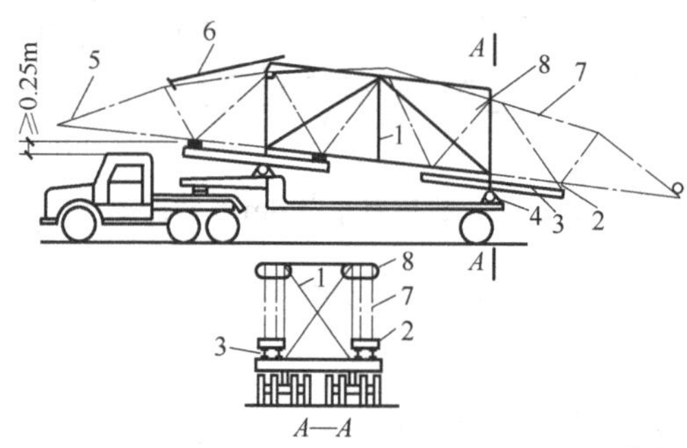

图 5-18　拖车运输 24m 以上整榀屋架

1—屋架；2—支架；3—垫木；4—捆绑钢丝绳及捯链；5—木杆；6—竹竿；7—屋架；8—捆绑绳索

3. 混凝土构件的堆放场地

构件堆放场.docx

装配式混凝土构件或在专业构件加工厂生产，或在现场就地预制。构件经养护后，绝大多数都需在成品场作短期储存。吊装前，一般都需脱模吊运至堆放场存放。

构件堆放场有专用堆放场、临时堆放场和现场堆放场三种。

1)　专用堆放场

专用堆放场是指设在构件预制厂内的堆放场。此种堆放场，一般设在靠近预制构件的生产线及起重机起重性能所能达到的范围内。

专用堆放场的地面要按照各类构件的几何尺寸和支承点来修建带形基础(混凝土或砖石砌体)。堆置时，应按构件类型分段分垛堆放，堆垛各层间用 100mm×100mm 的长方木或 100mm×100mm×200mm 的木垫块垫牢，且各层垫块必须在同一条垂直线上。同时要按吊装和运输的先后顺序堆放，并标明构件所在的工程名称、构件型号与尺寸及所在工程部位的列、线号。

2)　临时堆放场

当混凝土预制构件厂的预制构件生产量很大，设在场内的堆场容纳不下所生产出的构件时，就需设临时堆放场，将所生产的构件临时运入存放。临时堆放场应设在施工现场附近，其平面布置和构件堆放基本要求与专用堆放场相同。

3) 现场堆放场

现场堆放场是指构件在施工现场预制的场地和构件吊装前运输到现场安装地点就位堆放及拼装的场地。构件的现场预制分为一次就位预制(如柱子按吊装方案布置图一次就位预制)和二次倒运预制(如屋架在施工现场布置，在厂房跨内或跨外预制，起模后需用吊车吊运二次就位或用拖车二次倒运就位)两种方法。现场堆放场内构件堆放的平面布置根据施工组织设计确定。

4. 构件堆放方法

构件堆放根据构件的刚度、受力情况及外形尺寸采取平放或立放。板类构件一般采取平放，桁架类构件一般采取立放，柱子则视具体情况采取平放或立放(柱截面长边与地面垂直称立放，截面短边与地面垂直称平放)。普通柱、梁、板的堆放方法如图 5-19 所示；屋架、屋面梁和托架等构件在专用堆放场和临时堆放场的堆放方法如图 5-20 所示；屋架在现场就位的堆放方法如图 5-21 所示。

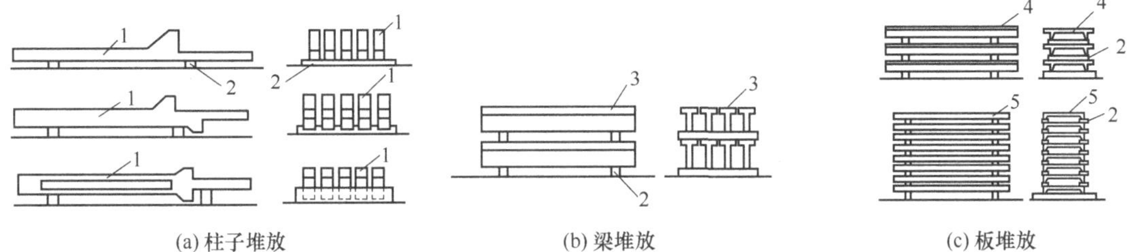

图 5-19 普通柱、梁、板的堆放方法

1—柱；2—垫木；3—T 形梁；4—双 T 板；5—大型屋架板

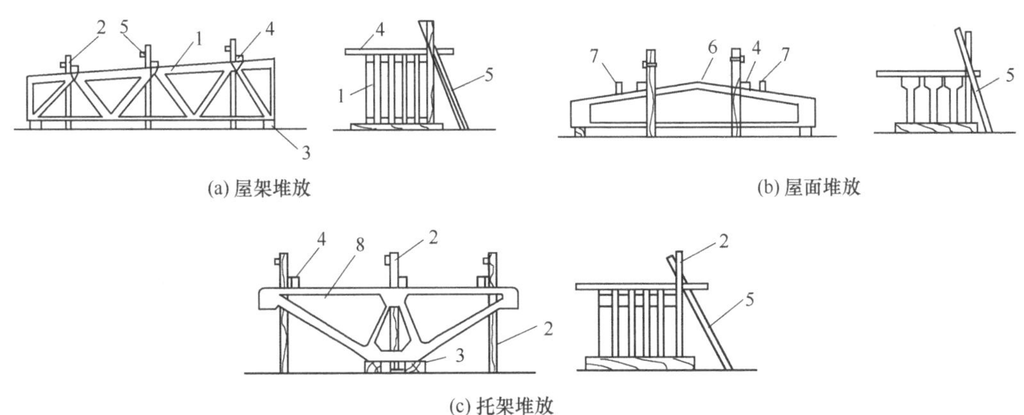

图 5-20 屋架、屋面梁和托架在专用堆放场的堆放方法

1—屋架；2—支架立柱；3—垫墩；4—横拉木杆；5—斜撑；6—屋面梁；7—吊环；8—托架

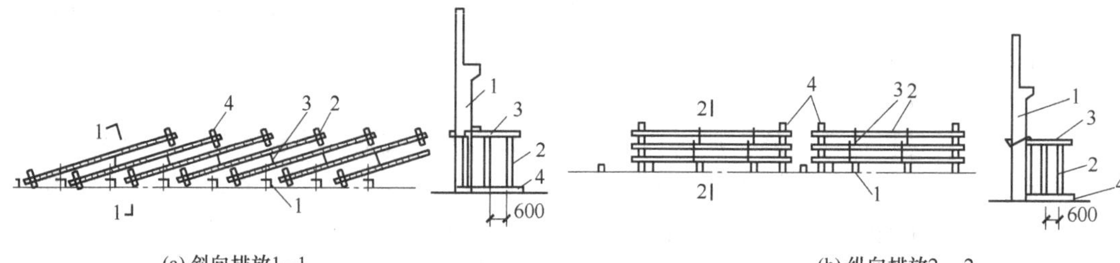

图 5-21　屋架在吊装现场的堆放方法

1—柱子；2—屋架；3—木杆；4—垫木

5. 构件堆放注意事项

(1) 堆放场地地面必须平整坚实，排水良好，以防构件因地面不均匀下沉而造成倾斜或倾倒摔坏。

(2) 构件应按工程名称、构件型号、吊装顺序分别堆放。堆放的位置应尽可能在起重机回转半径范围以内。

(3) 构件堆放的垫点应设在设计规定的位置。如设计未规定，应通过计算确定。

(4) 柱子堆放应注意避免变截面处(如牛腿的上平面位置)产生裂缝，一般宜将该处垫点设在牛腿以上，距牛腿面 30～40cm 处；单牛腿的柱子宜将牛腿向上堆置。

(5) 对侧向刚度差、重心较高、支承面较窄的构件，如屋架、薄腹梁等，在堆放时，除两端垫方木外，并须在两侧加设撑木，或将几个构件用长木杆以 8 号铅丝绑扎连接在一起，以防倾倒。

(6) 成垛堆放或叠层堆放的构件，应以 100mm×50mm 的长方木垫隔开。各层垫木的位置应紧靠吊环外侧并同在一条垂直线上。堆放高度应根据构件形状、重量、尺寸和堆垛的稳定性来决定。一般情况下，柱子不超过两层，梁不宜超过 3 层，大型屋面板不超过 8 层。

(7) 构件叠层堆放时必须将各层的支点垫实，并应根据地面耐压力确定下层构件的支垫面积。如一个垫点用一根道木不够，可用两根道木或采用砖砌支墩。

(8) 采用兜索起吊的大型空心板，堆放时应使两端垫木距板端的尺寸基本一致，以便吊装时可从两端对称地放入兜索。否则，板被吊起后一头高一头低，不好安装就位，并且可能发生兜索滑动使板摔落地面的事故。

(9) 当在宽板上堆放窄板时，应用截面 10cm×10cm 以上的长垫木支垫，如图 5-22 所示。这样可将窄板的重量传到宽板的纵肋上去而不致压坏板面。

(10) 构件堆放时，堆垛至原有建筑物的距离应在 2m 以上，每隔 2～3 堆垛设一条纵向通道，每隔 25m 设一条横向通道，通道宽度一般取 0.8～0.9m。

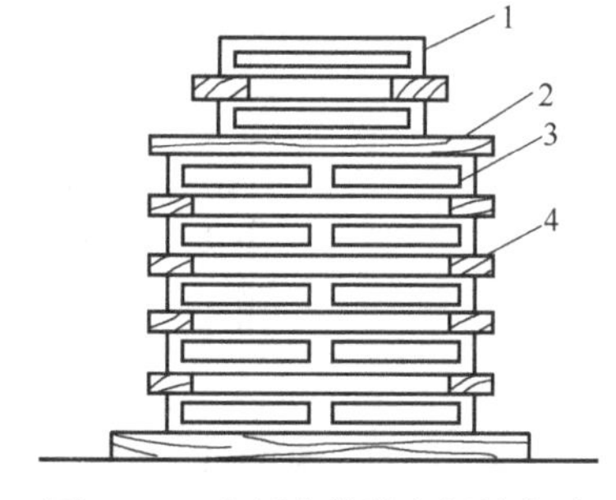

图 5-22　宽板上堆放窄板的方法

1—窄板；2—通长垫木；3—宽板；4—短垫木

(11) 构件堆放必须有一定挂钩和绑扎操作的空间。相邻的梁板类构件净距不得小于0.2m；相邻的屋架净距，要考虑安装支撑连接件及张拉预应力钢筋等操作的方便，一般可为0.6m。

(12) 屋架在现场堆放，当采用双机抬吊法吊装时，往往不能靠柱子堆放，此时，可在地上埋木杆稳定屋架。木杆埋设数量、埋深及截面尺寸，根据屋架跨度确定，如表5-1所示。

表5-1 埋设稳定屋架用木杆数量、深度及截面尺寸

屋架跨度(m)	埋杆数量(根)	埋设深度(cm)	木杆截面尺寸(cm)
18	2	80	12×12(或梢径ϕ10)
24	3	80	12×12(或梢径ϕ10)
27	3	100	14×14(或梢径ϕ12)
30	4	100	14×14(或梢径ϕ12)

混凝土预制构件(桥面板)的移运和堆放：

(1) 构件在脱底模、移运、堆放和吊装时，混凝土的强度不应低于设计所要求的吊装强度，一般不得低于设计强度的75%。

(2) 构件移运和堆放的支承位置应与吊点位置一致，并应支承牢固，避免损失构件。

(3) 吊移板式构件时，不得吊错上、下面，以免折断。构件运输时，应有特制的固定架以稳定构件。构件宜顺宽度方向侧立放置，并注意防止倾倒，如平放，两端吊点处必须设置支搁方木。

(4) 使用平板拖车运输构件时，车长应能满足支承间的距离要求，运输道路应平整，如有坑洼而高低不平时，事先修理平整。

(5) 构件的堆放场地整平夯实。构件按吊运及安装次序堆放，宜尽量缩短堆放的时间。

(6) 水平分层堆放构件时，其堆放高度应按构件的强度、地面承载力、垫木强度的稳定性而定。

(7) 雨季和春季融冻期间，必须注意防止因地面软化而下沉造成构件断裂及损坏。

5.2.3 混凝土构件的安装工艺

随着我国经济的快速发展，对施工现场的绿色节能环保要求的越发严格，如何在保证工程质量的前提下提高施工进度、减少施工现场环境污染、降低施工成本等显得尤为突出。为了促进建筑施工技术现代化，提高效率，缩短工期，保护环境，节能减排，并确保建筑物的质量和性能，引导房地产业更好可持续地发展，建筑工程的产业化已经是行业发展的趋势。产业化工程的突出特点就是装配式施工，而如何提高装配式建筑的整体性，降低构件加工、安装的难度，提高构件安装的质量，缩短安装时间等，成为影响产业化工程发展的主要因素。

音频.构件安装的工序.mp3

构件安装一般都要经历以下工序。

(1) 绑扎。绑扎点数和绑扎位置要合理，能保证构件在起吊中不致发生永久变形和断

裂。绑扎本身要牢固可靠，操作简便。

(2) 起吊就位。指起重机将绑扎好的构件安放到设计位置的过程。

(3) 临时固定。为提高起重机利用率，构件就位后应随即临时固定，以便起重机尽快脱钩起吊下一构件。临时固定要保证构件校正方便，在校正与最后固定过程中不致倾倒。

(4) 校正。全面校正安装构件的标高、垂直度、平面坐标等，使之符合设计和施工验收规范的要求。

(5) 最后固定。将校正好的构件按设计要求的连接方法，进行最后固定。

1. 柱子

1) 柱子的绑扎

柱的绑扎方法、绑扎位置和绑扎点数应视柱的形状、长度、截面、配筋、起吊方法及起重机性能等因素而定。一般常用的有一点绑扎、两点绑扎和多点绑扎等。一点绑扎在中小型柱的绑扎中最常用，绑扎点一般在牛腿下面，可以是单机起吊，也可以是双机抬吊。两点绑扎或多点绑扎主要用于柱身较长、配筋少或自重较大的情况下，以防止在起吊过程中柱身断裂。

按柱起吊后柱身是否垂直，分为斜吊绑扎法和直吊绑扎法。

(1) 斜吊绑扎法。

当柱平卧起吊的抗弯能力满足要求时，可采用斜吊绑扎。由于吊索歪在柱的一边，吊钩可低于柱顶，对保障起重高度有利。由于卡环的插销不带螺栓，当柱临时固定后，放松吊钩，拉动拉绳可将卡环的插销拔出，吊索便会自动解开落下。该方法的特点是柱不需翻身，起重钩可低于柱顶，当柱身较长、起重机臂长不够时，用此法较方便，但因柱身倾斜，就位时对中较困难。

(2) 直吊绑扎法。

当柱平卧起吊的抗弯能力不足时，吊装前需先将柱翻身，再进行绑扎起吊，这时就要采取直吊绑扎法。该方法的特点是吊索从柱的两侧引出，上端通过卡环或滑轮挂在铁扁担上；起吊时，铁扁担位于柱顶上，用锚具使柱身呈直立状态，便于柱垂直插入杯口和对中、校正。但由于铁扁担高于柱顶，需要较大的起重高度。

2) 柱子的起吊

柱子的起吊方法主要有旋转法和滑行法。按使用机械数量分，可分为单机起吊和双机抬吊。柱子的布置应与起吊方法相协调。

(1) 单机吊装。

① 旋转法。起重机边起钩边回转起重臂，使柱绕柱脚旋转而呈直立状态，然后将其插入杯口中。这种方法的操作要求：一是保护柱脚位置不动，并使吊点、柱脚中心和基础杯口中心在同一弧线上；二是圆弧半径即起重机的回转半径。此法吊升柱振动小，但对起重机的机动性要求较高，多用于中小型柱的吊装。

② 滑行法。在起吊柱子时，起重机只升起吊钩，不旋转吊臂，使柱脚随着吊钩上升而逐渐向前滑行，直至柱身直立插入基础杯口。采用此法起吊时，柱的绑扎点布置在杯口附近，并与杯口中心位于起重机的同一工作半径的圆弧上，以便将柱子吊离地面后，稍转动起重臂杆，即可就位。滑行法的要点：绑扎点要紧靠杯口，并与杯口在同一弧线上。此法操作简单、安全，主要用于柱较重、较长或起重机在安全荷载下的回转半径不够，现场

狭窄，柱无法按旋转法排放布置；或采用桅杆式起重机吊装等情况。为减少滑行阻力，可在柱脚下面设置托木或滚筒。

(2) 双机抬吊。

当柱子体型、质量较大，一台起重机为性能所限，不能满足吊装要求时，可采用两台起重机联合起吊，即双机抬吊。其起吊方法可分为滑行法(两点抬吊)、递送法和旋转法(一点抬吊)三种。

① 双机抬吊滑行法。

双机抬吊滑行法的操作要领与单机起吊滑行法基本相同。两台起重机相对而立，其吊钩均应位于基础上方。起吊时，为保证两台起重机能很好地协同工作，两台起重机应以相同的升钩、降钩、旋转速度工作，使两机协调一致。两机抬吊时，两机负荷大小分配一般可在绑扎点的柱侧附加垫木予以调剂。

② 双机抬吊递送法。

双机抬吊递送法是一种两点绑扎、双机抬吊的方法，实质上仍然是滑行法。它利用一台主机承担全部荷重，按滑行法起吊柱子，而另一台副机则起着柱子下端滚筒的作用，将柱脚吊离地面，与主机配合，将柱脚递送到杯口上。选用主机时，其起重能力应满足吊起柱子全部重量的需要。副机负荷为绑扎点支点反力，并据此选择副机的起重量。

采用双机抬吊递送法时，若一台主机不能负担全部荷载，还可另加一台主机，这样就成了三机抬吊。

③ 双机抬吊旋转法。

使用双机抬吊旋转法时，柱子的两个吊点与基础中心分别处于两台起重机向杯口回转的半径的圆弧上。两台起重机并立于柱的一侧，起吊时，先将两台起重机同时提升吊钩，使柱子吊离地面。然后两台起重机的起重臂同时向杯口旋转而不提升吊钩，起重机则在旋转的同时慢慢地提升吊钩，直至柱子由水平位置变为垂直位置至停于杯口上面为止。最后两台起重机在统一指挥下，同时以等速度缓慢落钩，将柱子插入杯口。

(3) 三机抬吊法。

柱子平面布置、操作方法与双机抬吊滑行法基本相同，适用于吊装重量、长度和截面尺寸特大型的柱子。起吊时，先用甲、乙双机抬吊，丙机递进，绑扎点设在柱根部，采用一点侧吊。当柱子由水平转为竖直位置后，丙机全部卸荷，柱子重量由甲、乙两台起重机负担，抬吊到杯口就位。

3) 柱子的对位与临时固定

柱脚插入杯口后，应在悬离杯底 30～50mm 处进行对位。对位时，应先沿柱子四周向杯口放入 8 只楔块，并用撬棍拨动柱脚，使柱子安装中心线对准杯口上的安装中心线，保证柱子的基本垂直。柱子对位完成后，即可落钩将柱脚放入杯底，随后将楔块略为打紧，并复查中线，待符合要求后，即可将楔子打紧，使之临时固定。

4) 柱子的校正

柱子校正有平面位置校正、垂直度校正和标高校正三种。

平面位置的校正，一般在柱临时固定前进行对位时就已完成，而柱标高在吊装前已通过按实际柱长调整杯底标高的方法进行了校正。

由于标高校正和平面位置校正已分别在吊装前和临时固定时进行，因此，柱子吊装后

主要进行垂直度的校正。柱子垂直度的校正，通常是用两台经纬仪在两垂直方向同时观测柱正面和侧面的中心。对中小型柱或垂直偏差值较小时，常用的校正方法有楔子配合钢钎扳正法；对重型柱则可用丝杆千斤顶平顶法、千斤顶或钢管支撑斜顶法、千斤顶立顶法、缆风绳校正法等。

2. 屋架

1) 屋架的扶直

钢筋混凝土屋架一般均在现场就地平卧叠层预制。吊装前要进行“翻身”扶直，并移往吊装前规定的位置。

按起重机与屋架相对位置不同，屋架扶直可分为正向扶直与反向扶直两种。

(1) 正向扶直。起重机位于屋架下弦一侧，首先以吊钩中心对准屋架上弦中点，收紧吊钩，然后略略起臂使屋架脱模，接着起重机升钩并升臂使屋架以下弦为轴缓慢转为直立状态。

(2) 反向扶直。起重机位于屋架上弦一侧，首先以吊钩对准屋架上弦中点，接着升钩并降臂，使屋架以下弦为轴缓慢转为直立状态。

正向扶直与反向扶直的区别在于扶直过程中，一升臂，一降臂，以保持吊钩始终在上弦中点的垂直上方。升臂比降臂易于操作且比较安全，应尽可能采用正向扶直。

2) 屋架的就位

屋架扶直后，应立即就位，即将屋架移往吊装前的规定位置。就位的位置与屋架的安装方法、起重机的性能有关。应考虑屋架的安装顺序、两端朝向等问题且应少占场地，便于吊装作业。一般靠柱边斜放或以 3～5 榀为一组平行柱边纵向就位，用支撑或 8 号铁丝等与已安装好的柱或已就位的屋架拉牢，以保持稳定。

3) 屋架的绑扎

屋架的绑扎点最好就是起吊时的吊点。屋架绑扎方式依屋架跨度、型式不同而异，其绑扎点数量和位置一般由设计确定。屋架的绑扎点应选在上弦节点处，左右对称，并高于屋架重心，以免屋架起吊后晃动和倾翻。若吊点与设计不符，尚应进行施工验算和加固。屋架绑扎时吊索与水平面的夹角α不宜小于 45°，以免屋架上弦杆承受过大的横向压力而受损。必要时，为了减小绑扎高度及所受的横向压力可采用横吊梁。屋架翻身扶直的绑扎点数应满足屋架侧向刚度的要求，尽量使屋架受力均匀。

吊点的数目及位置与屋架的型式和跨度有关，一般应经吊装验算确定。一般跨度小于 18m 的屋架，采用两点绑扎；跨度大于 18m 小于 30m 的屋架，采用四点绑扎，或两点绑扎另加一根辅助吊索，以免屋架倾斜摇摆，起吊时，辅助吊索只能稍微收紧，以免损伤屋架；跨度大于 30m 的屋架，采用四点或多点绑扎。绑扎点应左右对称，一般在屋架上弦节点处。屋架扶直后的堆放位置与起重机的性能和吊装方法有关，应考虑屋架的吊装顺序和两头朝向的问题。

4) 屋架的起吊、临时固定

(1) 屋架的起吊。

屋架的起吊先将屋架吊离地面约 500mm，然后将屋架转至吊装位置下方，再将屋架吊升超过柱顶约 300mm，最后将屋架缓慢放至柱顶，对准建筑物的定位轴线。

一般屋架均用单机进行吊装；当屋架跨度大于24m而重量又较轻时，可采用双机抬吊。单机吊装时，应尽量避免起重机负荷行走，大幅度地高空起落、回转。双机抬吊时，屋架立放在跨中，两台起重机一头一尾将其吊离地面后，一边旋转一边递送至安装位置就位。此时，应特别注意两机协调动作，避免超重。屋架就位时应使屋架的端头轴线与柱顶轴线重合，然后进行临时固定。

(2) 屋架的临时固定。

屋架的临时固定方法是：第一榀屋架由于是单片结构，侧向稳定性差，同时又是第二榀屋架的支撑，因此临时固定必须可靠，由此可用 4 根缆风绳从两边将屋架拉牢，亦可将屋架临时支撑在防风柱上。其他各榀屋架的临时固定是用2根工具式支撑(屋架校正器)撑在前一榀屋架上。

5) 屋架的校正与最后固定

屋架的垂直度可用经纬仪或线锤进行检查。用经纬仪检查竖向偏差的方法是在屋架上安装 3 个卡尺，一个安在上弦中点附近，另两个分别安在屋架两端。自屋架几何中心向外量出一定距离(一般500mm)，在卡尺上做出标记，然后在距离屋架中心线同样距离(500mm)处安设经纬仪，观测 3 个卡尺上的标记是否在同一垂直面上。用线锤检查屋架竖向偏差的方法与上述步骤基本相同，但标记距屋架几何中心的距离可短些(一般为 300mm)，在两端头卡尺的标记间连一通线，自屋架顶部卡尺的标记向下挂线锤，检查三个卡尺标记是否在同一垂直面上。若卡尺的标记不在同一垂直面上，可通过转动工具式支撑上的螺栓纠正偏差，并在屋架两端的柱顶垫入斜垫铁。

屋架经校正、临时固定后，应立即将其两端支承铁板与柱顶预埋铁板焊接牢固，完成屋架的最后固定。焊接时，屋架端头与柱顶预埋铁件缝隙用相应的斜铁垫实，然后在屋架两端对角线同时对称分段施焊。屋面板吊完一个节间后，方可拆除屋架的临时支撑系统。

3. 天窗架及屋面板的安装

天窗架可与屋架组合一次安装，亦可单独安装，视起重机能力和起吊高度而定。钢筋混凝土天窗架一般采用四点绑扎，其校正、临时固定亦可用缆风、木撑或临时固定器(校正器)进行。

屋面板、桥面均预埋有吊环，为充分发挥起重机效率，一般采用一钩多吊。屋面板的安装应自两边檐口左右对称地逐块吊向屋脊或两边左右对称地逐块吊向中央，屋架上弦弹出的轴线和板线就位，要求两端搭结一致，板缝均匀，以免支承结构不对称受荷。屋面板就位、校正后，应立即与屋架上弦或支承梁焊牢。

【案例 5-3】某车间 12m 钢筋混凝土屋面大梁，采用平卧生产方式，制作完成起吊后发现有 50%吊环附近混凝土局部压碎破裂，而且吊环发生偏斜，混凝土产生裂缝。试分析该现象产生的原因以及补救措施。

本章小结

本章对建筑工程中常用的结构安装工程中的起重机械和预制混凝土结构安装工程的相关知识进行了简单的介绍，帮助读者了解在结构安装工程中常用的三种起重机械，以及混凝土构件的预制、运输和堆放、安装等内容，从而对建筑施工技术有进一步的了解。

实训练习

一、单选题

1. 跨度大于(　　)m 的门式起重机和装卸桥应装设偏斜指示器或限制器。

   A. 40　　B. 20　　C. 50　　D. 60

2. 桥、门式起重机小车部分主要由小车运行机构和(　　)两部分所组成。

   A. 小车架　　B. 起升机构　　C. 吊钩　　D. 起重机安全作业

3. 《混凝土结构设计规范》规定，预应力混凝土构件的混凝土强度等级不应低于(　　)。

   A. C20　　B. C30　　C. C35　　D. C40

4. 柱子平卧抗弯承载力不足时，应采用(　　)。

   A. 直吊绑扎　　B. 斜吊绑扎　　C. 二点绑扎　　D. 一点绑扎

5. 柱子吊装后进行校正，其最主要的内容是校正(　　)。

   A. 柱平面位置　　B. 柱标高　　C. 柱距　　D. 柱子垂直度

二、多选题

1. 钢丝绳进行安全检查的内容有(　　)。

   A. 钢丝绳磨损和腐蚀情况　　B. 钢丝绳断丝及变形报废情况

   C. 钢丝绳的强度　　D. 钢丝绳的固定端和连接处

   E. 钢丝绳的新旧程度

2. 下列属于特种设备的有(　　)。

   A. 起重机械　　B. 电梯　　C. 冲压设备

   D. 压力容器　　E. 脚手架

3. 吊钩产生抖动的原因有(　　)。

   A. 吊绳长短不一　　B. 吊物重心偏高　　C. 操作时吊钩未对正吊物重心

   D. 歪拉斜吊　　E. 吊钩损坏

4. 滑行法吊升柱子时，柱子预制应使(　　)在同一圆弧上。

   A. 绑扎点　　B. 杯口中心点　　C. 柱脚中心点

   D. 柱牛腿中心点　　E. 柱顶中心点

5. 吊车梁平面位置的校核主要是检查(　　)。

   A. 柱牛腿标高　　B. 各吊车梁轴线　　C. 垂直度

   D. 两列吊车梁轴线间的跨距　　E. 预埋件位置

三、简答题

第 5 章答案.doc

1. 桅杆式起重机按其构造不同，可分为哪几种？
2. 混凝土预制构件的制作工艺有哪些？
3. 简述混凝土构件的安装工艺。

实训工作单一

<table>
<tr><td>班级</td><td></td><td>姓名</td><td></td><td>日期</td><td></td></tr>
<tr><td colspan="2">教学项目</td><td colspan="4">起重机械</td></tr>
<tr><td>任务</td><td>学习常用的起重机械</td><td colspan="2">学习途径</td><td colspan="2">本章案例及查找相关图书资源</td></tr>
<tr><td colspan="3">学习目标</td><td colspan="3">1. 了解起重机的概念
2. 掌握不同起重机械的构造</td></tr>
<tr><td colspan="3">学习要点</td><td colspan="3"></td></tr>
<tr><td colspan="6">学习查阅记录</td></tr>
<tr><td>评语</td><td colspan="3"></td><td>指导老师</td><td></td></tr>
</table>

实训工作单二

班级		姓名		日期	
教学项目		混凝土预制结构安装工程			
任务	学习混凝土预制结构的安装		学习途径	本章案例及查找相关图书资源	
学习目标			掌握混凝土预制结构安装的工艺流程		
学习要点					
学习查阅记录					
评语			指导老师		

第 6 章　钢结构工程

【教学目标】

1. 了解钢结构的相关概念。
2. 掌握钢构件的加工制作方法。
3. 掌握钢结构安装工程的工艺流程。

第 6 章-钢结构.pptx

【教学要求】

本章要点	掌握层次	相关知识点
钢结构的相关概念	1. 了解钢结构的发展 2. 熟悉钢结构的优缺点	钢结构概述
钢构件的加工制作方法	1. 了解钢结构加工前的准备工作 2. 掌握钢结构构件的制作工艺 3. 掌握构件成品表面处理的方法 4. 熟悉钢结构构件的拼装	钢结构构件的加工制作
钢结构的安装	1. 熟悉钢构件的运输、堆放要求 2. 掌握钢结构安装工程的工艺流程 3. 熟悉钢结构安装工程安全技术要求	钢结构安装工程

【案例导入】

1. 工程概况

某国际展览馆建筑面积达 6 万多平方米，主馆由 A、B、C、D 4 个展馆组成。这 4 个展馆的建筑造型和结构体系完全相同，且相互独立。

单个展馆的平面尺寸为 172m × 73m，横向两端各悬挑 2.6m，纵向两侧悬挑 8.85m，东侧悬挑 2.6m。屋面结构采用螺栓节点网架，下弦柱点支承，网架屋面材质为 Q235B，屋架最高点的标高为 23.157m，矢高 2.38～4.5m。采用箱形柱，柱与屋面结构交接，采用过渡钢板加螺栓的平板压力支座，柱脚为外包式刚接柱脚。

该网架结构中部为平面桁架体系，其外部在横向两端为正方四角锥网架，平面桁架之间在上下弦平面内用刚性连系杆与两侧四角锥网架体系，形成中部浅拱支撑结构体系。主馆网架结构使用滑移脚手架施工安装平台，采用高空散装法进行施工。

2. 事故发生经过

某年某月某时，A 馆作业时突然倒塌。A 馆当时的施工状态为：除西侧悬挑部分，大面积网架安装已经完成，形成受力体系，屋面系统尚未安装，处于自重受力状态。其他 3 个馆屋面系统已经安装完成，处于自重和屋面恒载受力状态。

A 馆当时有两组工人在同时作业，一组在建筑物西侧吊装悬挑部分锥体，另一组在更换弯曲杆件。据当事人介绍，一名施工人员在用焊机切割更换一根上弦杆时，网架发生剧烈晃动，然后中间钢柱向内倾斜，网架中部出现下陷，随后由中间沿长度方向向两边波及，网架整体落地后，上弦向东侧倾倒，整个过程不到一分钟。另据目击者描述，网架坍塌过程中，纵向中部有两根杆件相继出现“下摆”现象，疑似为下弦杆。

经过事故现场进行勘察发现，网架坍塌部位主要集中在平面桁架部分；南北两端的柱大部分发生倾斜，很多钢柱与基础脱离，南面基础混凝土发生不同程度脆裂，部分柱锚被拉断；中间的平面桁架呈现由西向东多米诺骨牌式的跌倒状，杆件弯曲，多处螺栓节点被剪断；南北两端的 3 层网架基本上整体坍塌，东西两端的四角锥网架并未发生倒塌，但部分杆件弯曲变形；北端的钢柱随网架一同倒塌，南端的网架与支座脱离。

【问题导入】

试分析造成该工程坍塌事故的原因。

6.1 钢结构概述

6.1.1 钢结构的发展历程

钢结构是由钢制材料组成的结构，是主要的建筑结构类型之一。结构主要由型钢和钢板等制成的钢梁、钢柱、钢桁架等构件组成，各构件或部件之间通常采用焊缝、螺栓或铆钉连接。因其自重较轻，且施工简便，广泛应用于大型厂房、场馆、超高层等领域。

中国虽然早期在铁结构方面有卓越的成就，但长期停留于铁制建筑物的水平。直到 19 世纪末，我国才开始采用现代化钢结构。新中国成立后，钢结构的应用有了很大的发展，不论在数量上或质量上都远远超过了过去。轻钢结构的楼面由冷弯薄壁型钢架或组合梁、楼面 OSB 结构板，支撑、连接件等组成。所用的材料是定向刨花板、水泥纤维板以及胶合板。在这些轻质楼面上每平方米可承受 316～365kg 的荷载。

钢结构.mp4

钢结构建筑的多少，标志着一个国家或一个地区的经济实力和经济发达程度。进入 2000 年以后，我国国民经济显著增长，国力明显增强，钢产量成为世界大国，在建筑中提出了要“积极、合理地用钢”，从此甩掉了“限制用钢”的束缚，钢结构建筑在经济发达地区逐渐增多。特别是 2008 年前后，在奥运会的推动下，出现了钢结构建筑热潮，强劲的市场需求，推动钢结构建筑迅猛发展，建成了一大批钢结构场馆、机场、车站和高层建筑。其中，有的钢结构建筑在制作安装技术方面具有世界一流水平，如奥运会国家体育场等建筑。

奥运会后，钢结构建筑得到普及和持续发展，钢结构广泛应用到建筑、铁路、桥梁和住宅等方面(见图 6-1)，各种规模的钢结构企业数以万计，世界先进的钢结构加工设备基本齐全，如多头多维钻床、钢管多维相贯线切割机、波纹板自动焊接机床等。并且现在数百家钢结构企业的加工制作具有世界先进水平，如钢结构制作特级和一级企业。近几年，钢产量每年多达 6 亿多吨，钢材品种完全能满足建筑需要。钢结构设计规范、钢结构材料标准、钢结构工程施工质量验收规范以及各种专业规范和企业工法基本齐全。

图 6-1　钢结构

钢结构下游行业对钢结构行业的发展具有较大的牵引和驱动作用，它们的需求变化直接决定了行业未来的发展状况。

1. 钢结构的上游行业为钢铁等原材料供应行业

钢铁行业是钢结构产业发展的物质基础，钢铁行业的技术进步为钢结构的应用创造了有利条件。国内钢铁行业的一些大企业已经开始了建筑结构用钢的品种和技术的研发，相继开发了高强钢和耐火、耐候、耐海水、抗层状撕裂、抗低温用钢，以及 H 型钢、高性能彩涂钢板、冷弯型钢等，为钢结构产业的发展奠定了良好的应用基础。

2. 上下游对本行业的影响

钢结构的上游主要是钢铁行业，钢材产品价格波动直接影响本行业的采购成本。从整体上看，上游行业基本属于竞争性行业，生产用于钢结构的各类钢板、钢管、型钢等钢材，其中 H 型钢和中厚板是钢结构建筑中最为常用的产品。冶金工业规划研究院日前发布的 2019 年我国钢铁需求预测成果报告显示：2019 年我国钢材需求量约为 8.0 亿吨，同比下降 2.4%；除亚洲外，全球大部分地区钢材需求量仍将保持增长，全球钢材消费格局变化不大。

下游行业对钢结构行业的发展具有较大的牵引和驱动作用，它们的需求变化直接决定了行业未来的发展状况。钢结构以其强度高、自重轻、抗震性能好、工业化程度高、施工周期短、可塑性强、节能环保等综合优势，在工业厂房、市政基础设施建设、文教体育建设、电力、桥梁、海洋石油工程、航空航天等行业得到了广泛的应用，市场空间逐步扩大。另外，一旦住宅钢结构市场取得突破，逐步取代传统建筑形态进入住宅建设领域，钢结构行业将引来爆发性的增长。

6.1.2 钢结构的优点

音频.钢结构的优缺点.mp3

钢结构与其他建设相比，在使用中、设计、施工及综合经济方面都具有优势。

(1) 钢结构住宅比传统建筑能更好地满足建筑上大开间灵活分隔的要求，并可通过减少柱的截面面积和使用轻质墙板，提高面积使用率，户内有效使用面积提高约 6%。

(2) 节能效果好，墙体采用轻型节能标准化的 C 型钢、方钢、夹芯板，保温性能好，抗震度好，节能 50%。

(3) 将钢结构体系用于住宅建筑可充分发挥钢结构的延性好、塑性变形能力强，具有优良的抗震抗风性能，大大提高了住宅的安全可靠性。尤其在遭遇地震、台风灾害的情况下，钢结构能够避免建筑物的倒塌性破坏。

(4) 建筑总重轻，钢结构住宅体系自重轻，约为混凝土结构的一半，可以大大减少基础造价。

(5) 施工速度快，工期比传统住宅体系至少缩短三分之一，一栋 1000 平方米的建筑只需 20 天 5 个工人即可完工。

(6) 环保效果好。钢结构住宅施工时大大减少了砂、石、灰的用量，所用的材料主要是绿色、100%回收或降解的材料，在建筑物拆除时，大部分材料可以再用或降解，不会造成垃圾。

(7) 结构空间灵活、丰实。大开间设计，户内空间可多方案分割，满足用户的不同需求。

(8) 符合住宅产业化和可持续发展的要求。钢结构适宜工厂大批量生产，工业化程度高，并且能将节能、防水、隔热、门窗等先进成品集合于一体，成套应用，将设计、生产、施工一体化，提高建设产业的水平。

钢结构与普通钢筋混凝土结构相比，其具有匀质、高强、施工速度快、抗震性好和回收率高等优越性，钢比砖石和混凝土的强度和弹性模量要高出很多倍，因此在荷载相同的条件下，钢构件的质量轻。从被破坏方面看，钢结构是在事先有较大变形预兆，属于延性破坏结构，能够预先发现危险，从而避免。

钢结构厂房具有总体轻、节省基础、用料少、造价低、施工周期短、跨度大、安全可靠、造型美观、结构稳定等优势。钢结构厂房广泛应用于大跨度工业厂房、仓库、冷库、高层建筑、办公大楼、多层停车场及民宅等建筑行业。

6.1.3 钢结构的缺点

1. 钢结构工程中的质量问题

1) 复杂性

钢结构工程项目施工质量问题的复杂性，主要表现在引发质量问题的因素繁多，产生质量问题的原因也复杂，即使是同一性质的质量问题，原因有时也不一样，从而质量问题的分析、判断和处理增加了复杂性。例如焊接裂缝，其既可发生在焊缝金属中，也可发生在母材热影响中，既可在焊缝表面，也可在焊缝内部；裂缝走向既可平行于焊道，也可垂直于焊道，裂缝既可能是冷裂缝，也可能是热裂缝；产生原因也有焊接材料选用不当和焊接预热或后热不当之分。

2) 严重性

钢结构工程项目施工质量问题的严重性表现在：一般的，影响施工顺利进行，造成工期延误，成本增加；严重的，建筑物倒塌，造成人身伤亡，财产受损，引起不良的社会影响。

3) 可变性

钢结构工程施工质量问题还将随着外界变化和时间的延长而不断地发展变化，质量缺陷逐渐体现。例如，钢构件的焊缝由于应力的变化，使原来没有裂缝的焊缝产生裂缝；由于焊后在焊缝中有氢的活动的作用可产生延迟裂缝。又如构件长期承受过载，则钢构件会产生下拱弯曲变形，产生隐患。

4) 频发性

由于我国现代建筑都是以混凝土结构为主，从事建筑施工的管理人员和技术人员对钢结构的制作和施工技术相对比较生疏，以民工为主的具体施工人员更不懂钢结构工程的科学施工方法，导致施工过程中的事故时常发生。

2. 折叠钢结构易腐蚀

钢结构必须注意防护，特别是薄壁构件，因此，处于较强腐蚀性介质内的建筑物不宜采用钢结构。钢结构在涂油漆前应彻底除锈，油漆质量和涂层厚度均应符合相关规范要求。在设计中应避免使结构受潮、漏雨，构造上应尽量避免存在于检查、维修的死角。新建造的钢结构一般隔一定时间都要重新刷涂料，维护费用较高。国内外正在发展各种高性能的涂料和不易锈蚀的耐候钢，钢结构耐锈蚀性差的问题有望得到解决。

3. 折叠钢结构耐热不耐火

温度超过250℃时，材质发生较大变化，不仅强度逐步降低，还会发生蓝脆和徐变现象。温度达600℃时，钢材进入塑性状态不能继续承载。

4. 折叠钢结构断裂

钢结构在低温和某些条件下，可能发生脆性断裂，还有厚板的层状撕裂，都应引起设计者的特别注意。

5. 折叠钢材较贵

采用钢结构后结构造价会略有增加，往往影响业主的选择。其实上部结构造价占工程总投资的比例很小，增加幅度约为10%。而以高层建筑为例，增加幅度不到2%。显然，结构造价单一因素不应作为决定采用何种材料的依据。如果综合考虑各种因素，尤其是工期优势，则钢结构将日益受到重视。

【案例6-1】某市发生倒塌事故，钢结构主体倒成弧形压在相邻平房上，与平房相连的一间小屋被压垮。倒塌的钢构楼内，是钢架和碎裂的楼板。事故发生的原因是由于地基太浅，楼房整体框架是钢结构，自重大，导致了整体的倾塌。试分析钢结构的地基标准。

6.1.4 钢结构的应用范围

1. 大跨度结构

结构跨度越大，自重在全部荷载中所占比重也就越大，减轻结构自重可以获得明显的经济效果。钢结构强度高而重量轻，特别适合于大跨结构，如大会堂、体育馆、飞机装配车间以及铁路、公路桥梁等。

2. 重型工业厂房结构

在跨度、柱距较大，有大吨位吊车的重型工业厂房以及某些高温车间，可以部分采用钢结构(如钢屋架、钢吊车梁)或全部采用钢结构(如冶金厂的平炉车间、重型机器厂的铸钢车间、造船厂的船台车间等)。

3. 受动力荷载影响的结构

设有较大锻锤或产生动力作用的厂房，或对抗震性能要求高的结构，宜采用钢结构，因钢材有良好的韧性。

4. 高层建筑和高耸结构

当房屋层数多和高度大时，采用其他材料的结构，会给设计和施工增加困难，因此，高层建筑的骨架宜采用钢结构。

高耸结构包括塔架和桅杆结构，如高压电线路的塔架、广播和电视发射用的塔架、桅杆等，宜采用钢结构。

5. 可拆卸的移动结构

需要搬迁的结构，如建筑工地生产和生活用房的骨架，临时性展览馆等，用钢结构最为适宜，因钢结构重量轻，而且便于拆装。

6. 容器和其他构筑物

冶金、石油、化工企业大量采用钢板制作容器，包括油罐、气罐、热风炉、高炉等。此外，经常使用的还有皮带通廊栈桥、管道支架等钢构筑物。

7. 轻型钢结构

当荷载较小时，小跨度结构的自重也就成为一个重要因素，这时采用钢结构较为合理。这类结构多用圆钢、小角钢或冷弯薄壁型钢制作。

6.2 钢结构构件的加工制作

6.2.1 加工制作前的准备工作

1. 详图设计和审查图纸

一般设计院提供的设计图，不能直接用来加工制作钢结构，而是要考虑加工工艺，如公差配合、加工余量、焊接控制等因素后，在原设计图的基础上绘制加工制作图(又称施工详图)。详图设计一般由加工单位负责进行，应根据建设单位的技术设计图纸以及发包文件中所规定的规范、标准和要求进行。加工制作图是最后沟通设计人员及施工人员意图的详图，是实际尺寸、画线、剪切、坡口加工、制孔、弯制、拼装、焊接、涂装、产品检查、堆放、发送等各项作业的指示书。

图纸审核的主要内容包括以下项目。

(1) 设计文件是否齐全，设计文件包括设计图、施工图、图纸说明和设计变更通知单等。

(2) 构件的几何尺寸是否标注齐全。

(3) 相关构件的尺寸是否正确。

(4) 节点是否清楚，是否符合国家标准。

(5) 标题栏内构件的数量是否符合工程和总数量。

(6) 构件之间的连接形式是否合理。

(7) 加工符号、焊接符号是否齐全。

(8) 结合本单位的设备和技术条件考虑，能否满足图纸上的技术要求。

(9) 图纸的标准化是否符合国家规定等。

图纸审查后要做技术交底准备，其内容主要有：

(1) 根据构件尺寸考虑原材料对接方案和接头在构件中的位置。

(2) 考虑总体的加工工艺方案及重要的工装方案。

(3) 对构件的结构不合理处或施工有困难的地方，要与需方或者设计单位做好变更签证的手续。

(4) 列出图纸中的关键部位或者有特殊要求的地方，加以重点说明。

2. 备料和核对

根据图纸材料表计算出各种材质、规格、材料净用量，再加一定数量的损耗提出材料预算计划。工程预算一般可按实际用量所需的数值再增加10%进行提料和备料。核对来料的规格、尺寸和重量，仔细核对材质；如进行材料代用，必须经过设计部门同意，并进行相应修改。

3. 编制工艺流程

编制工艺流程的原则是能以最快的速度、最少的劳动量和最低的费用，可靠地加工出符合图纸设计要求的产品。

编制工艺流程表(或工艺过程卡)基本内容包括零件名称、件号、材料牌号、规格、件数、工序名称和内容、所用设备和工艺装备名称及编号、工时定额等。关键零件还要标注加工尺寸和公差，重要工序要画出工序图。

音频.编制工艺流程表的内容.mp3

4. 组织技术交底

上岗操作人员应进行培训和考核，特殊工种应进行资格确认，充分做好各项工序的技术交底工作。技术交底按工程的实施阶段可分为两个层次。

第一个层次是开工前的技术交底会，参加的人员主要有：工程图纸的设计单位、工程

建设单位、工程监理单位及制作单位的有关部门和有关人员。技术交底主要内容有：

(1) 工程概况；

(2) 工程结构件的类型和数量；

(3) 图纸中关键部位的说明和要求；

(4) 设计图纸的节点情况介绍；

(5) 对钢材、辅料的要求和原材料对接的质量要求；

(6) 工程验收的技术标准说明；

(7) 交货期限、交货方式的说明；

(8) 构件包装和运输要求；

(9) 涂层质量要求；

(10) 其他需要说明的技术要求。

第二个层次是在投料加工前进行的本工厂施工人员交底会，参加的人员主要有：制作单位的技术、质量负责人，技术部门和质检部门的技术人员、质检人员，生产部门的负责人、施工员及相关工序的代表人员等。此类技术交底主要内容除上述 10 点外，还应增加工艺方案、工艺规程、施工要点、主要工序的控制方法、检查方法等与实际施工相关的内容。

5. 钢结构制作的安全工作

钢结构生产效率很高，工件在空间大量、频繁地移动，各个工序中大量采用的机械设备都须做必要的防护和保护。因此，生产过程中的安全措施极为重要，特别是在制作大型、超大型钢结构时，必须十分重视安全事故的防范。

(1) 进入施工现场的操作者和生产管理人员均应穿戴好劳动防护用品，按规程要求操作。

(2) 对操作人员进行安全学习和安全教育，特殊工种必须持证上岗。

(3) 为了便于钢结构的制作和操作者的操作活动，构件宜在一定高度上测量。装配组装胎架、焊接胎架、各种搁置架等，均应与地面离开 0.4～1.2m。

(4) 构件的堆放、搁置应十分稳固，必要时应设置支撑或定位。构件堆垛不得超过二层。

(5) 索具、吊具要定时检查，不得超过额定荷载。正常磨损的钢丝绳应按规定更换。

(6) 所有钢结构制作中各种胎具的制造和安装，均应进行强度计算，不能仅凭经验估算。

(7) 生产过程中所使用的氧气、乙炔、丙烷、电源等必须有安全防护措施，并定期检测泄漏和接地情况。

(8) 对施工现场的危险源应做出相应的标志、信号、警戒等，操作人员必须严格遵守各岗位的安全操作规程，以避免意外伤害。

(9) 构件起吊应听从一个人的指挥。构件移动时，移动区域内不得有人滞留和通过。

(10) 所有制作场地的安全通道必须畅通。

6.2.2 零件加工

钢结构构件的加工工序：按设计图纸放样→号料→钢材下料切割(剪切、冲切、锯切、气割等)→矫正和弯曲成型→钢构件边缘加工(铲边、刨边、铣边、切割等)→制孔(冲孔或钻孔)→钢构件组装→摩擦面处理及构件成品防腐涂装。

1. 钢构件的放样、号料与下料

放样和号料是整个钢结构制作工艺中的第一道工序，其工作的准确与否将直接影响到整个产品的质量，至关重要。为了提高放样和号料的精度和效率，有条件时，应采用计算机辅助设计。

1) 放样

放样是根据产品施工详图或零部件图样要求的形状和尺寸，按照1∶1的比例把产品或零部件的实形画在放样台或平板上，求取实长并制成样板的过程。对比较复杂的壳体零部件，还需要作图展开。

放样的步骤如下。

(1) 仔细阅读图纸，并对图纸进行核对。

(2) 以1∶1的比例在样板台上弹出大样。当大样尺寸过大时，可分段弹出。尺寸划法应避免偏差累积。

(3) 制作样板和样杆作为下料弯曲、铣、刨、制孔等加工的依据。

2) 号料

号料就是根据样板在钢材上画出构件的实样，并打上各种加工记号，为钢材的切割下料做准备。号料应统筹安排，长短搭配，先大后小，对焊缝较多、加工量大的构件应先号料。

号料时应注意以下问题。

(1) 号料应使用经过检查合格的样板与样杆进行套裁，不得直接使用钢尺。

(2) 不同规格、不同钢号的零件应分别号料，并依据先大后小的原则依次号料。对于需要拼接的同一构件，必须同时号料，以便拼接。

(3) 号料时，同时画出检查线、中心线、弯曲线，并注明接头处的字母、焊缝代号。

(4) 号孔应使用与孔径相等的圆规规孔，并打上样冲做出标记，便于钻孔后检查孔位是否正确。

(5) 弯曲构件号料时，应标出检查线，用于检查构件在加工、装焊后的曲率是否正确。

(6) 在号料过程中，应随时在样板、样杆上记录下已号料的数量，号料完毕，则应在样板、样杆上注明并记下实际数量。

3) 切割下料

切割的目的就是将放样和号料的零件形状从原材料上进行下料分离。钢材的切割可以通过切削、冲剪、摩擦机械力和热切割来实现。常用的切割方法有机械剪切、气割和等离子切割三种。切割前应清除钢材表面的铁锈、污物，气割后应清除熔渣和飞溅物。

2. 钢构件矫正、边缘加工、制孔

1) 矫正

钢材使用前，由于材料内部的残余应力及存放、运输、吊运不当等原因，会引起钢材原材料变形；在加工成型过程中，由于操作和工艺原因会引起成型件变形；构件连接过程

中会存在焊接变形等。为了保证钢结构的制作及安装质量，必须对不符合技术标准的材料、构件进行矫正。钢结构的矫正，就是通过外力或加热作用，使钢材较短部分的纤维伸长；或使较长的纤维缩短，以迫使钢材反变形，使材料或构件达到平直及一定几何形状的要求并符合技术标准的工艺方法。矫正的形式主要有矫直、矫平、矫形三种。矫正按外力来源分为火焰矫正、机械矫正和手工矫正等；按矫正时钢材的温度分为热矫正和冷矫正。

在钢材或构件的矫正过程中，应注意以下几点。

(1) 为了保证钢材在低温情况下受到外力不至于产生冷脆断裂，碳素结构钢在环境温度低于-16℃时，低合金结构钢在环境温度低于-12℃时，不得进行冷矫正。

(2) 由于考虑到钢材的特性、工艺的可行性以及成型后的外观质量的限制，规定冷矫正和冷弯曲的最小曲率半径和最大弯曲矢高应符合有关的规定。

(3) 矫正时，应尽量避免损伤钢材表面，其划痕深度不得大于 0.5mm，且不得大于该钢材厚度负偏差的 1/2。

2) 边缘加工

在钢结构制造中，经过剪切或气割过的钢板边缘，其内部结构会发生硬化。为了保证桥梁或重型吊车梁等重型构件的质量，需要对边缘进行加工，其刨切量不应小于 2.0mm。

此外，为了保证焊缝质量，考虑到装配的准确性，要将钢板边缘刨成或铲成坡口，往往还要将边缘刨直或铣平。

3) 制孔

钢结构中的孔包括铆钉孔、普通螺栓连接孔、高强度螺栓孔、地脚螺栓孔等，制孔通常有钻孔和冲孔两种。

(1) 钻孔是钢结构制造中普遍采用的方法，能用于几乎任何规格的钢板、型钢的孔加工。钻孔的原理是切削，故孔壁损伤较小，孔的精度较高。钻孔在钻床上进行，当构件因受场地狭小限制，加工部位特殊，不便于使用钻床加工时，则可用电钻、风钻等加工。

(2) 冲孔是在冲孔机(冲床)上进行，一般只能在较薄的钢板和型钢上冲孔，且孔径一般不小于钢材的厚度，亦可用于不重要的节点板、垫板和角钢拉撑等小件加工。冲孔生产效率较高，但由于孔的周围产生冷作硬化，孔壁质量较差，有孔口下塌、孔的下方增大的倾向，所以，除孔的质量要求不高，或作为预制孔(非成品孔)外，在钢结构中较少直接采用。当地脚螺栓孔与螺栓的间距较大时，即孔径大于 50mm 时，也可以采用火焰割孔。

6.2.3 构件成品的表面处理

1. 钢结构涂装工程

钢结构在常温大气环境中易受大气中水分、氧和其他污染物的作用而被腐蚀，不仅造成经济损失，还直接影响到结构安全。另外，钢材由于其导热快，比热小，极不耐火，未加防火处理的钢结构构件在火灾温度作用下，温度上升很快，只需十几分钟，自身温度就可达 540℃以上，此时钢材的力学性能都将急剧下降；达到 600℃时，强度则几乎为零，钢构件不可避免地扭曲变形，最终导致整个结构的垮塌毁坏。目前国内外主要采用涂料涂装的方法进行钢结构的防腐与防火。

2. 钢材除锈

钢铁除锈.docx

钢材除锈.mp4

《涂装前钢材表面锈蚀等级和除锈等级》(GB 8923—1988)将除锈等级分成喷射或抛射除锈、手工和动力工具除锈、火焰除锈三种类型。

1) 喷射或抛射除锈

用字母“Sa”表示，分四个等级：Sa1(轻度的喷射或抛射除锈)、Sa2(彻底的喷射或抛射除锈)、Sa21/2(非常彻底的喷射或抛射除锈)、Sa3(使钢材表观洁净的喷射或抛射除锈)。

2) 手工和动力工具除锈

手工和动力工具除锈用字母“St”表示，分两个等级：St2(彻底手工和动力工具除锈)、St3(非常彻底手工和动力工具除锈)。

3) 火焰除锈

以字母“F1”表示，钢材表面应无氧化皮、铁锈和油漆涂层等附着物，任何残留的痕迹应仅为表面变色(不同颜色的暗影)。

目前国内各大、中型钢结构加工企业一般都具备喷射、抛射除锈的能力，所以应将喷射、抛射除锈作为首选的除锈方法。

3. 钢结构防腐涂料

钢结构防腐涂料是一种含油或不含油的胶体溶液，涂料分底漆和面漆两种。

底漆是直接涂在钢材表面上的漆。面漆是涂在底漆上的漆，含粉料少，基料多，成膜后有光泽，主要功能是保护下层底漆。面漆对大气和湿气有高度的不渗透性，并能抵抗由腐蚀介质、阳光紫外线所引起的风化分解。

钢结构的防腐涂层，可由几层不同的涂料组合而成。涂料的层数和总厚度是根据使用条件来确定的，一般室内钢结构要求涂层总厚度为 125μm，即底漆和面漆各两道。高层建筑钢结构一般处在室内环境中，而且要喷涂防火涂层，所以通常只刷两道防锈底漆。

常用的防腐涂装的施工方法有刷涂法和喷涂法两种。

刷涂法应用较广泛，适宜于油性基料刷涂。一些形状复杂的构件，使用刷涂法也比较方便。

喷涂法施工工效高，适合于大面积施工，对于快干和挥发性强的涂料尤为适合。喷涂的漆膜较薄，为了达到设计要求的厚度，有时需要增加喷涂的次数。喷涂施工比刷涂施工涂料损耗大，一般要增加 20%左右。

钢结构防火涂料按涂层的厚度分为两类。

B 类(即薄涂型钢结构防火涂料)涂层厚度一般为 2～7mm，耐火极限一般为 0.5～2h，故又称为钢结构膨胀防火涂料。室内裸露钢结构、轻型屋盖钢结构及有装饰要求的钢结构，当规定其耐火极限在 1.5h 及以下时，宜选用薄涂型钢结构防火涂料。注意不应把薄涂型钢结构防火涂料用于保护耐火极限为 2h 以上的钢结构。

H 类(厚涂型钢结构防火涂料)涂层厚度一般为 8～50mm，耐火极限为 0.5～3h，又称为钢结构防火隔热涂料。室内隐蔽钢结构、多层及高层全钢结构、多层厂房钢结构，当规定其耐火极限在 2.0h 及以上时，宜选用厚涂型钢结构防火涂料。

露天钢结构，如石油化工企业、油(汽)罐支撑、石油钻井平台等钢结构，应选用符合室外钢结构防火涂料产品规定的厚涂型或薄涂型钢结构防火涂料。不得将室内钢结构防火涂料未加改进和采取有效的防火措施，直接用于喷涂保护室外的钢结构。

6.2.4 构件拼装

钢结构构件的拼装是指按照施工图的要求，把已加工完成的各零件或半成品构件，用装配的手段组合成为独立的成品，这种装配的方法通常称为拼装。

由于受运输、吊装等条件的限制，有时构件要分成两段或若干段出厂，为了保证安装的顺利进行，需根据构件或结构的复杂程序和设计要求，在出厂前进行预拼装。除管结构为立体预拼装并可设卡、夹具外，其他结构一般均为平面拼装，且构件应处于自由状态，不得强行固定。

钢结构的组装方法包括立装法、卧装法、胎模装配法等。

拼装必须按工艺要求的次序进行，当有隐蔽焊缝时，必须先施焊，经检验合格后方可覆盖。为减少变形，尽量采用小件组焊，经矫正后再大件组装。组装的零件、部件应经检验合格，零件连接接触面和沿焊缝边缘约 30～50mm 范围内的铁锈、毛刺、污垢、冰雪、油迹等应清除干净。在预拼装时，对螺栓连接的节点板，除检查各部位尺寸外，还应用试孔器检查板叠孔的通过率。在施工过程中，错孔的现象时有发生，如错孔在 3.0mm 以内时，一般都用铰刀铣或锉刀锉孔，其孔径扩大不超过原孔径的 1.2 倍，如错孔超过 3.0mm，一般用焊条焊补堵孔或更换零件，不得采用钢块填塞。

板材、型材的拼接应在组装前进行；构件的组装应在部件组装、焊接、矫正后进行，以便减少构件的残余应力，保证产品的制作质量。构件的隐蔽部位应提前进行涂装。

预拼装检查合格后，对上、下定位中心线、标高基准线、交线中心点等应标注清楚、准确；对管结构、工地焊接连接处，除应标注上述标记外，还应焊接一定数量的卡具、角钢或钢板定位器等，以便按预拼装结果进行安装。

钢构件组装的允许偏差见《钢结构工程施工质量验收规范》(GB 50205—2001)的有关规定。

6.2.5 钢结构验收

钢构件加工制作完成后，应按照施工图和国家标准《钢结构工程施工质量验收规范》(GB 50205—2001)的规定进行验收。钢构件出厂时，应提供下列资料。

(1) 产品合格证和技术文件。

(2) 施工图和设计变更文件。

(3) 制作中技术问题处理的协议文件。

(4) 钢材、连接材料、涂装材料的质量证明或试验报告。

(5) 焊接工艺评定报告。

(6) 高强度螺栓摩擦面抗滑移系数试验报告、焊缝无损检验报告及涂层检测资料。

(7) 主要构件检验记录。

(8) 预拼装记录。由于受运输、吊装条件的限制及构件设计的复杂性，有时构件要分两段或若干段出厂，为了保证工地安装的顺利进行，有预拼装要求的构件在出厂前应进行预拼装。

(9) 构件发运和包装清单。

6.3 钢结构安装工程

6.3.1 钢结构的运输、堆放

1. 构件的运输

大型或重型构件的运输应根据行车路线、运输车辆的性能、码头状况、运输船只的情况编制运输方案。在运输方案中要着重考虑吊装工程的堆放条件、工期要求编制构件的运输顺序。

发运构件重量单件超过 3t 的，宜在易见部位用油漆标上重量及重心位置的标志，避免在装、卸车和起吊过程中损坏构件；节点板、高强度螺栓连接面等重要部分要有适当的保护措施，零星的部件等都要按同一类别用螺栓和钢丝紧固成束或包装发运。

钢构件应根据施工组织设计要求的施工顺序，分单元成套供应。构件运输时，应根据构件的长度、质量、断面形状选用车辆；构件在运输车辆上的支点、两端伸长的长度及绑扎方法均应保证构件不产生永久变形、不损伤涂层、构件起吊必须按设计吊点起吊。

公路运输装运的高度极限为 4.5m，如需通过隧道时，则高度极限为 4m，构件长出车身不得超过 2m。

2. 构件的堆放

钢构件堆放的场地应平整坚实，无积水。堆放时应按构件的种类、型号、安装顺序分区存放。钢结构底层应设有垫枕，并且应有足够的支承面，以防支点下沉。具体堆放注意事项如下。

(1) 构件一般要堆放在工厂的堆放场。构件堆放场地应平整坚实，无水坑、冰层，地面平整干燥，并应排水通畅，有较好的排水设施，同时要有车辆进出的回路。

(2) 构件应按种类、型号、安装顺序划分区域，插竖标志牌。构件底层垫块要有足够的支承面，不允许垫块有大的沉降量，堆放的高度应有计算依据，以最下面的构件不产生永久变形为准，不得随意堆高。钢结构产品不得直接置于地上，要垫高 200mm。

(3) 相同型号的钢构件叠放时，各层钢构件的支点应在同一垂直线上，并应防止钢构件被压坏和变形。

(4) 在堆放中，发现有变形不合格的构件，则严格检查，进行矫正，然后再堆放。不得把不合格的变形构件堆放在合格的构件中，否则会大大地影响安装进度。

(5) 对于已堆放好的构件，要派专人汇总资料，建立完善的进出厂的动态管理，严禁乱翻、乱移。同时对已堆放好的构件进行适当的保护，避免风吹雨打、日晒夜露。

(6) 不同类型的钢结构构件分开堆放；同一工程的钢结构应分类堆放在同一地区，以便装车发运。

6.3.2 钢结构连接施工

钢结构是由若干构件经工地现场安装连接架构而成的整体结构，连接的作用就是通过一定方式将板材或型钢组合成构件，或将若干构件组合成整体结构，以保证其共同工作，因此，连接是形成钢结构并保证结构安全正常工作的重要组成部分，连接方式及连接质量的优劣直接影响钢结构的工作性能。钢结构的连接设计必须遵循安全可靠、传力明确、构造简单、制造方便等原则。

钢结构的连接方法可分为焊缝连接、铆钉连接和螺栓连接，如图 6-2 所示。最早出现的连接方法是螺栓连接，目前则以焊缝连接为主，高强度螺栓连接近年来发展迅速，使用越来越多，而铆钉连接已很少采用。

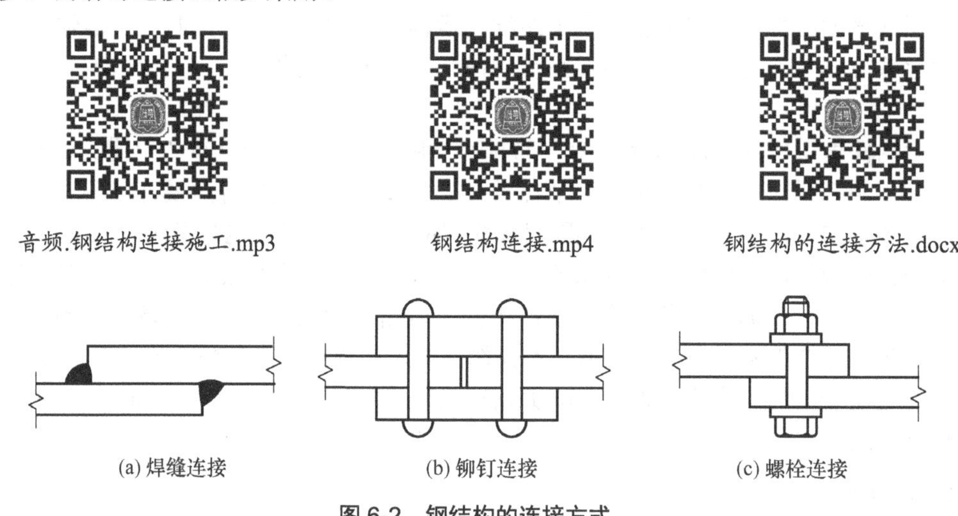

(a) 焊缝连接　(b) 铆钉连接　(c) 螺栓连接

图 6-2　钢结构的连接方式

1. 焊缝连接

焊缝连接就是通过电弧产生的热量使焊条和焊件局部熔化冷却凝结成焊缝，从而将焊件连成整体，它是目前钢结构连接中最主要的连接方法。焊缝连接中按被连接钢材的相互位置(通常称为接头)可分为对接、搭接、T 形连接和角部连接四种，如图 6-3 所示。其优点是构造简单，用料经济，不削弱构件截面，节约钢材；加工方便，在一定条件下还可以采用自动化操作，生产效率高；连接的密封性好，结构刚度大。

其缺点是焊缝附近钢材因焊接的高温作用而形成热影响区，热影响区由高温降到常温冷却速度快，会使钢材脆性加大；焊接残余应力和残余变形使受压构件承载力降低；焊接结构对裂纹很敏感，局部裂纹一旦发生，就容易扩展到整体；焊缝质量易受材料、操作的影响，因此对钢材性能要求较高。

2. 铆钉连接

铆钉连接由于构造复杂、费钢费工，现已很少采用。铆接的优点是塑性和韧性较好，传力可靠，质量易于检查和保证，用于直接承受动载结构的连接。

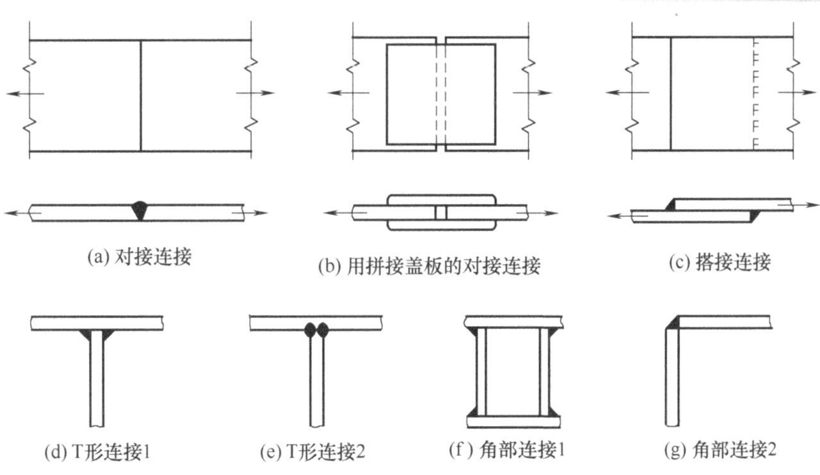

图 6-3　焊接的方式

3. 螺栓连接

螺栓连接分为普通螺栓连接和高强度螺栓连接两种。

普通螺栓通常由未经加工的圆钢压制而成，由于螺栓表面粗糙，故构件上的螺栓孔一般采用 I 类孔(在单个零件上一次冲成或不用钻模钻成设计孔径的孔)，螺栓孔的直径比螺栓杆的直径大 1.5～3mm。对采用普通螺栓的连接，由于螺栓杆与螺栓孔之间有较大间隙，受剪力作用时，将会产生较大的剪切滑移，故连接变形大。但普通螺栓施工简单，拆装方便，且能有效传递拉力，故可用于沿螺栓杆轴方向受拉的连接中，以及次要结构的抗剪连接或安装时的临时固定。

而高强度螺栓则用高强度钢材制成并经热处理。高强度螺栓因其连接紧密，耐疲劳，承受动载可靠，成本也不太高，目前在一些重要的永久性结构的安装连接中，已成为代替铆接的优良连接方法，如图 6-4 所示。

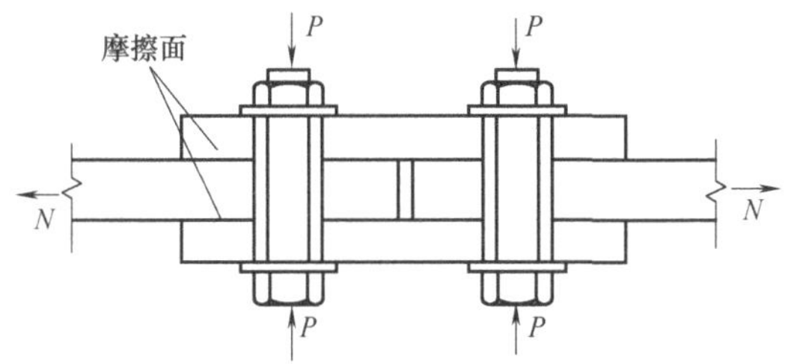

图 6-4　高强度螺栓连接

螺栓连接的优点是安装方便，特别适用于工地安装连接，也便于拆卸，适用于需要装拆结构和临时性连接。其缺点是需要在板件上开孔和拼装时对孔，增加制造工作量；螺栓孔还使构件截面削弱，且被连接的板件需要相互搭接或另加拼接板或角钢等连接件，因而比焊接连接多费钢材。

【案例 6-2】在傍晚 6 点钟左右，某建筑公司搭建中的大型钢结构厂房突然倒塌，数十位工人被困其中。据了解，在事故发生前，大约 5 点钟的时候，路人看到厂房内还正在搭建棚顶，有些工人绑着安全带在钢梁顶端施工，棚中央有工人围聚一起；大约 6 点钟，眼

看着厂房像推积木一样缓缓倒塌，时间前后不到 1 分钟。请结合上下文的内容分析钢结构施工需要注意哪些问题。

6.3.3 钢结构吊装工艺

1. 吊装前的准备工作

1) 基础准备

钢柱基础的顶面通常设计为一平面，通过地脚螺栓将钢柱与基础连成整体。施工时应保证基础顶面标高及地脚螺栓位置准确。其允许偏差为：基础顶面高差为±2mm，倾斜度1/1000；地脚螺栓位置允许偏差，在支座范围内为 5mm。施工时可用角钢做成固定架，将地脚螺栓安置在与基础模板分开的固定架上。

为保证基础顶面标高的准确，施工时可采用一次浇筑法或二次浇筑法。

(1) 一次浇筑法。先将基础混凝土浇灌到低于设计标高 40～60mm 处，然后用细石混凝土精确找平至设计标高，以保证基础顶面标高的准确。这种方法要求钢柱制作尺寸十分准确，且要保证细石混凝土与下层混凝土的紧密黏结，如图 6-5 所示。

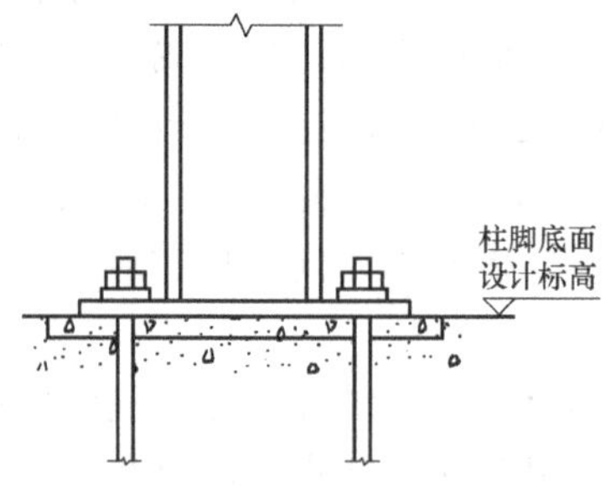

图 6-5　一次浇筑法

(2) 二次浇筑法。钢柱基础分两次浇筑。第一次浇筑到比设计标高低 40～60mm 处，待混凝土有一定强度后，上面放钢垫板，精确校正钢板标高，然后吊装钢柱。当钢柱校正完毕后，在柱脚钢板下浇灌细石混凝土，如图 6-6 所示。这种方法校正柱子比较容易，多用于重型钢柱吊装。

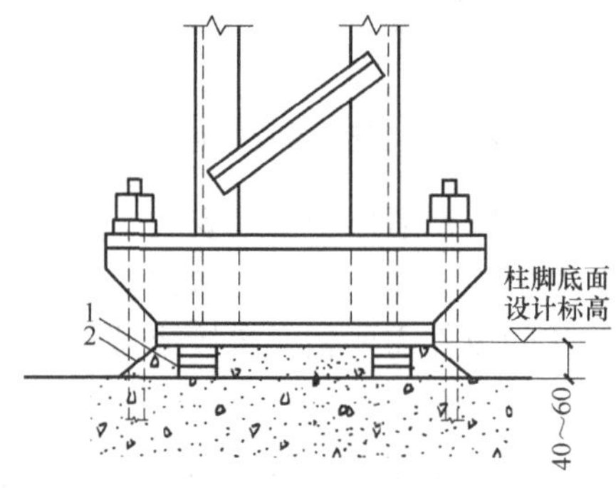

图 6-6　二次浇筑法

1—调整钢垫板；2—钢柱安装后浇筑的细石混凝土

当基础采用二次浇筑混凝土施工时，钢柱脚应采用钢垫板或坐浆垫板作支承。垫板应设置在靠近地脚栓的柱脚底板加劲板或柱脚下，每根地脚螺栓侧应设 1 组或 2 组垫块，每组垫板不得多于 5 块。垫板与基础面和柱底面的接触应平整、紧密。当采用成对斜垫板时，其叠合长度不应小于垫板长度的 2/3。采用坐浆垫板时，应采用无收缩砂浆。柱子吊装前砂浆试块强度应高于基础混凝土强度一个等级。

2) 构件的检查与弹线

在吊装钢构件之前，应检查构件的外形和几何尺寸，如有偏差应在吊装前设法消除。在钢柱的底部和上部标出两个方向的轴线，在底部适当高度标出标高准线，以便校正钢柱的平面位置、垂直度、屋架和吊车梁的标高等。对不易辨别上下、左右的构件，应在构件上加以标明，以免吊装时搞错。

2. 钢柱的吊装

(1) 钢柱的吊升。钢柱的吊升可采用自行式或塔式起重机，用旋转法或滑行法吊升。当钢柱较重时，可采用双机抬吊，用一台起重机抬柱的上吊点，一台起重机抬下吊点，采用双机并立相对旋转法进行吊装，如图 6-7 所示。

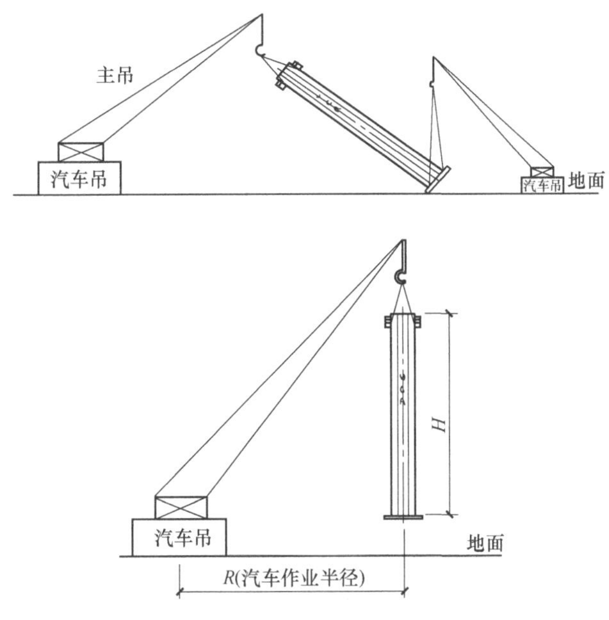

图 6-7 钢柱的吊装

(2) 钢柱的校正与固定。钢柱的校正包括平面位置、标高、垂直度的校正。平面位置的校正应用经纬仪从两个方向检查钢柱的安装准线。在吊升前应安放标高控制块以控制钢柱底部标高。垂直度的校正用经纬仪检验，如超过允许偏差，用千斤顶进行校正。在校正过程中，随时观察柱底部和标高控制块之间是否脱空，以防校正过程中造成水平标高的误差。

为防止钢柱校正后的轴线位移，应在柱底板四边用 10mm 厚钢板定位，并电焊牢固。钢柱复校后，紧固地脚螺栓，并将承重块上下点焊固定，防止走动。

3. 钢吊车梁的吊装

1) 钢吊车梁的吊升

钢吊车梁可用自行式起重机吊装，也可以用塔式起重机、桅杆式起重机等进行吊装，对重量很大的吊车梁，可用双机抬吊。

钢吊车梁吊装时应注意钢柱吊装后的位移和垂直度的偏差，认真做好临时标高垫块工作，严格控制定位轴线，实测吊车梁搁置处梁高制作的误差。钢吊车梁均为简支梁，梁端之间应留有 10mm 左右的间隙并设钢垫板，梁和牛腿用螺栓连接，梁与制动架之间用高强螺栓连接。

2) 钢吊车梁的校正与固定

钢吊车梁校正的内容包括标高、垂直度、轴线、跨距。标高的校正可在屋盖吊装前进行，其他项目校正可在屋盖安装完成后进行，因为屋盖的吊装可能引起钢柱变位。

钢吊车梁标高的校正，用千斤顶或起重机对梁做竖向移动，并垫钢板，使其偏差在允许范围内。

钢吊车梁轴线的校正可用通线法和平移轴线法，跨距的检验用钢尺测量，跨度大的车间用弹簧秤拉测(拉力一般为 100～200N)，如超过允许偏差，可用撬棍、钢楔、花篮螺丝、千斤顶等纠正。

4. 钢屋架的吊装与校正

钢屋架吊装前，必须对柱子横向进行复测和复校。钢屋架的侧向刚度较差，安装前需要加固。单机吊(一点或二、三、四点加铁扁担办法)要加固下弦，双机起吊要加固上弦，必要时应绑扎几道杉木杆，作为临时加固措施。

吊装时，保证屋架下弦处于受拉状态，试吊至地面 50cm 检查无误后再继续起吊。屋架吊装可采用自行式起重机、塔式起重机或桅杆式起重机等。根据屋架的跨度、重量和安装高度不同，选用不同的起重机械和吊装方法。

屋架的绑扎点必须绑扎在屋架节点上，以防构件在吊点处产生弯曲变形。钢屋架的侧向稳定性差，如果起重机的起重量及起重臂的长度允许时，应先拼装两榀屋架及其上部的天窗架、檩条、支撑等成为整体，然后再一次吊装。这样可以保证吊装稳定性，同时也提高吊装效率。

具体吊装流程如下：第一榀钢屋架起吊时，在松开吊钩前，做初步校正，对准屋架基座中线和定轴线，进行就位。就位后，在屋架两侧用缆风绳固定。如果端部有挡风柱，校正后可用挡风柱固定，调整屋架的垂直度，检查屋架的侧向弯曲情况。第二榀屋架起吊就位后，不要松钩，用绳索临时与第一榀钢屋架固定。安装支撑系统及部分檩条，每坡用一个屋架间距调整器。

钢屋架的校正内容主要包括垂直度和弦杆的正直度，垂直度用垂球检验，弦杆的正直度用拉紧的测绳进行检验。

5. 吊车轨道的安装

(1) 吊车轨道的安装应在吊车梁安装符合规定后进行。

(2) 吊车轨道的规格和技术条件应符合设计要求和国家现行相关标准的规定，如有变形，经矫正后方可安装。

(3) 在吊车梁顶面上弹放墨线的安装基准线，也可在吊车梁顶面上拉设钢线，为轨道安装基准线。

(4) 轨道接头采用鱼尾板连接时，要做到以下几项内容。

① 轨道接头应顶紧，间隙不应大于 3mm，接头错位不应大于 1mm。

② 伸缩缝应符合设计要求，其允许偏差为±3mm。

③ 轨道采用压轨器与吊车梁连接时，要做到压轨器与吊车梁上翼密贴，其间隙不得大于 0.5mm，有间隙的长度不得大于压轨器长度的 1/2；压轨器固定螺栓紧固后，螺纹露长不应少于两倍螺距。

(5) 轨道端头与车挡之间的间隙应符合设计要求，当设计无要求时，应根据温度留出轨道自由膨胀的间隙。两车挡应与起重机缓冲器同时接触。

6. 维护系统结构的安装

墙面檩条等构件的安装，应在主体结构调整定位后进行，可用拉杆螺栓调整墙面檩条的平直度。

7. 钢平台、钢梯及栏杆的安装

(1) 钢平台、钢梯、栏杆的安装，应符合设计要求及相关规定。

(2) 平台钢弧应铺设平整，与支撑梁密贴，表面应有防滑措施，栏杆的安装应牢固可靠，扶手转角应光滑。

6.3.4 钢结构安装工程安全技术要求

1. 现场安全设施

(1) 吊装现场的周围，应设置临时栏杆，禁止非工作人员入内。地面操作人员，应尽量避免在高空作业面的正下方停留或通过，也不得在起重机的起重臂或正在吊装的构件下停留或通过。

(2) 配备悬挂或斜靠的轻便爬梯，供人上下。

(3) 如需在悬空的屋架上弦行走时，应在其上设置安全栏杆。

(4) 在雨期或冬期里，必须采取防滑措施。

2. 使用机械的安全要求

(1) 吊装所用的钢丝绳，事先必须认真检查，若表面磨损或腐蚀达钢丝绳直径的 10%时，不准使用。

(2) 起重机负重开行时，应缓慢行驶，且构件离地不得超过 500mm。起重机在接近满荷时，不得同时进行两种操作动作。

(3) 起重机工作时，严禁碰触高压电线。起重臂、钢丝绳、重物等与架空电线要保持一定的安全距离。

(4) 发现吊钩、卡环出现变形或裂纹时，不得再使用。

(5) 起吊构件时，吊钩的升降要平稳，避免紧急制动和冲击。

(6) 对新到、修复或改装的起重机在使用前必须进行检查、试吊。试验时，所吊重物为最大起重量的125%，且离地面1m，悬空10min。

(7) 起重机停止工作时，起动装置要关闭上锁。吊钩必须升高，防止摆动伤人，且不得悬挂物件。

3. 操作人员的安全要求

(1) 从事安装工作的人员要进行身体检查，心脏病或高血压患者，不得进行高空作业。

(2) 操作人员进入现场时，必须戴安全帽、手套，高空作业时还要系好安全带，所带的工具，要用绳子扎牢或放入工具包内。

(3) 在高空进行电焊焊接，要系安全带，配防护罩。在潮湿地点作业，要穿绝缘胶鞋。

(4) 进行结构安装时，要统一用哨声、红绿旗、手势等指挥，所有作业人员均应熟悉各种信号。

【案例 6-3】2008 年，某人承租土地后，对地上房屋进行翻建，在未经任何许可的情况下，建造了3000平方米的钢结构仓库，也用于出租。2015年4月15日该事故地块又被转租给他人。该人承租后，对地上原有建筑进行翻建，计划建造4层约12000多平方米的钢结构楼房。该承租人随后组织社会闲散人员，在未制定拆除方案的情况下，对原有房屋进行拆除，4月23日左右完成拆除工作。随后，在未经规划、施工审批，未经设计，未制定施工方案，未对现场作业人员开展有效培训教育，所有焊接人员均无特种作业资格证的情况下，开始钢结构框架的搭设。

5月5日事故发生当日，施工人员正在实施二层预制水泥楼板的吊装时，钢结构房屋整体失稳倒塌，导致事故发生。请根据案例结合上下文分析如何避免这种情况的发生。

本章小结

钢结构是由钢制材料组成的结构，是主要的建筑结构类型之一。本章从钢结构的发展历程开始，依次介绍了钢结构建筑的优缺点，钢结构构件加工制作前的准备，钢构件的工艺流程、运输、检验以及钢结构构件的安装，从各方面详细介绍了钢结构的相关知识，通过对这些知识的学习，帮助读者更好地了解钢结构。

实训练习

一、单选题

1. 在构件发生断裂破坏前，有明显先兆的情况是(　　)的典型特征。

   A. 脆性破坏　　B. 塑性破坏　　C. 强度破坏　　D. 失稳破坏

2. 钢材经历了应变硬化、应变强化之后，(　　)。

   A. 强度提高　　B. 塑性提高　　C. 冷弯性能提高　D. 可焊性提高

3. 钢材是理想的(　　)。

   A. 弹性体　　B. 塑性体　　C. 弹塑性体　　D. 非弹性体

4. 大跨度结构应优先选用钢结构，其主要原因是(　　)。
   A. 钢结构具有良好的装配性
   B. 钢材的韧性好
   C. 钢材接近各向均质体，力学计算结果与实际结果最符合
   D. 钢材的重量与强度之比小于混凝土等其他材料
5. 在钢结构房屋中，选择结构用钢材时，下列因素中的(　　)不是主要考虑的因素。
   A. 建造地点的气温　　B. 荷载性质
   C. 钢材造价　　D. 建筑的防火等级

二、多选题

1. 钢结构采用螺栓连接时，常用的连接形式主要有(　　)。
   A. 平接连接　　B. 搭接连接　　C. T形连接
   D. Y形连接　　E. X形连接
2. 在高强螺栓施工中，摩擦面的处理方法有(　　)。
   A. 喷砂(丸)法　　B. 化学处理-酸洗法　　C. 砂轮打磨法
   D. 汽油擦拭法　　E. 钢丝刷人工除锈
3. 钢结构的主要焊接方法有(　　)。
   A. 对焊　　B. 手工电弧焊　　C. 气体保护焊
   D. 埋弧焊　　E. 电碴焊
4. 钢结构的焊接变形可分为波浪形失稳变形和(　　)。
   A. 线性缩短　　B. 线性伸长　　C. 角变形
   D. 弯曲变形　　E. 扭曲变形
5. 钢材喷射或抛射除锈的等级有(　　)。
   A. Sa1　　B. $Sa1\frac{1}{2}$　　C. Sa2
   D. $Sa2\frac{1}{2}$　　E. Sa3

三、简答题

1. 钢结构构件在加工制作前需要做哪些准备工作？
2. 钢构件出厂时，应提供哪些资料？
3. 钢结构构件的连接可以采用哪些方法？

第6章答案.doc

实训工作单一

班级		姓名		日期	
教学项目		钢结构构件的加工制作			
任务	学习钢结构构件的制作		学习途径	本章案例及查找相关图书资源	
学习目标			掌握钢结构构件制作的工艺流程		
学习要点					
学习查阅记录					
评语				指导老师	

实训工作单二

<table>
<tr><td>班级</td><td></td><td>姓名</td><td></td><td>日期</td><td></td></tr>
<tr><td colspan="2">教学项目</td><td colspan="4">钢结构安装工程</td></tr>
<tr><td>任务</td><td colspan="2">学习钢结构的安装</td><td>学习途径</td><td colspan="2">本章案例及查找相关图书资源</td></tr>
<tr><td colspan="3">学习目标</td><td colspan="3">掌握钢结构构件安装的施工工艺</td></tr>
<tr><td colspan="3">学习要点</td><td colspan="3"></td></tr>
<tr><td colspan="6">学习查阅记录</td></tr>
<tr><td>评语</td><td colspan="3"></td><td>指导老师</td><td></td></tr>
</table>

第 7 章　高层建筑主体结构工程

【教学目标】

1. 了解高层建筑的施工特点。
2. 熟悉高层建筑主体结构施工常用的几种机械。
3. 掌握常用的基础施工工艺。
4. 掌握常用的主体施工工艺。

第 7 章-高层建筑主体结构工程.pptx

【教学要求】

本章要点	掌握层次	相关知识点
高层建筑施工的概念	1. 了解高层建筑的定义 2. 熟悉高层建筑施工的特点	高层建筑及其施工特点
常用的高层建筑施工机械	1. 了解常用施工机械的作用 2. 熟悉常用施工机械的操作	高层建筑主体结构施工用机械设备
几种常用的基础施工工艺	1. 了解基础施工的概念 2. 熟悉常用的基础施工方法 3. 掌握常用的基础施工工艺	高层建筑基础施工
几种常用的主体施工工艺	1. 熟悉常用的主体施工方法 2. 掌握常用的主体施工工艺	高层建筑主体施工

【案例导入】

中国尊是位于北京市朝阳区 CBD 核心区 Z15 地块的一幢超高层建筑，主要建筑功能为办公、观光和商业。外轮廓尺寸从底部的 78m × 78m 向上渐收紧至 54m × 54m，再向上渐放大至顶部的 59m × 59m，因似古代酒器“樽”而得名。

该建筑总高 528m，已被规划为中信集团总部大楼，于 2013 年 7 月 29 日开工，计划 2017 年 7 月 30 日结构封顶，2018 年 10 月竣工，到 2019 年 3 月交付使用，届时将成为首都新地标。

中国尊由北京中信和业有限公司投资，预计总投资达 240 亿元。

开发建设者中信集团表示，“中国尊”将集甲级写字楼、会议、商业、观光以及多种配套服务功能于一体，项目建成后将吸引国际金融机构、国际 500 强企业进驻。

2014 年 6 月 8 日，“中国尊”荣获“中国当代十大建筑”。2016 年 8 月，“中国尊”已超越 330m 高的国贸三期，成为北京第一高楼。

【问题导入】

请结合本章内容，分析高层建筑在施工过程中的控制要点是什么。

7.1 高层建筑及其施工特点

7.1.1 高层建筑的定义

高层建筑是指 10 层以上的住宅及总高度超过 24m 的公共建筑和综合建筑。

1. 按使用材料划分

高层建筑结构按使用材料划分，主要有钢筋混凝土结构、钢结构、钢和钢筋混凝土组合结构和混合结构，以钢筋混凝土结构在高层建筑中的应用最为广泛。

1) 钢筋混凝土结构

钢筋混凝土结构具有造价较低、取材丰富、可浇筑各种复杂断面形状、强度高、刚度大、耐火性和延性良好、可组成多种结构体系等优点，因此，在高层建筑中得到广泛应用。钢筋混凝土结构的主要缺点是构件占据面积大、自重大、施工速度慢等。

高层建筑.docx

2) 钢结构

钢结构具有强度高、构件断面小、自重轻、延性及抗震性能好等优点。钢构件易于工厂加工，施工方便，能缩短现场施工工期。但钢结构的耐火性能差。

音频.高层建筑的分类.mp3

3) 钢和钢筋混凝土组合结构和混合结构

这种结构可以使两种材料互相取长补短，取得经济合理、技术性能优良的效果。

(1) 组合结构是用钢材来加强钢筋混凝土构件的强度，钢材放在构件内部，外部由钢筋混凝土做成，成为钢骨(或型钢)混凝土构件；

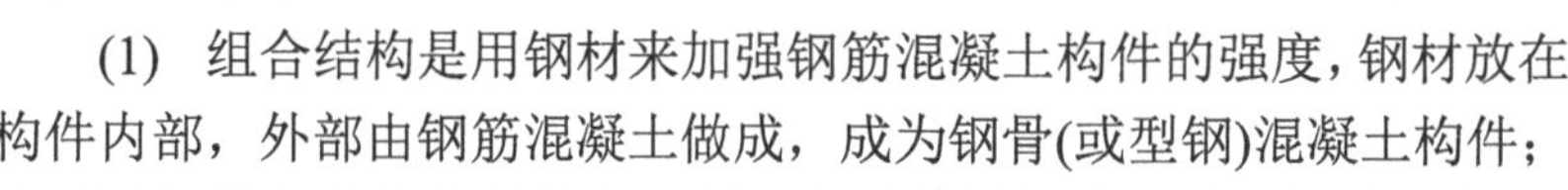

也可在钢管内部填充混凝土，制作成外包钢构件，成为钢管混凝土。前者既可充分利用外包混凝土的刚度和耐火性能，又可利用钢骨减小构件断面和改善抗震性能，现在应用较为普遍。

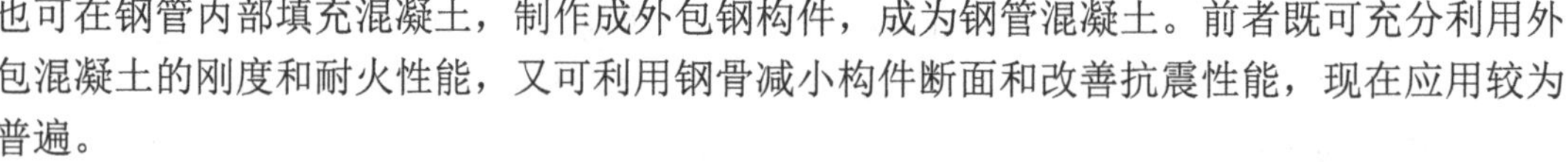

(2) 混合结构是部分抗侧力结构用钢结构，另一部分采用钢筋混凝土结构(或部分采用钢骨混凝土结构)。多数情况下是用钢筋混凝土做筒(剪力墙)，用钢材做框架梁、柱。

2. 按结构体系划分

高层建筑按结构体系划分，有框架体系、剪力墙体系、框架—剪力墙体系和筒体体系等，如图 7-1 所示。

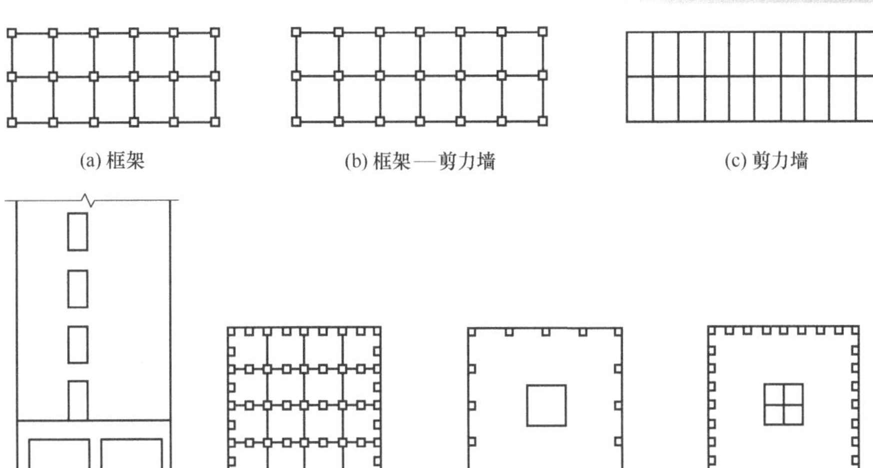

图 7-1 高层建筑结构体系

1) 框架体系

框架体系是我国采用较早的一种梁、板、柱结构体系，其优点是建筑平面布置灵活，可以形成较大的空间，特别适用于各类公共建筑，建筑高度一般不超过 60m，但由于侧向刚度差，在高烈度地震区不宜采用。

高层建筑-框架体系.mp4

2) 剪力墙体系

剪力墙体系是建筑物的内外纵横墙除了承受竖向荷载外，还要承受由于水平荷载所引起的弯矩。它承受水平荷载的能力较框架结构强、刚度大、水平位移小，现已成为高层住宅建筑的主体，建筑高度可达 150m。但由于承重剪力墙过多，限制了建筑平面的灵活布置。

3) 框架—剪力墙体系

框架—剪力墙体系兼有框架和剪力墙体系的优点，它是在框架结构平面中的适当部位设置钢筋混凝土墙，常用楼梯间、电梯间墙体作为剪力墙而形成框架—剪力墙体系。它具有平面布置灵活，能较好地承受水平荷载，且抗震性能好的特点，适用于 15～30 层的高层建筑结构。

4) 筒体体系

筒体体系是由框架和剪力墙结构发展而成的空间体系，即由若干片纵横交错的框架或剪力墙与楼板连接围成的筒状结构。根据其平面布置、组成数量的不同，又可分为框架—筒体、筒中筒、组合筒三种体系。筒体结构在抵抗水平力方面具有良好的刚度，并能形成较大的空间，且建筑平面布置灵活。

7.1.2 高层建筑施工特点

1. 工程量大、工序多、配合复杂

高层建筑的施工，土方、钢筋、模板、混凝土、砌筑、装修、设备管线安装等工程量

都要增大，同时工序多，十多个专业工种交叉作业，组织配合十分复杂，而且，由于工程量大对技术提出了更高的要求，比如大体积混凝土裂缝控制技术、粗钢筋连接技术、高强度等级混凝土技术、新型模板应用技术等。

2. 施工准备工作量大

高层建筑体积、面积大，需用大量的各种材料、构配件和机具设备，品种繁多，采购量和运输量庞大。施工需用大量的专业工种、劳动力，需进行大量的人力、物力以及施工技术准备工作，以保证工程顺利进行，同时，由此引起的施工场地狭小一般都是施工难点，如何有效分配调整施工现场平面布置以保证施工顺利进行也考验着施工企业现场管理水平。

3. 施工周期长、工期紧

高层建筑单栋工期一般要经历 2～4 年，平均 2 年左右，结构工期一般为 5～10 天施工一层，短则 3 天一层，常常是两班或三班作业，工期长而紧，且需进行冬、雨期施工。

为保证工程质量，应有特殊的施工技术措施，需要合理安排工序，才能缩短工期，减少费用，同时，还需制定一系列安全防范措施和预案以保证安全生产。

4. 高层建筑施工技术质量要求高

由于在高层建筑施工中大量使用复杂的施工工艺技术，所以对高层建筑施工质量要求更为严格，特别是基础工程、主体结构工程的施工质量，一旦出现质量问题，处理较为困难。如高层建筑基础一般较深，大多有 1～4 层地下室，需要进行土方开挖、基坑支护、地基处理以及深层降水，安全和技术上都很烦琐，直接影响着工期和造价，采用新技术较多，如逆作法、复合地基成套技术等。

复合地基.mp4

5. 高处作业多，垂直运输量大

高层建筑一般为 45～80m，甚至超过 100m，高处作业多，垂直运输量大，施工中要解决好高空材料、制品、机具设备、人员的垂直运输，合理地选用各种垂直运输机械，妥善安排好材料、设备和工人的上下班及运输问题，用水、用电、通信问题，甚至垃圾的处理等问题，以提高工效。

6. 层数多、高度大、安全防护要求严

高层建筑施工由于筑层数多、高度大、工序交错复杂，多在城市中心地段施工且施工现场狭小，常采取立体交叉作业、高处作业，非常容易造成各类安全事故，因此需要做好各种高空安全防护措施、通信联络以及防水、防雷、防触电等。为保证施工操作和地面行人安全，不出各类安全事故，相应也要求增加安全措施费用。

7. 结构装修、防水质量要求高，技术复杂

为保证结构的耐久性，美化城市环境，对高层建筑主体结构和建筑物立面装饰标准要求高；基础和地下室墙面、厨房、卫生间的管道和防水都要求不出现任何渗漏水，对土建、水、电、暖通、燃气、消防的材质和施工质量要求都相应提高，施工必须采用有效的技术措施来保证，特别是常采用大量的新技术、新工艺、新材料和新机具设备及各种工艺体系，

施工精度要求高，施工技术十分复杂。

8. 平行流水、立体交叉作业多，机械化程度高

高层建筑标准层多，为了扩大施工面，加速工程进度，一般均采用多专业工种，多工序平行流水立体交叉作业；为提高工效，大多采用机械化施工，比一般建筑施工配合复杂，以保证施工按计划节奏合理进行。因此，在高层建筑施工中，必须建立一体化的施工管理组织协调机构，以解决多工种、多工序的立体交叉配合及纵横向各方面关系问题，实现施工系统内部各方的协调和施工系统与外界环境的协调。

7.2 高层建筑主体结构施工用机械设备

世界各主要城市的生产和消费的水平达到一定程度后，都积极致力于提高城市建筑的层数。实践证明，高层建筑可以带来明显的社会经济效益：首先，使人口集中，可利用建筑内部的竖向和横向交通缩短部门之间的联系距离，从而提高效率；其次，能使大面积建筑的用地大幅度缩小，有可能在城市中心地段选址；最后，可以减少市政建设投资和缩短建筑工期。目前，我国高层建筑主体结构常用的施工用机械设备有：塔式起重机、施工电梯、混凝土泵和高层用脚手架。

7.2.1 塔式起重机

1. 塔式起重机的选择原则

塔吊参数应满足施工要求，对塔吊各主要参数应逐项检查，务使所选用塔吊的幅度、起重量、起重力矩和起重吊钩高度等与施工要求相适应；塔吊的生产效率应满足施工进度要求；充分利用现有机械设备，充分发挥塔吊效能，做到台班费用最省，经济效益好；选用塔吊要适应施工现场环境要求，便于进场安装、架设、拆除、退场。

2. 塔式起重机的选择步骤

(1) 根据施工对象的特点选定塔吊类型。

(2) 根据高层建筑的体型、平面尺寸及标准层面积，确定塔吊应具备的幅度及吊钩高度参数。

(3) 根据建筑构件尺寸及质量，确定塔吊起重量和额定起重力矩参数；依据上述参数确定塔吊的型号。

(4) 根据施工方法、施工工艺、现场条件及设计要求，确定塔吊单侧或双侧配置方案。

(5) 根据计划进度、施工流水段划分及工程量和吊次的计算，确定塔吊配置台数、安装位置及轨道基础走向。

3. 注意事项

在确定塔吊形式及高度时，应考虑塔身的锚固点与建筑物的位置，塔臂的平衡臂是否影响臂架正常回转。多台塔吊作业条件下，务使彼此互不干扰，处理好相邻塔吊的高度差，防止两塔吊碰撞。塔吊安装时，应保证顶升套架及锚固环的安装位置正确；同时考虑外脚

架的搭设形式与挑出建筑物的距离，以免与下回转塔吊转台尾部回转时相撞。

根据施工经验，下旋轨道塔式起重机用于 15 层以下的高层建筑，15 层以上的高层建筑常选用附着式塔式起重机，30 层以上的高层建筑优先考虑采用爬升式塔式起重机。

7.2.2 施工电梯

在高层建筑施工中，施工电梯是一种重要的垂直运输机械设备，用于运送施工人员及建筑器材，是高层建筑施工保证工期、提高劳动效率不可缺少的关键施工机械之一。

施工电梯.mp4

1. 施工电梯分类与构造

施工电梯通常称为施工升降机，但施工升降机包括的定义更宽广，施工平台也属于施工升降机系列，如图 7-2 所示。单纯的施工电梯是由轿厢、驱动机构、标准节、附墙、底盘、围栏、电气系统等几部分组成，是建筑中经常使用的载人载货施工机械，由于其独特的箱体结构使其乘坐起来既舒适又安全，施工电梯在工地上通常是配合塔吊使用，一般载重量在 1～3t，运行速度为 1～60m/min。

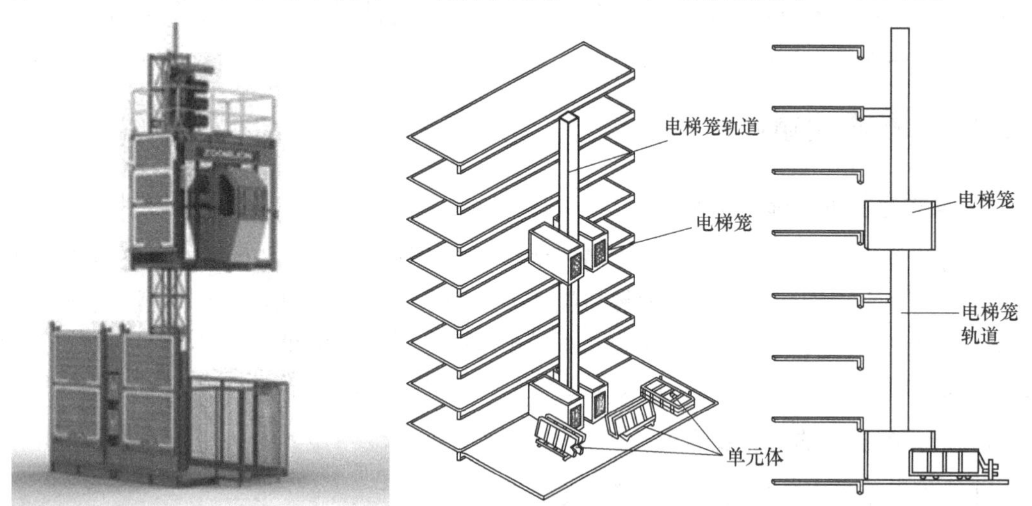

图 7-2　施工电梯

施工升降机的种类很多，按其运行方式有无对重和有对重两种，按其控制方式分为手动控制式和自动控制式。按需要还可以添加变频装置和 PLC 控制模块，另外还可以添加楼层呼叫装置和平层装置。目前市场上使用的大部分为无对重式的，驱动系统置于笼顶上方，减小笼内噪声，使吊笼内净空增大，同时也使传动更加平稳、机构振动更小，其设计简化了安装过程；有对重的施工电梯运行起来更加平稳，更节能，但是由于其有天滑轮结构，安装加节时更加麻烦，所以有对重现在已经逐渐退出市场。为了便于施工电梯的控制和其智能性，施工电梯还可以安装变频器，既节能又能无级调速，运行起来更加平稳，乘坐也更加舒适；安装平层装置的施工电梯控制起来更加方便，更精准地停靠在需要停靠的楼层；安装楼层呼叫装置能更加方便使用时的信息流通，也使管理更加方便。

2. 施工电梯的选择

施工人员沿楼梯进出施工部位所耗用的上下班时间，随着楼层的增高而急剧增加。如在施工的建筑物为10层，每名工人上下班所占的时间约为25min，自10层以上，每增加一层平均增加5～10min。采用施工电梯运送工人上下班可大大压缩工时损失和提高工效。人货两用施工电梯应以运人为主，货物可用其他升运设备运输。施工电梯的安装位置应在编制施工组织设计和施工总平面图时妥善加以安排，要充分考虑施工流水段落的划分、人员及货物的运送需要。从节约施工机械费用出发，对20层以下的高层建筑工程，宜使用绳轮驱动式施工电梯；对25层特别是30层以上的高层建筑，宜选用齿轮齿条驱动施工电梯。

在上下班时刻，人流集中，施工电梯运量达到高峰。为避免人员过分拥挤和迅速疏散，可采取以下措施：7层以下不停，7层以上只停9、12、15、18、21、24层等，依此类推。甚至可以根据施工进度，安排10层以下不停，10层以上只停两层或三层的快速电梯。施工人员到达后，再分别乘坐电梯进入施工部位。待上班高峰过后，恢复常规运行。

7.2.3 混凝土泵送设备

1. 混凝土泵的概念

混凝土输送泵.mp4

混凝土输送泵，又名混凝土泵，由泵体和输送管组成。它是一种利用压力，将混凝土沿管道连续输送的机械，主要应用于房建、桥梁及隧道施工。混凝土泵按结构形式分为活塞式、挤压式、水压隔膜式，如图7-3所示。

1) 活塞式混凝土泵

活塞式混凝土泵分为液压传动式和机械传动式。液压传动式混凝土泵由料斗、液压缸和活塞、混凝土缸、分配阀、Y形管、冲洗设备、液压系统和动力系统等组成。液压系统通过压力推动活塞往复运动。活塞后移时吸料，前推时经过Y形管将混凝土缸中的混凝土压入输送管。泵送混凝土结束后，用高压水或压缩空气清洗泵体和输送管。活塞式混凝土泵的排量，取决于混凝土缸的数量和直径、活塞往复运动速度和混凝土缸吸入的容积效率等。

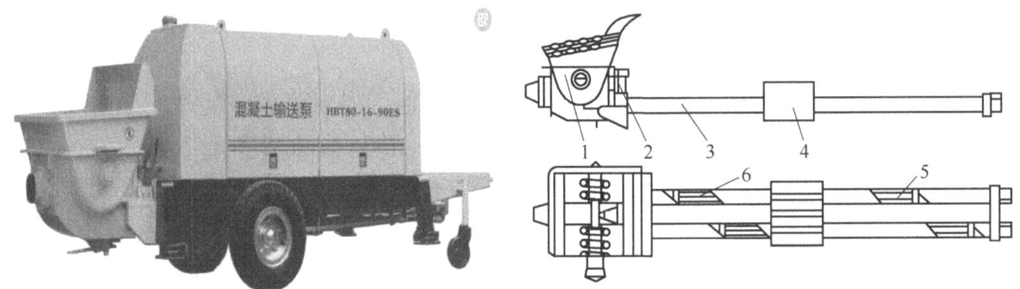

图7-3 混凝土泵

1—料斗；2、5—液压缸；3—输送柱塞缸；4—洗涤室；6—混凝土泵柱塞

2) 挤压式混凝土泵

挤压式混凝土泵分为转子式双滚轮型、直管式三滚轮型和带式双槽型三种。转子式双滚轮型混凝土泵，由料斗、泵体、挤压胶管、真空系统和动力系统等组成。泵体密封，泵体内的转子架上装有两个行星滚轮，泵体内壁衬有橡胶垫板，垫板内周装有挤压胶管。动力装置驱动行星滚轮回转，碾压挤压胶管，将管内的混凝土挤入输送管排出。真空系统使泵体内保持一定的真空度，促使挤压胶管碾压后立即恢复原状，并使料斗中的混凝土加快吸入挤压胶管内。挤压式混凝土泵的排量，取决于转子的回转半径和回转速度，以及挤压胶管的直径和混凝土吸入的容积效率。

3) 水压隔膜式混凝土泵

水压隔膜式混凝土泵由料斗、泵体、隔膜、控制阀、水泵和水箱等组成。隔膜在泵体内，当水泵将隔膜下方的水经控制阀抽回水箱时，隔膜下陷，料斗中的混凝土压开单向阀进入泵体；当水泵将水箱中的水经控制阀抽回泵体时，压力水使隔膜升起，关闭单向阀，将混凝土压入输送管排出。

2. 混凝土泵的操作

(1) 砂石粒径、水泥标号及配合比应按出厂说明书要求满足泵的机械性能的要求。混凝土泵的生产率高，能一次完成混凝土的水平和垂直运输，但对混凝土配合比、粗细骨料的粒径和级配、水泥用量、混凝土坍落度有一定要求，方能保证良好的泵送效能。

(2) 泵送设备的停车制动和锁紧制动应同时使用，轮胎应楔紧，水源供应应正常，水箱应储满清水，料斗内应无杂物，各润滑点应润滑正常。

(3) 泵送设备的各部螺栓应紧固，管道接头应紧固密封，防护装置应齐全可靠。

(4) 各部位操纵开关、调整手柄、手轮、控制杆、旋塞等均应在正确位置。液压系统应正常无泄漏。

(5) 准备好清洗管、清洁用品等有关装置。作业前，必须先用按规定配制的水泥砂浆润滑管道。无关人员必须离开管道。

(6) 支腿应全部伸出并支牢，未固定前不得起动布料杆。布料杆升高支架后，方可回转。布料杆伸出时应按顺序进行。严禁使用布料杆起吊或拖拉物件。

(7) 当布料杆处于全伸状态时，严禁移动车身。作业中需要移动时，应将上段布料杆折叠固定，移动速度不得超过 10km/h。布料杆不得使用超过规定直径的配管，装接的轮管应系防脱安全绳带。

(8) 应随时监视各种仪表和指示灯，发现不正常时，及时调整或处理。如出现输送管堵塞时，应进行逆向运转使混凝土返回料斗，必要时应拆管排除堵塞。

(9) 泵送系统受压时，不得开启任何输送管道和液压管道。液压系统的安全阀不得任意调整。蓄能器只能充入氨气。

(10) 作业后，必须将料斗内和管道内的混凝土全部输出，然后对泵机、料斗、管道进行清洗。用压缩空气冲洗管道时，管道出口端前方 10m 以内不得站人，并应用金属网篮等收集冲出的泡沫橡胶及砂石粒。

(11) 严禁用压缩空气冲洗布料杆配管。布料杆的折叠收缩须按顺序进行。

(12) 各部位操纵开关、调整手柄、手轮、控制杆、旋塞等均应复位。液压系统卸荷。

7.2.4 高层建筑脚手架工程

在高层施工中，脚手架使用量大，要求高，技术较复杂，对人员安全、施工质量、施工速度和工程成本以及邻近的建筑物和场地影响较大。因此，要重视脚手架的使用，需要专门的设计和计算，宜绘制脚手架的施工图。本节主要介绍钢管扣件式脚手架、碗扣式钢管脚手架、门式脚手架在高层建筑施工中的应用。

1. 钢管扣件式脚手架

高层建筑钢管扣件脚手架的材料性能和搭拆方法与一般多层脚手架相同，但在搭设高度与立杆间距方面有限制要求：搭设高度在 20～30m，单根立杆纵距为 1.8m；搭设高度在 30～40m，单根立杆纵距为 1.5m；搭设高度在 40～50m，单根立杆纵距为 1.0m。钢管扣件式脚手架如图 7-4 所示。

图 7-4 钢管扣件式脚手架

钢管扣件式脚手架的搭设高度大于 30m 时，应采用钢制可调节连接杆，承受拉力要求不低于 6.8kN，并与高层建筑物连接，按下列要求施工。

(1) 按垂直方向每隔 3.6m，水平方向每隔 5.4m 设置一道连墙杆。

(2) 按上述位置，在施工中将预埋件埋置在混凝土柱墙、圈梁内，且预埋件应保持上下垂直线。连墙杆尽量靠近小横杆与立杆的连接处，但不应将小横杆作连墙杆。

2. 碗扣式钢管脚手架

碗扣式钢管脚手架.mp4

碗扣式钢管脚手架是我国参考国外经验自行研制的一种多功能脚手架，其杆件节点处采用碗扣连接。由于碗扣是固定在钢管上的，因此，构件全部轴向连接力学性能好，连接可靠，组成的脚手架整体性好，不存在扣件丢失问题。

碗扣接头，由上碗扣、下碗扣、横杆接头和上碗扣的限位销等组成。在立杆上焊接下碗扣和上碗扣的限位销，将上碗扣套入立杆内。在横杆和斜杆上焊接插头。组装时，将横杆和斜杆插入下碗扣内，压紧和旋转上碗扣，利用限位销固定上碗扣。碗扣间距为 600mm，碗扣处可同时连接九根横杆，可以互相垂直或偏转一定角度。碗扣式

钢管脚手架的基本构配件有立杆、水平杆、底座等，辅助构件有脚手板、斜道板、挑梁架梯、托撑等。此外，它还有一些专用构件，包括支撑柱的各种垫座、提升滑轮、爬升挑梁等。这些构件可进行各种组合以适应工程需要，如利用支撑柱的垫座组合重载荷的支架；在脚手架上装提升滑轮可以在脚手架上提升零星小材料、小工具等；利用爬升挑梁可使碗扣式脚手架沿结构墙体进行爬升，组成爬升式脚手架等。

3. 门式脚手架

门式脚手架是建筑用脚手架中应用最广的脚手架之一。由于主架呈“门”字形，所以称为门式或门型脚手架，也称鹰架或龙门架。门式脚手架是以门架、交叉支撑、连接棒、挂扣式脚手板或水平架、锁臂等组成基本结构，再设置水平加固杆、剪刀撑、扫地杆、封口杆、托座与底座，并采用连墙件与建筑物主体结构相连的一种标准化钢管脚手架。门式钢管脚手架不仅可作为外脚手架，也可作为内脚手架或满堂脚手架。

门式脚手架的搭设程序如下。

(1) 门式脚手架基础必须夯实，且应做好排水坡，以防积水。

(2) 门式脚手架搭设顺序为：基础准备→安放垫板→安放底座→竖两榀单片门架→安装交叉杆→安装脚手板→以此为基础重复安装门架、交叉杆、脚手板工序。

(3) 门式钢管脚手架应从一端开始向另一端搭设，上步脚手架应在下步脚手架搭设完毕后进行。搭设方向与下步相反。

(4) 脚手架的搭设，应先在端点底座上插入两榀门架，并随即装上交叉杆固定，锁好锁片，然后搭设以后的门架，每搭一榀，随即装上交叉杆和锁片。

(5) 脚手架必须设置与建筑物可靠的连接。

(6) 门式钢管脚手架的外侧应设置剪刀撑，竖向和纵向均应连续设置。

【案例 7-1】 某大桥为一座长 236m，宽 13m，4 个桥墩，主孔为 80m 的现浇箱形拱桥。该工程由 A 公司承建，甲建设监理公司监理。2012 年 2 月 8 日对已搭设完毕的大桥支承脚手架进行荷载试验，检验其承载能力以备浇筑混凝土施工。由于此支撑架的搭设没有详细的施工方案和设计计算，对支承脚手架进行荷载试验也无规范的荷载试验方案和对操作程序进行严格规定，因此对脚手架也没有检查验收，只凭经验搭设。在加荷过程中既没有专人指挥，也没有严格按照自大桥两岸向中间对称加载的方法，当大桥一端因加载的砖块未到，人员撤离到岸边休息时，另一端人员却继续加载，从而使桥身负荷偏载，重心偏移，脚手架立杆弯曲变形，当加载至设计荷载的 90%(1100t)时，脚手架失稳整体坍塌，二十多名施工人员全部坠入河中，造成 3 人死亡，7 人受伤的重大事故。请结合案例分析脚手架的事故应注意的内容。

7.3 高层建筑基础施工

7.3.1 高层建筑基础施工概述

1. 基础工程的特点

高层建筑由于层数多、建筑高、荷载重、面积大、造型复杂，主楼与裙房高低悬殊，在结构上要求埋置一定深度，在使用上要求设置多层地下室，这些高层建筑的特点结合各地不同的地质水文条件，构成了高层建筑基础的特殊性，主要有以下特点。

1) 基础必须适应地基

全国范围内各种不同的高层建筑，高度不同，荷载不同，遇到各种不同的地质情况，基础必须适应地基，因而发展了高层建筑的基础，如箱基、筏基、桩基以及复合基础等。同时也发展了长桩、大直径扩底桩及钢管桩等新技术。

2) 基础埋置较深

根据《高层建筑混凝土结构技术规程》(JGJ 3—2010)规定，基础埋置深度，天然地基应为建筑高度的 1/12；桩基应为建筑高度的 1/15，桩长不计在埋置深度以内。但是，高层建筑由于功能的需要，充分利用地下空间，往往将地下建成三四层，深达 20 多米，深基础工程已成为建造高层建筑的条件。

3) 大体积混凝土的施工

箱基和筏基的底板较厚，特别是厚筏板，其底板混凝土厚度常达 3～4m，例如新上海国际大厦筏板面积为 76m×72m，板厚 3～3.5m，混凝土体积为 17000m^3。大体积混凝土的关键是施工方法、施工技术措施问题，如何能不间断地一次浇筑上万立方米的混凝土，并能控制水泥水化热所引起的混凝土升温、降温及收缩各阶段产生的裂缝，是大体积混凝土施工的重点。

4) 正确处理好主楼与裙房的基础关系

由于建筑功能的需要，高层建筑往往设置主楼与裙房，并必须连接在一起。但主楼高裙房低，沉降不同，因此在设计与施工时，必须防止两者间产生较大的差异沉降，并应符合规范要求。

【案例 7-2】比萨斜塔建造于 1173 年 8 月，是意大利比萨城大教堂的独立式钟楼，位于意大利托斯卡纳省比萨城北面的奇迹广场上，是比萨城的标志建筑。开始时，塔高设计为 100m 左右，但动工五六年后，塔身从三层开始倾斜，直到完工还在持续倾斜，在其关闭之前，塔顶已南倾(即塔顶偏离垂直线)3.5m。1990 年，意大利政府将其关闭，开始进行整修工作。请结合本章内容分析比萨斜塔倾斜的原因。

2. 常见的基础类型

高层建筑基础选择是一个既复杂又重要的问题，它所涉及的因素很多，如工程地质条件、结构类型、荷载特点、施工条件等。

高层建筑中的基础类型很多，目前最常用的有筏形基础、箱形基础、桩基础和复合基础。

1) 筏形基础

筏形基础又称筏片基础、板式基础。它是一块有较大厚度的钢筋混凝土实心平板，宛如一个放在土层上的筏片，房屋的承重构件——柱或墙直接支撑在平板上。有时，为了进一步增加平板基础的刚度，在柱与柱之间用梁加强基础，做成带梁的筏片基础，如图 7-5 所示。基础的底面积沿房屋的平面轮廓可以再向外扩展，与地基之间有很大的接触面积，因此可以提高基础的承载能力。由于筏片形基础整体性好，基础形状简单，不需要大量模

板，施工非常方便，因此，可用在地震区以及任何类型的高层房屋结构体系中，它是目前国内外最常采用的高层建筑基础类型。

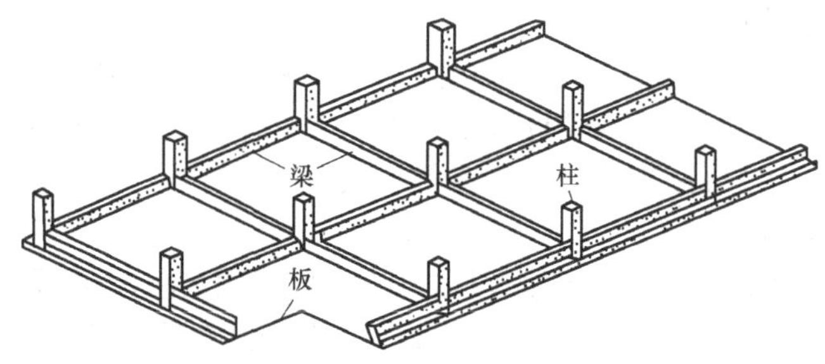

图 7-5　筏形基础

2)　箱形基础

箱形基础是由钢筋混凝土顶板、底板、侧墙以及纵横相交的隔墙所组成的一个空间整体结构，如图 7-6 所示。它就像一个放在地基上的空心盒子，承受着上部结构传来的全部荷载，并传递到地基中去。由于箱形基础的刚度很大，能有效地调整基础底面的压力，减小软弱地基引起的不均匀沉降。此外，箱形基础本身具有一定的空间，可以兼作人防工程、设备层或地下室使用。埋在地面以下的箱形基础，代替了大量回填土，减小了基底的附加应力，这就等于提高了地基承载能力，是十分有利的。

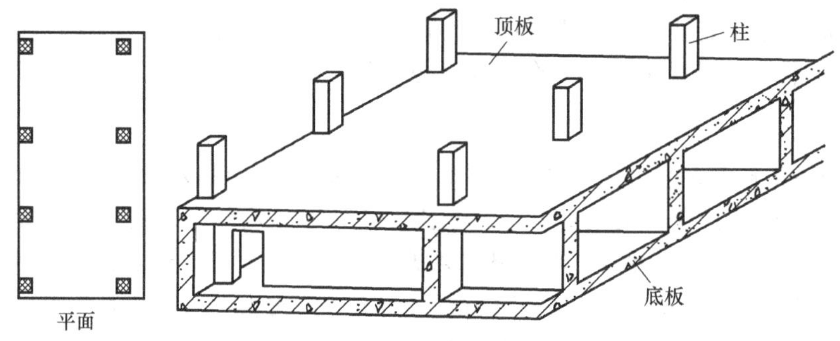

图 7-6　箱形基础

箱形基础具有上述众多优点，故适用于地基较差、荷载较重、平面形状规则的高层建筑。但是，它的施工技术要求和构造要求比其他类型的基础复杂，水泥和钢筋的用量也较多，所以，在具体选择时，还应和其他方案全面进行技术经济比较后再确定。

3)　桩基础

桩基础是由承台和桩两部分组成，如图 7-7 所示。承台的作用是承受上部结构传来的荷载，起着把上部结构骨架与桩连系起来的媒介作用，并把荷载传递到桩上。桩本身依靠支撑端和周围土壤与桩表面的摩擦力把竖向荷载传到地基中去，并通过桩本身与土层的挤压来传递水平荷载。

桩基础具有承载力高，沉降小而均匀，能承受垂直荷载、水平荷载、上拔力及由机器产生的振动或动力作用，施工比较简便，没有繁多的土方工程等特点。它几乎可以适用于各种地质条件和各种类型的工程，尤其是适用于较软弱地基的高层建筑。

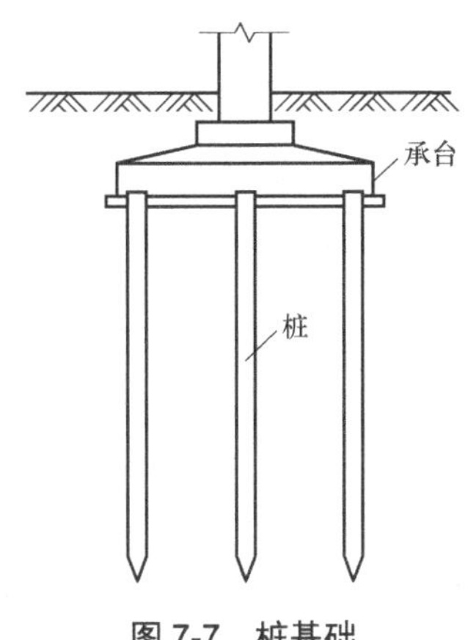

图7-7　桩基础

4)　复合基础

复合基础是指在桩上做箱基或筏基组成复合基础。这种做法近年来采用较多，如上海的高层公共建筑，在钢管桩或预制钢筋混凝土桩上制作箱基或筏板，一般筏板厚为2.0m左右；有的超高层建筑筏板厚达3～4m。又如深圳金城大厦在大直径扩底桩上制作2.5m厚的筏板，天津国际大厦在预制方桩上制作的箱基底板厚达2.0m。

此种基础刚度很大，具有调整各桩受力和沉降的良好性能，因此在软弱地基上建造高层建筑时较多采用这种基础类型。它适用于筒体结构、框剪结构及框架结构等任何结构形式。采用桩箱基础的框剪结构的高层建筑可达百米以上的高度。桩箱基础是各种桩基中造价最高的，因此必须在全面的技术经济分析基础上做出选择。

7.3.2　支护结构

高层建筑的基础因地基承载力、抗震稳定和功能要求，一般埋置深度较大，且有地下结构。当基础埋置深度不大，地基土质条件好，且周围有足够的空地时，可采用放坡方法开挖。放坡开挖基坑比较经济，但必须进行边坡稳定性验算。在场地狭窄地区，基础工程周围没有足够的空地，又不允许进行放坡时，则采用挡土支护措施。

1. 护坡桩的支撑

护坡桩又称“排桩”，是指以某种桩型按队列式布置组成的基坑支护结构。护坡桩就是沿基坑边打的防止边坡坍塌的桩，通常是在边坡放坡有效宽度工作面不够的情况下采用的措施，有了护坡桩可以防止邻近的原有工程基础位移、下沉，基坑放坡可以使坡比最小化。

护坡桩的支撑主要有以下几种形式。

1)　悬臂式护坡桩(无锚板桩)

对于黏土、砂土及地下水位较低的地基，用桩锤将工字钢桩打入土中，嵌入土层足够的深度保持稳定，其顶端设有支撑或锚杆，开挖时在桩间加插横板以挡土。

2)　支撑(拉锚)护坡桩

拉锚式支护是一种浅基坑支护方式。它是将水平挡土板支在柱桩内侧，柱桩一端打入土中，另一端用拉杆与锚桩拉紧，在挡土板内侧回填土。其适于开挖较大型、深度不大的

或使用机械挖土，不能安设横撑的基坑。

水平拉锚护坡桩基坑开挖较深施工时，在基坑附近的土体稳定区内先打设锚桩，然后在开挖基坑 1m 左右装上横撑(围檩)，在护坡桩背面挖沟槽拉上锚杆，其一端与挡土桩上的围檩(墙)连接，另一端与锚桩(锚梁)连接，用花篮螺栓连接并拉紧固定在锚桩上，基坑则可继续挖土至设计深度。

基坑附近无法拉锚时，或在地质较差、不宜采用锚杆支护的软土地区，可在基坑内进行支撑，支撑一般采用型钢或钢管制成。支撑主要支顶挡土结构，以克服水土所产生的侧压力。支撑形式可分为水平支撑和斜向支撑。

3) 锚杆式支护

锚杆式支护是在边坡、岩土深基坑等地表工程及隧道、采场等地下硐室施工中采用的一种加固支护方式。用金属件、木件、聚合物件或其他材料制成杆柱，打入地表岩体或硐室周围岩体预先钻好的孔中，利用其头部、杆体的特殊构造和尾部托板(亦可不用)，或依赖于黏结作用将围岩与稳定岩体结合在一起而产生悬吊效果、组合梁效果、补强效果，以达到支护的目的。其具有成本低、支护效果好、操作简便、使用灵活、占用施工净空少等优点。

2. 常用护坡桩施工

1) 深层水泥土搅拌桩

深层水泥土搅拌桩利用水泥作固化剂，将土与水泥强制拌和，使土硬结形成具有一定强度和遇水稳定的水泥土加固桩。

若将深层水泥土单桩相互搭接施工，即形成重力坝式挡土墙。常见的布置形式有：连续壁状挡土墙、格栅式挡土墙。

2) 钢筋混凝土护坡桩

钢筋混凝土护坡桩分为预制钢筋混凝土板桩和现浇钢筋混凝土灌注桩。预制钢筋混凝土护坡桩施工时，沿着基坑四周的位置，逐块连续将板桩打入土中，然后在桩的上口浇筑钢筋混凝土锁口梁，用以增加板桩的整体刚度。现浇钢筋混凝土护坡桩，按平面布置的组合形式不同，有单桩疏排、单桩密排和双排桩。

7.3.3 地下连续墙

地下连续墙施工是指利用各种挖槽机械，借助于泥浆的护壁作用，在地下挖出窄而深的沟槽，然后用导管法灌筑水下混凝土筑成一个单元槽段，如此逐段进行，在地下筑成一道连续的钢筋混凝土墙壁，作为截水、防渗、承重、挡水结构。

地下连续墙.docx

地下连续墙.mp4

1. 地下连续墙的分类

(1) 按成墙方式可分为：桩排式、槽板式和组合式。

(2) 按墙的用途可分为：防渗墙、临时挡土墙、永久挡土(承重)墙和作为基础用的地下连续墙。

(3) 按墙体材料可分为：钢筋混凝土墙、塑性混凝土墙、固化灰浆墙、自硬泥浆墙、预制墙、泥浆槽墙(回填砾石、黏土和水泥三合土)、后张预应力地下连续墙和钢制地下连续墙。

(4) 按开挖情况可分为：地下连续墙(开挖)和地下防渗墙(不开挖)。

2. 地下连续墙的施工

1) 地下连续墙挖槽机械设备的选择

挖槽机械设备主要是指深槽挖掘机、泥浆制备搅拌机及处理机具。地下连续墙挖掘机械有多头钻挖掘机及抓斗式挖掘机。

在挖基槽前先做保护基槽上口的导墙，用泥浆护壁，按设计的墙宽与深分段挖槽，放置钢筋骨架，用导管灌注混凝土置换出护壁泥浆，形成一段钢筋混凝土墙。逐段连续施工成为连续墙。施工主要工艺为导墙、泥浆护壁、成槽施工、水下灌注混凝土、墙段接头处理等。

2) 导墙

导墙通常为就地灌注的钢筋混凝土结构。主要作用是：保证地下连续墙设计的几何尺寸和形状；容蓄部分泥浆，保证成槽施工时液面稳定；承受挖槽机械的荷载，保护槽口土壁不破坏，并作为安装钢筋骨架的基准。导墙深度一般为 1.2～1.5m。墙顶高出地面 10～15cm，以防地表水流入而影响泥浆质量。导墙底不能设在松散的土层或地下水位波动的部位。

3) 泥浆护壁

通过泥浆对槽壁施加压力以保护挖成的深槽形状不变，灌注混凝土把泥浆置换出来。泥浆材料通常由膨润土、水、化学处理剂和一些惰性物质组成。泥浆的作用是在槽壁上形成不透水的泥皮，从而使泥浆的静水压力有效地作用在槽壁上，防止地下水的渗水和槽壁的剥落，保持壁面的稳定，同时泥浆还有悬浮土渣和将土渣携带出地面的功能。

在砂砾层中成槽必要时可采用木屑、蛭石等挤塞剂防止漏浆。泥浆使用方法分静止式和循环式两种。泥浆在循环式使用时，应用振动筛、旋流器等净化装置。在指标恶化后要考虑采用化学方法处理或废弃旧浆，换用新浆。

4) 成槽施工

地下连续墙施工单元槽段的长度，既是进行一次挖掘槽段的长度，也是浇筑混凝土的长度。划分单元槽段时，还应考虑槽段之间的接头位置，以保证地下连续墙的整体性。开挖前，将导沟内施工垃圾清除干净，注入符合要求的泥浆。

机械挖掘成槽时应注意以下事项。

(1) 挖掘时，应严格控制槽壁的垂直度和倾斜度。

(2) 钻机钻进速度应与吸渣、供应泥浆的能力相适应。

(3) 钻进过程中，应使护壁泥浆不低于规定的高度；对有承压力及渗漏水的地层，应加强泥浆性能指标的调整，以防止大量水进入槽内危及槽壁安全。

(4) 成槽应连续进行。成槽后将槽底残渣清除干净，即可安放钢筋笼。

成槽施工的机械有：旋转切削多头钻、导板抓斗、冲击钻等。施工时应视地质条件和筑墙深度选用。

5) 水下灌筑混凝土

采用导管法按水下混凝土灌筑法进行，但在用导管开始灌筑混凝土前为防止泥浆混入混凝土，可在导管内吊放一管塞，依靠灌入的混凝土压力将管内泥浆挤出。混凝土要连续灌注并测量混凝土灌注量及上升高度。所溢出的泥浆送回泥浆沉淀池。

6) 墙段接头处理

地下连续墙是由许多墙段拼组而成，为保持墙段之间连续施工，接头采用锁口管工艺，即在灌注槽段混凝土前，在槽段的端部预插一根直径和槽宽相等的钢管，即锁口管，待混凝土初凝后将钢管徐徐拔出，使端部形成半凹榫状接头。也有根据墙体结构受力需要而设置刚性接头的，以使先后两个墙段连成整体。

3. 地下连续墙的特点

1) 地下连续墙的优点

(1) 施工时振动小、噪声低，非常适合在城市施工。

(2) 墙体刚度大。墙体厚度为0.6～1.3m(国外已达2.8m)，用于基坑开挖时，可承受土压力，已经成为深基坑支护工程中重要的挡土支护结构。

(3) 防渗性能好。由于墙体接头形式和施工方法的改进，使地下连续墙几乎不透水。

(4) 可以贴近施工。目前已有在距离楼房外100mm的地方建成了地下连续墙的实例。

(5) 可用于逆作法施工。地下连续墙刚度大，易于设置埋件，很适合于逆作法施工。

(6) 适用于多种地基条件。地下连续墙对地基的适用范围很广，从软弱的冲积地层到中硬的地层、密实的砂砾层，各种软岩和硬岩等所有地基都可以建造地下连续墙。

2) 地下连续墙的缺点

(1) 在一些特殊的地质条件下(如很软的淤泥质土、含漂石的冲积层和超硬岩石等)施工难度很大。

(2) 如果施工方法不当或地质条件特殊，可能出现相邻墙段不能对齐和漏水的问题。

(3) 地下连续墙如果用作临时的挡土结构，此方法所用的费用要更高些。

(4) 在城市施工时，废泥浆的处理比较麻烦。

7.3.4 大体积混凝土施工

1. 大体积混凝土的浇筑方案

大体积混凝土浇筑时，为保证结构的整体性和施工的连续性，采用分层浇筑时，应保证在下层混凝土初凝前将上层混凝土浇筑完毕。分层浇筑方法主要有全面分层、分段分层、斜面分层三种。本工程施工中，混凝土采用两台输送泵输送，设两个浇筑带进行施工，每个浇筑带采用布料机布料，由东向西浇筑。为此采取“一次浇筑，一个坡度，薄层覆盖，循序渐进，一次到顶”的斜面分层方法。

2. 大体积混凝土振捣的主要技术要求

(1) 混凝土应采用振动棒振捣。

(2) 在振动界限以前对混凝土进行二次振捣，排除混凝土因泌水在粗集料、水平钢筋下部生成的水分和空隙，提高混凝土与钢筋的握裹力，防止因混凝土沉落而出现的裂缝，减少内部微裂，增加混凝土密实度，使混凝土的抗压强度提高，从而提高抗裂性。在本工程施工中，根据混凝土泵送时自然形成坡度的实际状况，在每个浇筑带的前后各布置两台振动器，第一台布置在混凝土卸料点，主要解决上部振捣，第二台布置在混凝土的坡角处，确保下部混凝土的密实。

为防止混凝土集中堆集，先振捣出料口，形成自然流淌坡度，然后振捣坡角处，严格控制振捣时间、移动间距和插入深度。因为混凝土的坍落度比较大，在1.5m厚的底板内可斜向流淌1m远左右，因此，另外两台振捣器主要负责下部斜坡流淌处振捣密实。

3. 大体积混凝土养护的主要技术要求

(1) 养护方法分为保温法和保湿法两种。

(2) 养护时间：应在12h内加以覆盖和浇水。采用普通硅酸盐水泥的混凝土养护不少于14d，采用矿渣、火山灰水泥的混凝土养护不少于21d。在本工程中，要求二次收面后，及时覆盖塑料薄膜并且上加两层草垫，洒水养护要保证混凝土表面湿润。

4. 大体积混凝土裂缝的控制

1) 大体积混凝土裂缝产生的原因

大体积混凝土结构通常具有以下特点：混凝土是脆性材料，抗拉强度只有抗压强度的1/10左右；大体积混凝土的断面尺寸较大，由于水泥的水化热会使混凝土内部温度急剧上升；在以后的降温过程中，在一定的约束条件下会产生相当大的拉应力。大体积混凝土结构中通常只在表面配置少量钢筋或者不配钢筋。

因此，拉应力要由混凝土本身来承担。大体积混凝土产生裂缝的主要因素有：

(1) 水泥水化热的影响使混凝土内产生温度梯度应力造成裂缝。

(2) 混凝土在空气中硬结时体积收缩造成裂缝。

(3) 外界气温湿度变化的影响造成裂缝。

2) 对大体积混凝土裂缝的控制措施

(1) 优先选用低水化热的矿渣水泥拌制混凝土，并适当使用缓凝减水剂。

(2) 在保证混凝土设计强度等级前提下，适当降低水灰比，减少水泥用量。

(3) 降低混凝土的入模温度，控制混凝土内外的温差(当设计无要求时，控制在25℃以内)。如降低拌合水温度(拌合水中加冰屑或用地下水)，骨料用水冲洗降温，避免曝晒。

(4) 及时对混凝土覆盖保温、保湿材料。

(5) 可预埋冷却水管，通入循环水将混凝土内部热量带出，进行人工导热。

5. 大体积混凝土的裂缝检查与处理

对于混凝土裂缝，应以预防为主，为此需要精心设计、施工，但是由于目前采用的防止裂缝的手段安全系数较小，而实际情况又复杂多变，所以实际工程中还是难免出现一些裂缝。大体积混凝土的裂缝分为三种：表面裂缝、深层裂缝、贯穿裂缝。对于表面裂缝因为其对结构应力、耐久性和安全性基本没有影响，一般不作处理。对深层裂缝和贯穿裂缝，可以用风镐、风钻或人工将裂缝凿除，至看不见裂缝为止，凿槽断面为梯形再在上面浇筑混凝土。限裂钢筋，在处理较

音频.大体积混凝土产生裂缝的主要因素.mp3

深的裂缝时，一般是在混凝土已充分冷却，在裂缝上铺设1～2层的钢筋后再继续浇筑新混凝土。

对比较严重的裂缝可以采取水泥灌浆和化学灌浆。水泥灌浆适用于裂缝宽度在 0.5mm 以上时，对于裂缝宽度小于 0.5mm 时应采取化学灌浆。化学灌浆材料一般使用环氧—糠醛丙酮系等浆材。

7.4 高层建筑主体施工

7.4.1 台模施工和隧道模施工

我国高层建筑除少数采用钢结构外，大量的仍采用造价较经济、防火性能好的钢筋混凝土作结构材料。其施工工艺大多采用了结构整体性能好、抗震能力强和造价较低的现浇结构和现浇与预制相结合的结构。本节主要介绍高层建筑现浇钢筋混凝土结构的台模和隧道模施工。

高层建筑现浇混凝土的模板工程一般可分为竖向模板和横向模板两类。

(1) 竖向模板，主要指剪力墙墙体、框架柱、筒体等模板。

(2) 横向模板，主要指钢筋混凝土楼盖施工用模板，除采用传统组合模板散装散拆方法外，目前高层建筑采用了各种类型的台模和隧道模施工。

高层建筑现浇混凝土施工.docx

1. 台模施工

台模适用于高层建筑中的各种楼盖结构，是现浇钢筋混凝土楼板的一项专用模板。顾名思义，它形如桌子，故称台模。由于它在施工中层向上吊运翻转，中途不再落地，故亦称飞模。台模适用范围相当广泛，根据各种工程的不同要求，台模可以作任何形式现浇楼盖的模板。根据使用部位及楼板形状的不同，台模面板可以做成平板式、凹凸式或者曲线式等多种形式。

台模的结构构造类型较多，我国使用的一般可分为立柱式、悬架式、整体式等。立柱式台模是所有台模形式中最基本的一种。

立柱式台模由面板、次梁和主梁及立柱等组成。立柱式台模的施工程序：台模拼装→就位→绑扎钢筋→浇注混凝土→养护→拆模→翻层。悬架式台模不设立柱，主要由桁架、次梁、面板、活动翻转翼、垂直与水平剪力撑及配套机具组成。整体式台模由台模和柱模板两大部分组成。整个模具结构分为桁架与面板，承力柱模板、临时支撑，调节柱模伸缩装置，降模和出模机具等。

2. 隧道模施工

隧道模是可同时浇筑墙体与楼板的大型工具式模板，能沿楼面在房屋开间方向水平移动，逐间浇筑钢筋混凝土的大型空间模板。隧道模由三面模板组成一节，形如隧道。

隧道模施工的优点是能同时浇筑墙板和楼板，形成一个整体，结构抗震性好，墙体平整，模板拆装速度快，节约劳动力。在我国，隧道模施工速度和大模板的施工速度相近。隧道模用于高层和超高层建筑中，其优越性将更加显著。其缺点是模板一次性投资大，设备笨重。隧道模可分为整体式和双拼式两种。双拼式隧道模由竖向横模板和水平向楼板模板与骨架连接而成，还有行走装置和承重装置。

隧道模的施工工艺：弹线→模板就位→绑扎墙板钢筋→调平模板→绑扎楼板钢筋→浇注混凝土→养护拆模→吊升。

用隧道模施工时，在导墙(与下层楼板同时浇筑)上根据标高进行弹线，隧道模沿导墙就位，绑扎钢筋，安装堵头模板，浇筑墙面和楼面混凝土。混凝土浇筑完毕，待楼板混凝土强度达到设计强度的60%以上，墙体混凝土达到25%以上时拆模。一般加温养护12～36h后可以达到拆模强度。混凝土达到拆模强度以后，双拼式隧道模板通过松动两个千斤顶，在模板自重作用下，自动脱模。双拼式隧道模下降到三个轮子碰到楼板面为止。然后用专用牵引工具将隧道模拖出，进入挑出墙面的挑平台上，用塔式起重机吊运至需要的流水段，再进行下一循环。

7.4.2 泵送混凝土施工

混凝土泵送施工技术在我国发展很快，并已在高层建筑、桥梁、地铁等工程中广泛应用。经试验研究和工程实践说明，泵送混凝土不仅与砂、石、水泥、泵送剂等材料标准有密切关系，并须有连续的施工工艺，对混凝土泵输送管的选择布置、泵送混凝土供应、混凝土泵送与浇筑等要求较高。

1. 可泵性混凝土的配料

1) 骨料的级配

骨料级配对泵送性能有很大的影响，必须严格控制。根据钢筋混凝土工程施工及验收规范规定，泵送混凝土骨料最大粒径不得超过管道内径的1/4～1/3。如果混凝土中细骨料含量过高，骨料总面积增加，需要增加水泥用量，才能全部包裹骨料，得到良好的泵送效果。细骨料含量少，骨料总面积减少，包裹骨料的水泥浆用量少，但骨料之间的间隙未被充满，输送压力传送不佳，泵送困难。

2) 水泥用量

水泥用量不仅要满足结构的强度要求，而且要有一定量的水泥泵浆作为润滑剂。它在泵送过程中的作用是传递输送压力，减轻接触部件间的磨损，减少摩擦阻力。水泥用量一般为270～320kg/m³。水泥用量超过320kg/m³，不仅不能提高混凝土的可泵性，反而会使混凝土黏度增大，增加泵送阻力。为提高混凝土的可泵性，可添加岩石粉末、粉煤灰、火山灰等，一般常掺加粉煤灰，根据经验，粉煤灰的掺量为35～50kg/m³。

3) 水灰比、坍落度

泵送混凝土的水灰比应限制在0.4～0.6，不得低于0.4，水灰比大，混凝土稠度减小，流动性好，泵送压力会明显下降，但由于在压力作用下，混凝土过稀，骨料间的润滑膜消失，混凝土的保水性不好，容易发生离析而堵塞管道，因此应限制水灰比。

泵送混凝土的坍落度要适中，常用坍落度为8～15cm，以9～13cm为最佳值，坍落度

大于 15cm 应加减水剂。

2. 混凝土输送泵的选型和布置

1) 混凝土输送泵的选择

目前我国使用的混凝土泵机有两种，一种是带有布料杆可行走的泵车，另一种是牵引式固定泵。泵车的机动性强、移动方便，但价格较贵。固定泵机动性差，布泵时需要根据施工现场情况进行合理布置，但价格较低。

2) 泵机的布置

在选择泵机位置时，要使泵机浇灌地点最近，附近有水源和照明设施，泵机附近无障碍物以便于搅拌车行走、喂料。泵机安装就位，最好在机架底部垫木块，增加附着力，以保证泵机稳定。泵机周围应当有一定空间以便于人员操作。泵机安装地点应搭设防护棚。

3) 泵机与搅拌车的匹配

混凝土搅拌输送车的装载量有 $5m^3$ 和 $6m^3$ 两种。搅拌车在灌入混凝土后，搅拌筒做低速转动，转速为一定值，然后将混凝土运送到施工现场。由于搅拌站与施工现场有一段运送距离，并且搅拌车的出料量与泵机输送量有一定的差值，因此存在泵机与搅拌运输车的数量匹配问题。

3. 现场输送管道的敷设

管道的敷设对泵送效果有很大的影响，因此在现场布管时应注意以下几个问题。

(1) 输送管道的配管线路最短，管道中尽量少采用弯管和软管，更应避免使用弯度过大的弯头，管道末端活动软管弯曲不得超过 180°，并不得扭曲。

(2) 泵机出口要有一定长度的水平管，然后再接弯头，转向垂直运输，垂直管与水平管长度之比最好是 2∶1。水平管长度不小于 15m。

(3) 泵机出口不宜在水平面上变换方向，如受场地限制，宜用半径 1m 以上的弯头。否则压力损失过大，出口处管道最好用木方垫牢。

(4) 垂直管道用木方、花篮螺栓、8 号线与接板的预留锚环固定，每间隔 3m 紧固一处，垂直管在楼板预留孔处用木楔子楔紧，否则会影响泵送效果。

(5) 施工面上水平管越短越好，长度不宜超过 20m，否则应采取措施。

(6) 变径管后至少第一节是直管、水平或略向下倾斜，然后再接弯道。泵送高度超过 10m 时在变径管和立管之间水平管长度不得小于高度的 2/3。

4. 混凝土的输送

1) 泵送前的准备工作

(1) 在泵送前要对泵机进行全面检查，进行试运转及泵送系统各部位的调试，以保证泵机在泵送期间运转正常。

(2) 检查输送管道的铺设是否合理、牢固。

(3) 在泵送前先加入少量清水(约 10L 左右)使料斗、阀箱等部位湿润，然后再加入一定量的水泥砂浆，一般配合比为 1∶2。泵浆的用量取决于输送管的长度。润滑阀箱需砂浆 $0.07m^3$，润滑 30m 管道需砂浆 $0.07m^3$。管道弯头多，应适当增加砂浆用量。

2) 泵送作业

(1) 泵机操作人员要经过严格训练，掌握泵机工作原理及泵机结构，熟悉泵机的操作程序，能处理一般简单事故。

(2) 泵机用水泥砂浆润滑后，料斗内的泵浆未送完，就应输入混凝土，以防空气进入阀箱。如混凝土供应不上，应暂停泵送。

(3) 刚开始泵送混凝土时，应缓慢压送，同时应检查泵机是否运转正常，输送管接头有无漏浆，如发现异常情况，应停泵检查。

(4) 泵机料斗上应装有滤网，并派专人负责以防过大石块进入泵机。发现大石块应及时拣出，以免造成堵塞。

(5) 泵送混凝土时，混凝土应充满料斗，料斗内混凝土面最低不得低于料斗口20cm。如混凝土供应不上，泵送需要停歇时，每隔 10min 反泵一次，把料重新拌和，以免混凝土发生沉淀堵塞管道。

3) 清洗

泵机作业完成后，应立即清洗干净。清洗泵机时要把料斗里的混凝土全部送完，排净混凝土缸和阀箱内的混凝土。在冲洗混凝土缸和阀箱时，切记不要把手伸入阀箱，冲洗后把泵机总电源切断，把阀窗关好。

5. 管道堵塞的原因及防止措施

1) 堵管的常见原因

(1) 骨料级配不合理，混凝土中有大卵石、大块片状碎石等。细骨料用量太少。搅拌车搅拌筒黏附的砂浆结块落入料斗中，也可能发生管道堵塞。

(2) 混凝土配合比不合理，水泥用量过多，水灰比过大，混凝土坍落度变化大，都容易引起管道堵塞。

(3) 管道敷设不合理。管道弯头过多，水平管长度太短，管道过长或固定不牢等都可使堵塞发生。

(4) 泵送间停时间过长，管道中混凝土发生离析，使混凝土与管道的摩擦力增大而堵塞管道。

2) 堵塞部位的判断

(1) 前面软管或管道堵塞。泵机反转时，吸回料斗的混凝土很少，再次压送，混凝土仍然送不出去。

(2) 混凝土阀或锥形管堵塞。进行反向操作时，压力计指针仍然停在最高位置，混凝土回不到料斗中来。

(3) 料斗喉部和混凝土缸出口都堵塞，主回路的压力计指针在压送压力下，活塞动作，但料斗内混凝土不见减少，混凝土压送不出去。

3) 防止管道堵塞的措施及解决办法

(1) 在料斗上加装滤网，防止大石块进入料斗。

(2) 要严格控制混凝土的配合比，保证混凝土的坍落度不发生较大的变化。

(3) 泵机操作期间，操作人员必须密切注意泵机压力变化。如发现压力升高，泵送困难，即应反泵，把混凝土抽回料斗搅拌后再送出。如多次反泵仍然不起作用，应停止泵送，拆卸堵塞管道，清洗干净再开始泵送。

7.5 高层建筑施工安全技术

7.5.1 编制安全技术方案及其他安全制度

1. 编制安全技术方案

高层建筑施工随着施工高度的增加，高空坠落、落物伤人等安全事故也有所增加。高处坠落事故死亡人数占工伤死亡人数的近一半。为了保证建筑工人在生产中的安全，高层建筑施工除遵守一般建筑安装工程的安全操作规程外，还应根据高层建筑施工的特点，编制出安全技术规程。高层建筑施工组织设计中应编制安全技术方案。

【案例 7-3】2012 年 1 月 14 日，在上海某总公司总包、某装饰有限公司分包的高层工地上(因 2012 年 1 月 11 日 4 号房做混凝土地坪，室内楼梯口临边防护栏杆拆除，但由于混凝土地坪尚未干透，强度不足，故无法恢复临边防护设施。项目部准备在地坪干透后，再重新设置临边防护栏杆，然后安排瓦工封闭 4 号房 13 层施工墙面过人洞)，分包单位现场负责人王某，未经项目部同意，擅自安排本公司两位职工到 4 号房 13 层封闭墙面过人洞，李某负责用小推车运送砌筑砖块。上午 7 时左右，李某在运砖时，由于通道狭窄，小推车不能直接穿过墙面过人洞，在转向后退时，不慎从 4 号房 13 层室内楼梯坠落至 12 层楼面(坠落高度 2.8m)。事故发生后，现场人员立即将其送往医院，经抢救无效于次日凌晨 2 时死亡。本起事故直接经济损失约为 14 万元。请结合上下文内容，分析如何避免这种情况的发生。

高层建筑施工工程最大，施工条件复杂，施工机具和施工人员较多，交叉作业的分项工程比较繁杂。因此，高层建筑施工组织设计应编制如下安全技术方案。

(1) 施工总平面图设计中要规划人流和货流的安全通道，要落实消防和卫生急救设施，在仓库、机具、物料、平面与空间安排上要符合消防和安全卫生规定。高层建筑施工用的塔式起重机的作用半径超出工地界限时，要编制保护城市管线和行人安全的技术措施。

(2) 地基基础施工要编制环境监测方案和保护地下管线及邻近建筑物的技术措施，其中还应该有应急的第二套保护措施。地基处理和深基础施工，结合不同的施工手段也要编制相应的安全技术措施。

(3) 主体结构施工应针对结构类型、模板体系分别详细地在分项工程施工方案中专门编制安全技术措施。

(4) 高层建筑施工用脚手架既是操作设施又是重要的安全设施。要根据脚手架的类型分别进行设计和计算，同时还必须编制搭设和拆除的安全措施和安全使用的管理规定。

(5) 高层建筑施工中物料与人员的垂直运输量大，对人、货的垂直运输要在施工组织设计中编制专门的安全技术措施及安全管理规定。对塔式起重机、井架、施工电梯、活动运货平台等的位置、性能、使用、管理等都应有严格的规定。

(6) 高层建筑施工的建筑垃圾的排放和楼面厕所卫生等，亦要编制总体技术方案，在结构与装饰施工方案中编制相应的实施方案。

(7) 高层建筑施工在结构与装饰两个施工阶段都要编制防火安全技术措施。

(8) 高层建筑施工要根据施工总进度计划编制立体作业的安全技术措施，对施工的空间进行控制，保证多层次立体交叉作业的安全。

2. 安全设施验收制度

由于高层建筑的安全设施很多，稍有失灵就会造成重大事故，所以验收制度在高层建筑中更加重要，一般高层建筑至少应对下列设施执行验收挂牌制度。

(1) 基坑板桩的支撑系统。

(2) 深基坑浮桥和操作平台。

(3) 脚手架。

(4) 全部垂直运输设备(井架、塔式起重机、施工电梯等)。

(5) 活动悬挑平台。

(6) 各种洞口邻边围栏及保护设施。

(7) 登高和登高作业设施。

音频.安全设施验收制度.mp3

(8) 施工组织设计中为作业安全、机电安全、防火需要等专门配置的各种设施。

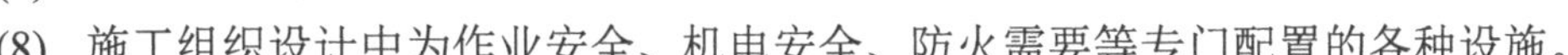

7.5.2 深基坑作业的安全技术

1. 基坑上口的安全注意事项

(1) 深基坑挖土之前在坑壁外设置挡水设施，防止地面水流入基坑。

(2) 挖土开始以后在深基坑四周设置防护栏杆，栏杆构造应符合临边和洞口作业的安全要求。

(3) 深基坑四周地面，在坑深一倍范围内的地面荷载，应由施工组织设计做出专门的规定，并有专人进行管理，不得随意放置机具和物料。

2. 坑内作业的安全注意事项

(1) 挖土必须严格按照施工组织设计规定的程序进行，每层挖土前认真检查坑壁和支撑的可靠性，并在整个施工过程中定时进行测试和检查。

(2) 严禁机具碰撞支撑系统，定期检查支撑的稳定性，除经事先设计计算外，支撑系统不能用作堆物平台或浮桥。

(3) 基坑每挖深一层，上部坑壁及支撑上的零星杂物必须清理干净，特别注意地下连续墙、灌筑桩等附带的不牢固的混凝土块，要派专人进行清理。

(4) 基坑内的垂直和水平运输要专门规划，进坑的运输浮桥和行人扶梯必须专门设计，设置后实行安全验收制度，并进行定期检查。

(5) 坑上和坑内各层支撑和行人通道必须专门设置，两边立1m高的栏杆，通道上不准堆放杂物。

(6) 进坑的动力及照明电线应使用电缆，其走向应专门设计，在支撑或坑壁上要可靠地进行固定。

(7) 坑内与坑外有联系的作业，必须设指挥员，规定专用讯号，严格按指挥讯号进行作业。

(8) 深基坑和上部有立体作业时，按交叉作业处理，中间设防护棚，禁止无防护棚时在一个垂直面内作业。

(9) 深基坑施工完毕拆除支撑和拔板桩时，必须严格按施工组织设计规定的程序进行，防止坑外土体产生破坏性的位移。

(10) 深基坑作业必须准备抢救时用的材料、机具和人员，在整个施工过程中要有人值班，以防万一。一旦深基坑进水或塌方时，要有应急的物质准备。

7.5.3 高层井架和施工电梯的安全技术

(1) 施工电梯和高层井架的选择除符合运输性能外，机器必须是由有许可证的专业厂生产或经权威组织鉴定、主管部门批准的专门产品，产品必须有专门的安全操作说明。

(2) 高层井架和施工电梯的扶墙与锚地的固定节点，必须严格按产品说明书或经计算批准的构造设置，要有专人检查。安装好的垂直运输机具要经专门验收、挂合格牌后使用。操作的基本要求应在驾驶员醒目处挂牌写明。

(3) 井架或施工电梯到达各层的信号及各层的呼叫信号要有可靠的信息系统联络，保证指挥的迅速正确。

(4) 垂直运输的人货流经过的各层出入口，要搭设可靠的遮棚。通道口要做安全门(机器停稳，安全门打开；机器离开，安全门关闭)，防止坠落事故。

(5) 垂直运输斗的井道，四边必须全封闭防护，防止头、手及物料伸入。井架及施工电梯底部，三面要搭设双层防坠棚，其挑出宽度正面不小于 2.8m，两侧不小于 1.8m，搭设高度在离地 4m 处。

(6) 高层井架以及施工电梯等垂直运输设备的顶部，在安装时应将一侧的中间立杆接高，高出顶端 2 m 作为接闪器，并在该立杆下端设置接地器。同时应将卷扬机的金属外壳可靠接地。

【案例 7-4】因施工需要，某大酒店工程项目部向某建筑总公司建筑机械租赁公司租赁了 1 台 SCD200/200A 型双笼施工升降机，由具有安装资质的租赁公司(下称安装单位) 自行安装。2013 年 9 月 20 日，租赁公司、设备生产厂家派出技术人员、安装工人到场安装。至 11 月 15 日，该施工升降机导轨架安装到 28.8m(19 节标准节)高度，并在建筑结构 2 层、5 层楼板面分别设置两道附着装置，但上行程开关曲臂未固定，上极限限位撞块、天轮架、天轮、对重均未安装，安装单位未对施工升降机进行全面检查，亦未办理验收手续，即于 11 月 16 日向工程项目部出具了工作联系单，申明“安装验收完毕，交付贵项目使用，并于即日起开始收取租赁费”。11 月 20 日 6 时，由无证上岗操作的女司机开动该施工升降机的一个吊笼载 2 名工人驶向 6 楼，吊笼运行超出导轨架顶后从高空倾翻坠落，吊笼内 3 人当场死亡。请结合上下文内容，分析如何避免这种情况的发生。

7.5.4 大模板施工安全技术

1. 基本要求

(1) 在编制施工组织设计时，必须针对大模板施工的特点制定行之有效的安全措施，并层层进行安全技术交底，经常进行检查，加强安全施工的宣传教育工作。

(2) 大模板和预制构件的堆放场地，必须坚实平整。

(3) 吊装大模板和预制构件，必须采用自锁卡环，防止脱钩。

(4) 吊装作业要监理统一的指挥信号。吊装工要经过培训，当大模板等吊件就位或落地时，要防止摇晃碰人或碰坏墙体。

(5) 要按规定支搭好安全网，在建筑物的出入口，必须搭设安全防护棚。

(6) 电梯井内和楼板洞口要设置防护板，电梯井口及楼梯处要设置护身栏，电梯井内每层都要设立一道安全网。

2. 大模板的堆放、安装和拆除安全措施

(1) 大模板的存放应满足自稳角的要求，并进行面对面堆放，长期堆放时，应用杉篙通过吊环把各块大模板连在一起。

没有支架或自稳角不足的大模板，要存放在专用的插放架上，不得靠在其他物体上，防止滑移倾倒。

(2) 在楼层上放置大模板时，必须采取可靠的防倾倒措施，防止碰撞造成坠落。遇有大风天气，应将大模板与建筑物固定。

(3) 在拼装式大模板进行组装时，场地要坚实平整，骨架要组装牢固，然后由下而上逐块组装。组装一块立即用连接螺栓固定一块，防止滑脱。整块模板组装以后，应转运至专用堆放场地放置。

(4) 大模板上必须有操作平台、上人梯道、护身栏杆等附属设施，如有损坏，应及时修补。

(5) 在大模板上固定衬模时，必须将模板卧放在支架上，下部留出可供操作用的空间。

(6) 起吊大模板前，应将吊装机械位置调整适当，稳起稳落，就位准确，严禁大幅度摆动。

(7) 外板内浇工程大模板安装就位后，应及时用穿墙螺栓将模板连成整体，并用花篮螺栓与外墙板固定，以防倾斜。

(8) 全现浇大模板工程安装外侧大模板时，必须确保三角挂架、平台板安装牢固，及时绑好护身栏和安全网。大模板安装后，应立即拧紧穿墙螺栓。安装三角挂架和外侧大模板的操作人员必须系好安全带。

(9) 大模板安装就位后，要采取防止触电保护措施，将大模板加以串联，并同避雷网接通，防止漏电伤人。

(10) 安装或拆除大模板时，操作人员和指挥必须站在安全可靠的地方，防止意外伤人。

(11) 拆模后起吊模板时，应检查所有穿墙螺栓和连接件是否全都拆除，在确无遗漏、模板与墙体完全脱离后，方准起吊。待起吊高度超过障碍物后，方准转臂行车。

(12) 在楼层或地面临时堆放的大模板，都应面对面放置，中间留出60cm宽的人行道，以便清理和涂刷脱模剂。

(13) 筒形模可用拖车整车运输，也可拆成屏膜重叠放置用拖车运输；其他形式的模板在运输前都应拆除支架，卧放于运输车上运送，卧放的垫木必须上下对齐，并封绑牢固。

(14) 在电梯间进行模板施工作业，必须逐层搭好安全防护平台，并检查平台支腿伸入墙内的尺寸是否符合安全规定。拆除平台时，先挂好吊钩，操作人员退到安全地带后，方可起吊。

(15) 采用自升式提模时，应经常检查倒链是否挂牢，立柱支架及筒模托架是否伸入墙

内。拆模时要待支架及托架分别离开墙体后再行起吊提升。

7.5.5 滑模施工安全技术

(1) 滑模施工设计时，必须注意施工过程中结构的稳定和安全。

(2) 滑模施工工程操作人员的上下，应设置可靠楼梯或在建筑物内及时安装楼梯。

(3) 采用降模法施工现浇楼板时，各吊点应加设保险钢丝绳。

(4) 滑模施工中，应严格按施工组织设计要求分散堆载，平台不得超载且不应出现不均匀堆载的现象。

(5) 施工人员必须服从统一指挥，不得擅自操作液压设备和机械设备。

(6) 滑模施工场地应有足够的照明，操作平台上的照明采用 36V 低压电灯。

(7) 凡患有高血压、心脏病及医生认为不适于高空作业者，不得参加滑模施工。

(8) 应遵守施工安全操作规程有关规定。

(9) 滑模平台在提升前应对全部设备装置进行检查，调试妥善后方可使用，重点放在检查平台的装配、节点、电气及液压系统。

(10) 平台内，外吊脚手架使用前，应一律安装好轻质牢固的安全网，并将安全网靠紧筒壁，经验收后方可使用。

(11) 为了防止高空物体坠落伤人，筒身内底部一般在 2.5m 高处搭设保护棚，应十分坚固可靠，并在上部铺一层 6～8mm 钢板防护。

(12) 避雷设备应有接地线装置，平台上振动器、电机等应接地。

(13) 通讯除电铃和信号灯外，还应装备步话机。

(14) 滑升模板在施工前，技术部门必须做好切实可行的施工方案及流移示意，操作人员必须严格遵照执行。

(15) 滑模在提升时，应统一指挥，并有专人负责量测千斤顶，升高时出现不正常情况时，应立即停止滑升，再找出原因，并制定相应措施后方准继续滑升。

本章小结

本章对高层建筑主体结构工程的相关知识进行了介绍，帮助读者了解建筑工程的相关概念、特点；高层建筑主体结构施工用机械，如塔式起重机、施工电梯、混凝土泵送设备、脚手架工程等；高层建筑的基础施工中的支护结构、地下连续墙、大体积混凝土施工等；高层建筑主体施工中的台模施工、隧道模施工和泵送混凝土施工；高层建筑施工安全技术等相关内容。

实训练习

一、单选题

1. 某高层建筑要求底部几层为大空间，此时应采用(　　)体系。

A. 框架结构　　B. 板柱结构　　C. 剪力墙结构　　D. 框支剪力墙

2. 下列结构类型中，抗震性能最好的是(　　)。

A. 框架结构　　B. 框架—剪力墙结构

C. 剪力墙结构　　D. 筒体结构

3. 下列叙述满足高层建筑规则结构要求的是(　　)。

A. 结构有较多错层　　B. 质量分布不均匀

C. 抗扭刚度低　　D. 刚度、承载力、质量分布均匀、无突变

4. 设防烈度为7度，高度为40m的高层建筑，(　　)的防震缝最大。

A. 框架结构　　B. 框剪结构

C. 剪力墙结构　　D. 三种类型结构一样大

5. 高层建筑各结构单元之间或主楼与裙房之间设置防震缝时，下列所述哪条是正确的？(　　)

A. 无可靠措施不应采用牛腿托梁的做法

B. 不宜采用牛腿托梁的做法

C. 可采用牛腿托梁的做法，但连接构造应可靠

D. 可采用牛腿托梁的做法，但应按铰接支座构造

二、多选题

1. 深基础施工中套管成孔灌注桩施工易产生的质量问题有(　　)。

A. 断桩　　B. 缩颈桩　　C. 吊脚桩

D. 桩端位移　　E. 深度不够

2. 扣件式脚手架由(　　)组成。

A. 钢管　B. 底座　C. 脚手板　D. 扣件　E. 提升装置

3. 控制大体积混凝土裂缝的方法有(　　)。

A. 优先选用低水化热的水泥

B. 在保证强度的前提条件下，降低水灰比

C. 控制混凝土内外温差

D. 增加水泥用量

E. 及时对混凝土覆盖保温、保湿材料

4. 施工安全管理中属于“三宝”的有(　　)。

A. 安全绳　B. 安全网　C. 安全带　D. 安全帽　E. 安全宣传标语

5. 混凝土施工缝继续浇筑混凝土时应进行如下处理(　　)。

A. 施工缝处应凿毛清洗干净　　B. 先铺10～15mm水泥砂浆

C. 剔除钢筋上的砂浆　　D. 施工缝处加强振捣

E. 采用强度较低的混凝土浇筑施工缝

三、简答题

1. 常用的高层建筑主体结构施工用机械有哪些？

2. 请简述大体积混凝土产生裂缝的主要因素。

3. 简述台模施工的过程。

第7章答案.doc

实训工作单一

<table>
<tr><td>班级</td><td></td><td>姓名</td><td></td><td>日期</td><td></td></tr>
<tr><td colspan="2">教学项目</td><td colspan="4">高层建筑基础施工</td></tr>
<tr><td>任务</td><td colspan="2">学习本章列出的三种基础施工方法</td><td>学习途径</td><td colspan="2">本章案例及查找相关图书资源</td></tr>
<tr><td colspan="3">学习目标</td><td colspan="3">掌握高层建筑基础施工常用的几种施工方法</td></tr>
<tr><td colspan="3">学习要点</td><td colspan="3"></td></tr>
<tr><td colspan="6">学习查阅记录</td></tr>
<tr><td>评语</td><td colspan="3"></td><td>指导老师</td><td></td></tr>
</table>

实训工作单二

班级		姓名		日期	
教学项目		高层建筑主体施工			
任务	学习台模施工和隧道模施工以及泵送混凝土施工的方法		学习途径	本章案例及查找相关图书资源	
学习目标			掌握高层建筑基础施工常用的几种施工方法		
学习要点					
学习查阅记录					
评语				指导老师	

第8章　防水工程

【教学目标】

第 8 章-防水工程 ppt.pptx

1. 了解建筑防水的分类和等级。
2. 掌握屋面防水工程施工的技术。
3. 掌握地下防水工程施工的技术。

【教学要求】

本章要点	掌握层次	相关知识点
防水工程的分类	1. 了解防水工程的概念 2. 熟悉防水工程的分类 3. 熟悉地下防水、屋面防水等级和设防要求	防水工程概述
三种地下防水工程的施工	1. 了解三种防水施工的优缺点 2. 掌握三种防水施工工艺	地下防水工程
三种屋面防水工程的施工	1. 了解三种防水施工的优缺点 2. 掌握三种防水施工工艺	屋面防水工程

【案例导入】

台湾大厦位于贵阳市大十字街口附近，属岩溶地基，地下水丰富，根据勘查报告，枯水期地下水位为 1052.90m，汛期地下水位为 1058.50m。而地下室底板高程为 1050.0m，底板承受的水头最大达 8.5m，最小为 2.9m。由于地下室长期处于地下水浸泡中，又未进行地下防渗处理，在水压力作用下，地下水沿着地下室混凝土薄弱带向室内渗漏。从工地现场看，地下室混凝土薄弱带主要为后浇带混凝土施工缝、混凝土蜂窝眼。

【问题导入】

请结合本章内容阐述常见的地下室防水技术有哪些。

8.1 防水工程概述

8.1.1 防水的概念

建筑防水工程是保证建筑物(构筑物)的结构不受水的侵袭、内部空间受水的危害的一项分部工程，建筑防水工程在整个建筑工程中占有重要的地位。建筑防水工程涉及建筑物(构筑物)的地下室、墙地面、墙身、屋顶等诸多部位，其功能就是要使建筑物或构筑物在设计耐久年限内，防止雨水及生产、生活用水的渗漏和地下水的侵蚀，确保建筑结构、内部空间不受到污损，为人们提供一个舒适和安全的生活空间环境。

建筑防水工程是为防止雨水、地下水、工业与民用给排水、腐蚀性液体以及空气中的湿气、蒸汽等对建筑物某些部位的渗透侵入，而从建筑材料上和构造上所采取的措施。

在工程建设过程中应采用有效、可靠的防水材料和技术措施，保证建筑物某些部位免受水的侵入和不出现渗漏现象，保护建筑物具有良好、安全的使用环境、使用条件和使用年限，因此，建筑防水技术在建筑工程中占有重要地位。

建筑物需要进行防水处理的部位主要有屋面、外墙面、厕浴间楼地面和地下室。

8.1.2 防水工程的分类

防水工程按不同的方式可以分为不同的种类，如图 8-1 所示。

1. 按建(构)筑物结构做法分类

1) 结构自防水

结构自防水又称躯体防水，是依靠建(构)筑物结构(底板、墙体、楼顶板等)材料自身的密实性以及采取坡度、伸缩缝等构造措施和辅以嵌缝膏，埋设止水带或止水环等，起到结构构件自身防水的作用。

2) 采用不同材料的防水层防水

即在建(构)筑物结构的迎水面以及接缝处，使用不同防水材料做成防水层，以达到防水的目的。其中按所用的不同防水材料又可分为刚性防水材料(如涂抹防水砂浆、浇筑掺有外加剂的细石混凝土或预应力混凝土等)和柔性防水材料(如铺设不同档次的防水卷材，涂刷各种防水涂料等)。

结构自防水和刚性材料防水均属于刚性防水；用各种卷材、涂料所做的防水层均属于柔性防水。

2. 按建(构)筑物工程部位分类

按建(构)筑物工程部位可划分为：地下防水、屋面防水、室内厕浴间防水、外墙板缝防水以及特殊建(构)筑物和部位(如水池、水塔、室内游泳池、喷水池、四季厅、室内花园等)防水。

3. 按材料品种分类

(1) 卷材防水：包括沥青防水卷材、高聚物改性沥青防水卷材、合成高分子防水卷材等。

(2) 涂膜防水：包括沥青基防水涂料、高聚物改性沥青防水涂料、合成高分子防水涂料等。

(3) 密封材料防水：改性沥青密封材料、合成高分子密封材料等。

(4) 混凝土防水：包括普通防水混凝土、补偿收缩防水混凝土、预应力防水混凝土、掺外加剂防水混凝土以及钢纤维或塑料纤维防水混凝土等。

按材料品种分类.docx

防水卷材.mp4

(5) 砂浆防水：包括水泥砂浆(刚性多层抹面)、掺外加剂水泥砂浆以及聚合物水泥砂浆等。

(6) 其他：包括各类粉状憎水材料，如建筑拒水粉、复合建筑防水粉等，还有各类渗透剂的防水材料。

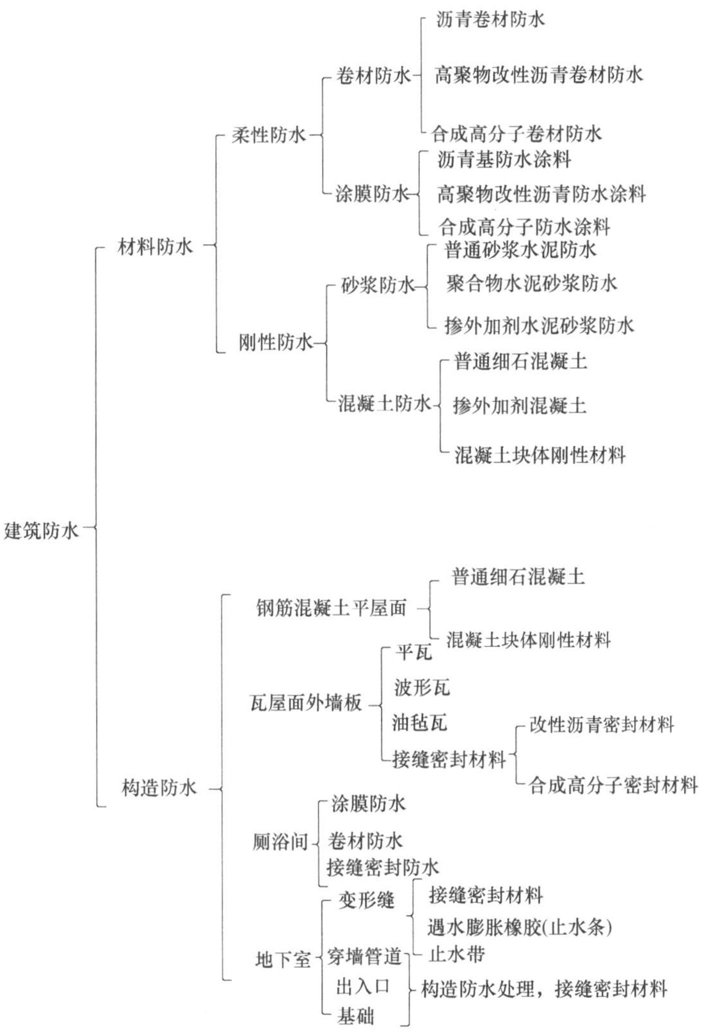

图 8-1　建筑防水分类

注：1. 在大多数防水工程中，材料防水和构造防水结合使用；

2. 图中材料防水和构造防水分类所用的材料仅在一处显示。

8.1.3 屋面防水、地下防水等级和设防要求

1. 屋面防水等级和设防要求

国家标准《屋面工程质量验收规范》(GB 50207—2012)按建筑物类别，将屋面防水的设防要求分为 2 个等级，如表 8-1 所示。

表 8-1 屋面防水等级和设防要求

防水等级	建筑类别	设防要求	年 限
I	重要建筑和高层建筑	两道防水设计	20/取消此规定
II	一般建筑	一道防水设计	10/取消此规定

2. 地下工程防水等级和防水标准

地下工程防水与屋面工程防水比较各有不同特点，地下工程长期受地下水位变化影响，处于水的包围当中。如果防水措施不当出现渗漏，不但修缮困难，影响工程正常使用，而且长期下去，会使主体结构产生腐蚀、地基下沉，危及安全，易造成重大经济损失。

《地下工程防水技术规范》(GB 50108—2008)将地下工程防水等级分为 4 级，如表 8-2 所示。

表 8-2 地下工程防水等级标准

防水等级	防水标准
1	不允许渗水，结构表面无湿渍
2	不允许漏水，结构表面可有少量湿渍 房屋建筑地下工程：总湿渍面积不大于总防水面积(包括顶板、墙面、地面)的 1‰；任意 $100m^2$ 防水面积上的湿渍不超过 2 处，单个湿渍的最大面积不大于 $0.1m^2$； 其他地下工程：湿渍总面积不应大于总防水面积的 2‰；任意 $100m^2$ 防水面积上的湿渍不超过 3 处，单个湿渍的最大面积不大于 $0.2m^2$；其中，隧道工程平均渗水量不大于 $0.05L/(m^2 \cdot d)$，任意 $100m^2$ 防水面积上的渗水量不大于 $0.15L/(m^2 \cdot d)$
3	有少量漏水点，不得有线流和漏泥砂； 任意 $100m^2$ 防水面积上的漏水或湿渍点数不超过 7 处，单个漏水点的最大漏水量不大于 2.5L/d，单个湿渍的最大面积不大于 $0.3m^2$
4	有漏水点，不得有线流和漏泥砂； 整个工程平均漏水量不大于 $2L/(m^2 \cdot d)$，任意 $100m^2$ 防水面积上的平均漏量不大于 $4L/(m^2 \cdot d)$

8.2 地下防水工程

地下防水工程是防止地下水对地下构筑物或建筑物基础的长期浸透，保证地下构筑物或地下室使用功能正常发挥的一项重要工程。由于地下工程常年受到地表水、潜水、上层

滞水、毛细管水等的作用，所以，对地下工程防水的处理比屋面防水工程要求更高，防水技术难度更大。而如何正确选择合理有效的防水方案就成为地下防水工程中的首要问题。

地下工程的防水方案，应遵循“防、排、截、堵结合，刚柔相济，因地制宜，综合治理”的原则，根据使用要求、自然环境条件及结构形式等因素确定。地下工程的防水，应采用经过试验、检测和鉴定并经实践检验质量可靠的新材料，行之有效的新技术、新工艺。常用的防水方案有以下3类。

(1) 结构自防水：它是以地下结构本身的密实性(即防水混凝土)实现防水功能，使结构承重和防水合为一体。即结构本身既是承重围护结构，又是防水层。因此，它具有施工简便、工期较短、改善劳动条件、节省工程造价等优点，是解决地下防水的有效途径，从而被广泛采用。

(2) 防水层防水：防水层防水又称构造防水，是通过结构内外表面加设防水层来达到防水效果。常用的防水层有水泥砂浆防水层、卷材防水层、涂膜防水层等，可根据不同的工程对象、防水要求及施工条件选用。

(3) 渗排水防水：利用盲沟排水、渗排水、内排水等措施来排除附近的水源以达到防水目的。适用于形状复杂、受高温影响、地下水为上层滞水且防水要求较高的地下建筑。

8.2.1 防水混凝土

1. 防水混凝土的分类

防水混凝土一般分为三类：普通防水混凝土、外加剂防水混凝土、膨胀水泥防水混凝土。

1) 普通防水混凝土

普通防水混凝土是通过调整混凝土的配合比来提高混凝土的密实度，以达到提高其抗渗能力的一种混凝土。由于混凝土是一种非均质材料，它的渗水是通过孔隙和裂缝进行的，因此，通过控制混凝土的水灰比、水泥用量和砂率来保证混凝土中砂浆的质量和数量，以控制孔隙的形成，切断混凝土毛细管渗水通路，从而提高混凝土的密实性和抗渗性能。

普通防水混凝土施工简便，造价低廉，质量可靠，适用于地上和地下防水工程。

2) 外加剂防水混凝土

掺外加剂的防水混凝土，是在混凝土中掺入适量的外加剂，以改善混凝土的密实度，提高其抗渗能力。目前常用的有：

(1) 三乙醇胺防水混凝土。这种防水混凝土是在混凝土中掺入水泥质量0.05%的三乙醇胺配制而成的。三乙醇胺防水剂能加快水泥的水化作用，使水泥结晶变细、结构密实。所以，三乙醇胺防水混凝土抗渗性好，早期强度高，施工简单，质量稳定。

(2) 加气剂防水混凝土。加气剂防水混凝土是在普通混凝土中掺加微量的加气剂配制而成的。混凝土中掺入加气剂后会产生许多微小均匀的气泡，增加了黏滞性，不易松散离析，显著地改善了混凝土的和易性，减少了沉降离析和泌水作用。硬化后的混凝土，形成了一个封闭的水泥浆壳，堵塞了内部毛细管通道，从而提高了混凝土的抗渗性。

3) 膨胀水泥防水混凝土

它是利用膨胀水泥水化时产生的体积膨胀，使混凝土在约束条件下的抗裂性和抗渗性获得提高，主要用于地下防水工程和后灌缝。

2. 防水混凝土的性质及材料要求

音频.防水混凝土的材料要求.mp3

防水混凝土结构常采用普通防水混凝土和外加剂防水混凝土，其抗渗等级不应低于 S6。

普通防水混凝土除满足设计强度要求外，还须根据设计的抗渗等级来配制。在防水混凝土中，水泥砂浆除满足填充、黏结作用外，还要求在石子周围形成一定数量和质量良好的砂浆包裹层，减少混凝土内部毛细管、缝隙的形成，切断石子间相互连通的渗水通路，满足结构抗渗防水的要求。

外加剂防水混凝土是在混凝土中加入一定量的外加剂，如减水剂、加气剂、防水剂及膨胀剂等，以改善混凝土性能和结构的组成，提高其密实性和抗渗性，达到防水要求。

防水混凝土宜优先采用普通硅酸盐水泥，也可采用矿渣硅酸盐水泥、复合硅酸盐水泥、火山灰硅酸盐水泥、粉煤灰硅酸盐水泥。无论采用何种水泥，均宜采用外加剂或掺合料(粉煤灰、硅粉等)配制混凝土，水泥强度等级不低于 32.5MPa。石子粒径宜为 5～40mm，含泥量不大于 1%，泵送时其最大粒径应为输送管径的 1/4。砂宜用中砂。

防水混凝土的配合比应通过试验确定。确定配合比时，应按设计要求的抗渗等级提高 0.2MPa，每立方米混凝土的水泥用量不少于 320kg。普通防水混凝土的含砂率以 35%～45%为宜；灰砂比应为 1∶1.5～1∶2.5；水灰比不宜大于 0.55；坍落度不大于 50mm，如掺用外加剂或采用泵送混凝土时，坍落度不受此限制。

3. 防水混凝土的施工

结构自防水混凝土的施工顺序：模板安装→钢筋绑扎→混凝土浇筑和振捣→混凝土的养护。

防水混凝土施工的注意事项如下。

(1) 防水混凝土所用模板，除满足一般要求外，应特别注意模板拼缝严密，支撑牢固。有足够的刚度、强度和稳定性，固定模板的铁件不能穿过防水混凝土，结构用钢筋不得触击模板，避免形成渗水路径。若两侧模板需用对拉螺栓固定时，应在螺栓或套管中间加焊止水环、螺栓堵头。

(2) 防水混凝土应用机械搅拌，搅拌时间不得少于 2min。掺外加剂的混凝土，外加剂应用拌合水均匀稀释，不得直接投入，搅拌时间应延长至 3min。搅拌掺加气剂防水混凝土时，搅拌时间应控制在 1.5～2min。

(3) 防水混凝土施工时，底板混凝土应连续浇筑，不得留施工缝。墙体一般只允许留水平施工缝，其位置应留在高出底板上表面不小于 200mm 的墙身上，不得留在剪力与弯矩最大处或底板与侧壁的交接处。如必须留垂直施工缝时，应留在结构的变形缝处。

8.2.2 水泥砂浆防水

1. 多层抹面水泥砂浆防水

多层抹面水泥砂浆防水层是利用不同的配合比的纯水泥浆(素灰)和水泥砂浆，交替抹压涂刷四层或五层的多层抹面的水泥砂浆防水层。它是利用抹压均匀、密实，并交替施工构成坚硬封闭的整体，具有较高的抗渗能力(2.5～3.0MPa，30d 无渗漏)，以达到阻止压力水渗透的作用。

多层抹面水泥砂浆防水适用于使用时不会因结构沉降、温度和湿度变化以及受震动而产生裂缝的地上和地下钢筋混凝土、混凝土和砖石砌体等防水工程。不适用于受腐蚀、100℃以上高温作用及遭受反复冻融的砖砌体工程。

混凝土或钢筋混凝土结构的混凝土等级不低于 C10;砖石结构的砌筑用砂浆等级不应低于 M5。

1) 材料及质量要求

(1) 应采用不低于 32.5 级的普通硅酸盐水泥、膨胀水泥、硅酸盐水泥、特种水泥。

(2) 采用中砂，含泥量不大于 1%，硫化物和硫酸盐含量不大于 1%。

(3) 拌制水泥砂浆所用的水，应采用不含有害杂质的洁净水。

(4) 施工时严格掌握水泥浆及水泥砂浆的配合比，应符合防水、材料性能、施工方法的要求。

2) 多层抹面水泥砂浆防水层施工

防水层做法：外抹面防水(迎水面，五层做法)和内抹面防水(背水面，四层做法)。施工顺序：一般先抹顶板，再抹墙面，后抹地面。

(1) 施工方法。

施工工序：处理基层(清理、浇水、补平)→分两次抹 2mm 厚素灰→初凝后，抹 4～5mm 水泥砂浆→凝固并有一定强度，洒水湿润，抹 2mm 厚素灰→抹 4～5mm 水泥砂浆，操作同第二层，若四层防水，应抹平压光→若五层防水，刷水泥浆一道，随第四层抹平压光。第五层(水泥砂浆，厚 1mm)，当防水层在迎水面时，则需在第四层水泥砂浆抹压两遍后，用毛刷均匀涂刷水泥浆一道，随第四层一并压光。

注意 1：每层宜连续施工，各层抹面严禁撒干水泥。

注意 2：防水层的施工缝必须留阶梯坡形槎，其接槎的层次要分明。

不允许水泥砂浆和水泥砂浆搭接，而应先在阶梯坡形接槎处均匀涂刷水泥浆一层，以保证接槎处不透水，然后依照层次操作顺序层层搭接。接槎位置需离开阴阳角 200mm。阴阳角均应做成圆弧或钝角，圆弧半径一般阳角为 10mm，阴角为 50mm。

(2) 防水层的养护。

对于地上防水部分应浇水养护，地下潮湿部位不必浇水养护。

2. 掺防水剂水泥砂浆防水层施工

掺防水剂的水泥砂浆，又称防水砂浆，是在水泥砂浆中掺入占水泥重量 3%～5%的各种防水剂配制而成，常用的防水剂有氯化物金属盐类防水剂和金属皂类防水剂。

1) 防水砂浆的种类

根据所采用的防水剂不同，可分为不同的类型。如采用氯化物金属盐类防水剂所配制的防水砂浆称为氯化铁防水砂浆；采用金属皂类防水剂配制的防水砂浆称为金属皂类防水砂浆等。氯化铁防水砂浆是目前几种常用的外加剂砂浆中抗渗性最好的一种，早期具有相当高的抗渗能力。

2) 防水砂浆的施工

防水层施工时的环境温度为 5～35℃，必须在结构变形或沉降趋于稳定后进行。为抵抗

裂缝，可在防水层内增设金属网片。

(1) 抹压法施工。

先在基层涂刷一层 1∶0.4 的水泥浆(重量比)，随后分层铺抹防水砂浆，每层厚度为 5～10mm，总厚度不小于 20mm。每层应抹压密实，待下一层养护凝固后再铺抹上一层。

(2) 扫浆法施工。

先在基层薄涂一层防水净浆，随后分层铺刷防水砂浆，第一层防水砂浆经养护凝固后铺刷第二层，每层厚度为 10mm，相邻两层防水砂浆铺刷方向互相垂直，最后将防水砂浆表面扫出条纹。

(3) 氯化铁防水砂浆施工。

先在基层涂刷一层防水净浆，然后抹底层防水砂浆，其厚 12mm 分两遍抹压，第一遍砂浆阴干后，抹压第二遍砂浆；底层防水砂浆抹完 12h 后，抹压面层防水砂浆，其厚 13mm，分两遍抹压，操作要求同底层防水砂浆。

掺防水剂水泥砂浆的防水层施工后 8～12h 即应进行覆盖湿草袋养护，养护温度不宜低于 5℃，养护时间不得小于 12d。

【案例 8-1】江苏省某市大楼地下室，由于设计等多方面原因，造成了地下室部分底板和外墙大面积的渗漏水，严重影响了施工进度和工程质量，试分析造成地下室渗漏的原因与常见的地下室防水施工技术。

8.2.3 卷材防水层

地下卷材防水层是一种柔性防水层，是用胶黏剂将几层卷材粘贴在地下结构基层的表面上而形成的多层防水层。它具有良好的防水性和良好的韧性，能适应振动和微小变形，能抵抗酸、碱、盐溶液的侵蚀，应用较广；但耐久性差、机械强度低，不易操作，防水性能要求高，出现漏洞不易修补。因此，卷材防水层只适应于形式简单的整体钢筋混凝土结构基层和以水泥砂浆、沥青砂浆或沥青混凝土为找平层的基层。

1. 卷材的基本要求

卷材防水层是依靠结构的刚度由多层卷材铺贴而成的，因此基层要坚固、平整而干燥。卷材防水层不耐油脂和可溶解沥青的溶剂，也不宜承受超过 0.5MPa 的压力和大于 0.01MPa 的侧压力。为保证正常施工，卷材铺贴温度应不低于 5℃，在冬期施工中应有保温措施。

2. 卷材及胶结材料的选择

卷材防水层应采用高聚物改性沥青防水卷材和合成高分子防水卷材。所选用的基层处理剂、胶黏剂、密封材料等配套材料均应与铺贴的卷材材性相容，并具有良好的耐水性、耐久性、耐刺穿性、耐腐蚀性和耐菌性。卷材的主要物理性能应满足设计和规范的要求。

3. 卷材防水层的施工

将卷材防水层铺贴在建筑物的外侧(迎水面)称外防水。这种铺贴方法可借助土的侧压力将贴面压紧，并与承重结构一起抵抗有压地下水的浸渗作用，防水效果较好，应用较广。卷材防水层的施工方法，按其与地下防水结构施工的先后顺序，分为外防水外贴法(简称外贴法)和外防水内贴法(简称内贴法)。

外贴法.mp4

音频.外贴法的优缺点.mp3

1) 外贴法

外贴法是在垫层上先铺贴好底板卷材防水层，进行地下需防水结构的混凝土底板与墙体施工，待墙体侧模拆除后，再将卷材防水层直接铺贴在墙面上，然后砌筑保护墙的一种方法。外贴法的施工顺序是先在混凝土底板垫层上做 1∶3 的水泥砂浆找平层，待其干燥后，再铺贴底板卷材防水层，并在四周伸出与墙身卷材防水层搭接。保护墙分为两部分，下部为永久性保护墙，高度不小于 B+100mm(B 为底板厚度)；上部为临时保护墙，高度一般为 300mm，用石灰砂浆砌筑，以便拆除。保护墙砌筑完毕后，再将伸出的卷材搭接接头临时贴在保护墙上。然后进行混凝土底板与墙身施工，墙体拆模后，在墙面上抹水泥砂浆找平层并刷冷底子油，再将临时保护墙拆除，找出各层卷材搭接接头，并将其表面清理干净。此处卷材应错槎接缝，依次逐层铺贴，最后砌筑永久性保护墙，如图 8-2 所示。

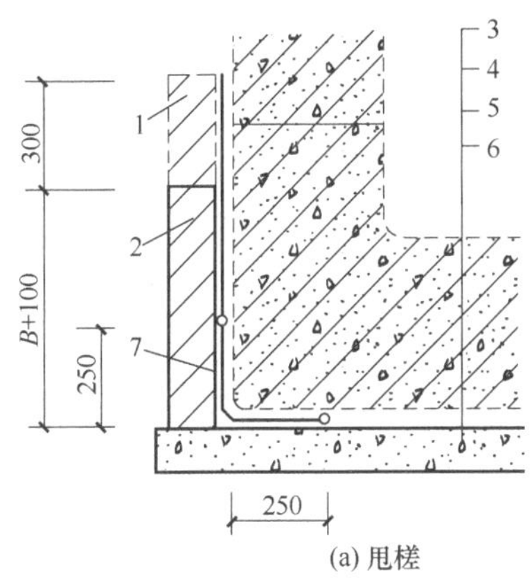

(a) 甩槎

1—临时保护墙；2—永久性保护墙；
3—细石混凝土保护墙；4—防水卷材；
5—水泥砂浆找平层；6—混凝土垫层；
7—卷材加强层；B—混凝土底板厚度

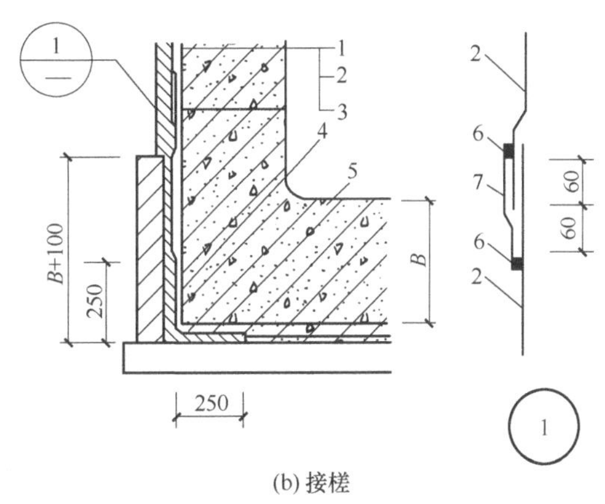

(b) 接槎

1—围护结构；2—卷材防水层；
3—卷材保护层；4—卷材加强层；
5—底板；6—密封材料；7—盖缝条

图 8-2 外防水外贴法(单位：mm)

外贴法的优点是建筑物与保护墙有不均匀沉陷时，对防水层影响较小；防水层做好后即进行漏水试验，修补也方便。缺点是工期长，占地面积大；底板与墙身接头处卷材容易受损。在施工现场条件允许时，多采用此法施工。

2) 内贴法

内贴法.mp4

内贴法是在混凝土底板垫层做好以后，在垫层四周干铺一层油毡并在上面砌一砖厚的保护墙；在内侧用 1∶3 水泥砂浆抹找平层，待找平层干燥后刷冷底子油一遍，然后铺卷材防水层。铺贴时应先贴垂直面，后贴水平面；先贴转角，后贴大面。在全部转角处应铺贴卷材附加层，附加层可用两层同类油毡或一层抗拉强度较高的卷材，并应仔细粘贴紧密。卷材防水层铺完经验收合格后即应做好保护层。立面可抹水泥砂浆、贴塑料板，或用氯丁系胶黏剂粘铺石油沥青纸胎油毡；平面可抹水泥砂浆，或浇筑不少于 50mm 厚的细石混凝土。如为混凝土结构，则永久保护墙可作为一侧模板，结构顶板卷材防水层上的细石混凝土保护层厚度应不小于 70mm，防水层如为单层卷材，则其与保护层之间应设置隔离层。结构完工后，方可回填土，如图 8-3 所示。

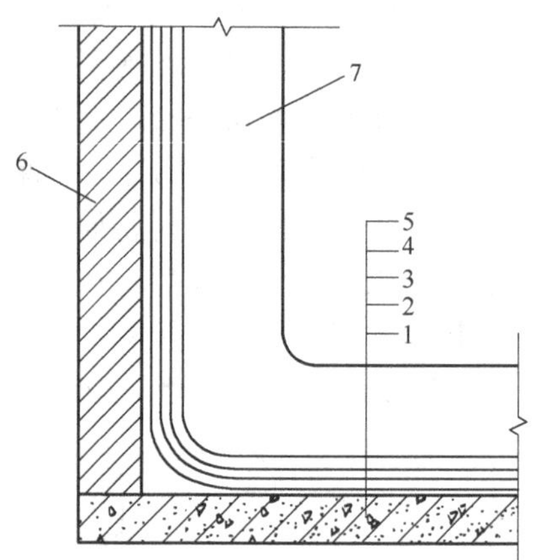

图 8-3　外防水内贴法

1—垫层；2—找平层；3—卷材防水层；4—保护层；5—底板；6—保护墙；7—需防水结构墙体

内贴法与外贴法相比，其优点是：卷材防水层施工较简便，底板与墙体防水层可一次铺贴完，不必留接槎，施工占地面积较小。但也存在着结构不均匀沉降对防水层影响大、易出现渗漏水现象、竣工后出现渗漏水修补较困难等缺点。工程上只有当施工条件受限时，才采用内贴法施工。

8.3　屋面防水工程

8.3.1　卷材屋面防水

1. 卷材防水屋面

卷材防水屋面是采用胶结材料将防水卷材粘成一整片能防水的屋面覆盖层。卷材防水屋面属柔性防水屋面，其优点是质量轻、防水性能较好，尤其是防水层具有良好的柔韧性，能适应一定程度的结构振动和胀缩变形。

卷材防水屋面一般由结构层、隔汽层、保温层、找平层、基层处理剂胶黏层、防水层和保护层组成，如图 8-4 所示。

音频.卷材防水屋面的优点.mp3

2. 卷材防水屋面的施工

卷材防水屋面的施工过程：屋面基层施工→隔汽层施工→保温层施工→找平层施工→刷冷底子油→铺贴卷材附加层→铺贴卷材防水层→保护层施工。

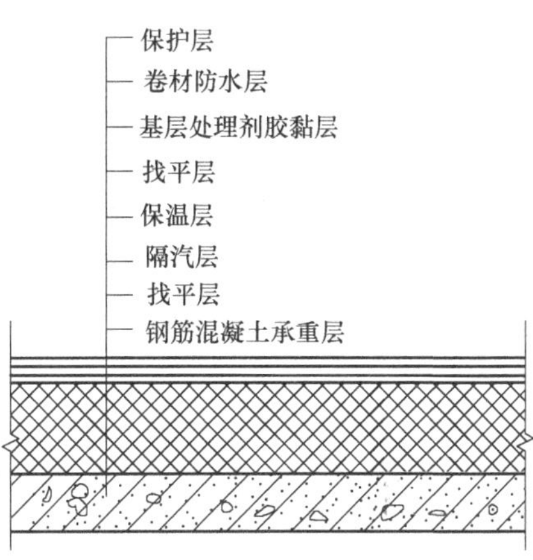

图 8-4 卷材防水层的组成

1) 基层处理

卷材防水屋面可用水泥砂浆、沥青砂浆和细石混凝土找平层作基层。找平层的排水坡度应符合设计要求。平屋面采用结构找坡不应小于 3%，采用材料找坡宜为 2%；天沟、檐沟纵向找坡应小于 1%，沟底水落差不得超过 200mm。

基层与突出屋面结构(女儿墙、山墙、天窗壁、变形缝、烟囱等)的交接处和基层的转角处，找平层均应做成圆弧形，内部排水的水落口周围的找平层应做成略低的凹坑。找平层宜设分格缝，并嵌填密封材料。分格缝应留设在板端缝处，其纵横缝的最大间距：水泥砂浆或细石混凝土找平层，不宜大于 6m；沥青砂浆找平层，不宜大于 4m。

2) 隔汽层施工

隔汽层可采用气密性好的卷材或防水涂料。一般是在结构层(或找平层)上涂刷冷底子油一道和热沥青两道，或铺设一毡两油。

隔汽层必须是整体连续的。在屋面与垂直面衔接的地方，隔汽层还应延伸到保温层顶部并高出 150mm，以便与防水层相接。采用卷材隔汽层时，卷材的搭接宽度不得小于 70mm。采用沥青基防水涂料时，其耐热度应比室内或室外的最高温度高出 20～25℃。

3) 保温层施工

根据所使用的材料，保温层可分为松散、板状和整体三种形式。

(1) 松散材料保温层施工。

施工前应对松散保温材料的粒径、堆积密度、含水率等主要指标抽样复查，符合设计或规范要求时方可使用。施工时，松散保温材料应分层铺设，每层虚铺厚度不宜大于 150mm，边铺边适当压实，使表面平整。压实程度与厚度应经试验确定，压实后不得直接在保温层上行车或堆放重物。保温层施工完成后应及时进行下道工序——抹找平层。铺抹找平层时，可在松散保温层上铺一层塑料薄膜等隔水物，以阻止找平层砂浆中水分被保温材料吸收。

(2) 板状保温层施工。

板状保温材料的外形应整齐，其厚度允许偏差为±5%，且不大于 4mm，其表观密度、导热系数以及抗压强度也应符合规范规定的质量要求。板状保温材料可以干铺，应紧靠基层表面铺平、垫稳，接缝处应用同类材料碎屑填嵌饱满；也可用胶黏剂粘贴形成整体。多层铺设或粘贴时，板材的上、下层接缝要错开，表面要平整。

(3) 整体保温层施工。

常用的材料有水泥或沥青膨胀珍珠岩及膨胀蛭石，分别选用强度等级不低于 32.5 级的水泥或 10 号建筑石油沥青作胶结料。水泥膨胀珍珠岩、水泥膨胀蛭石宜采用人工搅拌，避免颗粒破碎，并应拌和均匀，随拌随铺，虚铺厚度应根据试验确定，铺后拍实抹平至设计厚度，压实抹平后应立即抹找平层；沥青膨胀珍珠岩、沥青膨胀蛭石宜采用机械搅拌，拌至色泽一致、无沥青团，沥青的加热温度不高于 240℃，使用温度不低于 190℃，膨胀珍珠岩、膨胀蛭石的预热温度宜为 100～120℃。

4) 找平层施工

找平层位于卷材屋面的屋面板或保温层之上、防水层之下，是在填充层或结构层上进行抹平的构造层，以便于卷材铺贴平整，黏结牢固，使基层与卷材层连成整体而共同工作。找平层一般采用 1∶3 水泥砂浆、细石混凝土或 1∶8 沥青砂浆，其表面应平整、粗糙，按设计留置坡度，屋面转角处设半径不小于 100mm 的圆角或斜边长 100～150mm 的钝角垫坡。为了防止由于温差和结构层的伸缩而造成防水层开裂，顺屋架或承重墙方向留设 20mm 左右的分格缝，缝的最大间距不宜大于 4～5mm。

水泥砂浆找平层的铺设应由远而近，由高到低；每分格内应一次连续铺成，用 2m 左右长的木条找平；待砂浆稍收水后，用抹子压实抹平。完工后尽量避免踩踏。

沥青砂浆找平层施工时，基层必须干燥，然后满涂冷底子油 1 道或 2 道，待冷底子油干燥后，可铺设沥青砂浆，其虚铺厚度约为压实后厚度的 1.3～1.4 倍，刮干后，用火滚进行滚压至平整、密实、表面不出现蜂窝和压痕为止。滚筒应保持清洁，表面可涂刷柴油。滚压不到之处，可用烙铁烫压平整，沥青砂浆铺设后，当天应铺第一层卷材，否则要用卷材盖好，防止雨水、露水浸入。

5) 刷冷底子油

冷底子油是利用 30%～40%的石油沥青加入 70%的汽油或者加入 60%的煤油熔融而成。冷底子油渗透性强，喷涂在表面上，可使基层表面具有憎水性并增强沥青胶结材料与基层表面的黏结力。

刷冷底子油之前，先检查找平层的表面。冷底子油可以涂刷或喷涂，涂刷应薄而均匀，不得有空白、麻点或气泡。涂刷时间应待找平层干燥、铺卷材前 1～2d 进行，使油层干燥而又不沾染灰尘。

6) 卷材附加层施工

屋面防水层施工时应对屋面排水比较集中的檐沟墙、女儿墙、天墙壁、变形缝、烟囱根、管道根与屋面交接处及檐口、天沟、斜沟、雨水口、屋脊等部位按设计要求先做附加层。附加层在排汽屋面排汽道、排汽帽等处必须单面点贴，以保证排汽通道畅通。

7) 卷材防水层施工

(1) 施工前的准备工作。

卷材防水层施工应在屋面上其他工程完工后进行。施工前应先在阴凉干燥处将卷材打开，清除云母片或滑石粉，然后卷好直立放于干净、通风、阴凉处待用；准备好熬制、拌和、运输、刷油、清扫、铺贴卷材等施工操作工具以及安全和灭火器材；设置水平和垂直运输的工具、机具和脚手架等，并检查是否符合安全要求。

(2) 高聚物改性沥青防水卷材施工。

高聚物改性沥青防水卷材的粘贴可采用热熔法、冷粘法和自粘法等。

① 热熔法。热熔法是利用火焰加热器熔化热熔型防水卷材底层的热熔胶进行粘贴的施工方法。铺贴时，用火焰加热器加热基层和卷材的交界处，在卷材表面热熔后(以卷材表面熔融至光亮黑色为度)应立即滚铺卷材，使之平展，并辊压黏结牢固。搭接缝处必须以溢出热熔的改性沥青胶为度，并应随即刮封接口。加热卷材时应均匀，不得过分加热或烧穿卷材。对厚度小于 3mm 的高聚物改性沥青防水卷材严禁采用热熔法施工。

② 冷粘法。冷粘法是利用毛刷将胶黏剂涂刷在基层或卷材上，然后直接铺贴卷材，使卷材与基层、卷材与卷材黏结的方法。施工时，胶黏剂涂刷应均匀、不露底、不堆积。空铺法、条粘法、点粘法应按规定位置与面积涂刷胶黏剂。铺贴卷材时应平整顺直，搭接尺寸准确，接缝应满涂胶黏剂，辊压黏结牢固，溢出的胶黏剂随即刮平封口；也可采用热熔法接缝。接缝口应用密封材料封严，宽度不应小于 10mm。

③ 自粘法。自粘法施工是指采用带有自粘胶的防水卷材进行铺贴黏结的施工方法。铺贴前，基层表面应均匀涂刷基层处理剂，待干燥后及时铺贴卷材。铺贴时，应先将自粘胶底面隔离纸完全撕净，排除卷材下面的空气，并辊压黏结牢固，不得空鼓。搭接部位必须采用热风焊枪加热后随即粘贴牢固，溢出的自粘胶随即刮平封口。接缝口用不小于 10mm 宽的密封材料封严。

(3) 合成高分子防水卷材施工。

合成高分子防水卷材的施工方法主要有冷粘法、自粘法和热风焊接法 3 种。

冷粘法、自粘法施工要求与高聚物改性沥青防水卷材基本相同。但冷粘法施工时搭接部位应采用与卷材配套的接缝专用胶粘剂，在搭接缝黏合面上涂刷均匀，并控制涂刷与黏合的间隔时间，排除空气，辊压黏结牢固。

热风焊接法是利用热空气焊枪进行防水卷材搭接黏合的方法。焊接前卷材铺放应平整顺直，搭接尺寸正确；施工时焊接缝的接合面应清扫干净，应无水滴、油污及附着物。先焊长边搭接缝，后焊短边搭接缝，焊接处不得有漏焊、缺焊、焊焦或焊接不牢的现象，也不得损害非焊接部位的卷材。

(4) 卷材铺贴的一般要求。

铺贴多跨和高、低跨的房屋卷材防水层时，应按先高后低、先远后近的顺序进行；铺贴同一跨房屋防水层时，应先铺排水比较集中的水落口、檐口、斜沟、天沟等部位及卷材附加层，按标高由低到高向上施工；坡面与立面的卷材，应由下开始向上铺贴，使卷材按流水方向搭接，如图 8-5 所示。

【案例 8-2】某单层单跨(跨距 18m) 装配车间，屋面结构为 1.5m×6m 预应力大型屋面板。其设计要求为屋面板上设 120mm 厚沥青膨胀珍珠岩保温层、20mm 厚水泥砂浆找平层、二毡三油一砂卷材防水层。保温层、找平层分别于 8 月中旬、下旬完成施工，9 月中旬开始铺贴第一层卷材，第一层卷材铺贴 2d 后，发现 20%的卷材起鼓，找平层也出现不同程度鼓裂。请结合上下文内容分析出现这种情况的原因。

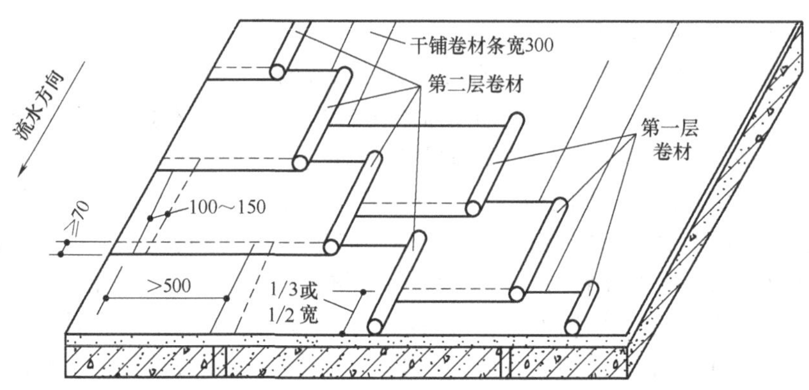

图 8-5　卷材铺贴要求

8.3.2 涂膜防水屋面

涂膜防水屋面是在屋面基层上涂刷防水涂料，经固化后形成一层有一定厚度和弹性的整体涂膜层，从而达到防水目的的一种防水屋面形式。这种屋面施工操作简便，无污染，冷操作，无接缝，能适应复杂基层，防水性能好，适用于各种混凝土屋面的防水。涂膜防水屋面构造如图 8-6 所示。

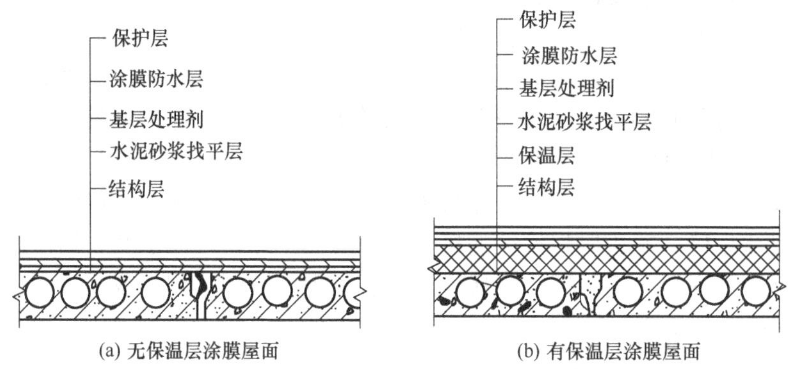

图 8-6　涂膜防水屋面构造

1. 防水涂料

(1) 高聚物改性沥青防水涂料。高聚物改性沥青防水涂料又称橡胶沥青类防水涂料，其成膜物质中的胶粘材料是沥青和橡胶(再生橡胶或合成橡胶)。该类涂料有水乳型和溶剂型两种。

(2) 合成高分子防水涂料。合成高分子防水涂料是以合成橡胶或合成树脂为主要成膜物质配制成的单组分或双组分的防水涂料。最常用的有聚氨酯防水涂料和丙烯酸酯防水涂料等。

2. 涂膜防水屋面施工

涂膜防水层的施工过程：基层表面清理、修整→喷涂基层处理剂(底涂料)→板缝嵌填密封材料施工→特殊部位附加增强处理→涂布防水涂料及铺贴胎体增强材料→清理与检查修理→保护层施工。

1) 基层清理

涂膜防水屋面的基层表面清理、修整的操作步骤与卷材防水屋面基本相同，施工过程参照卷材防水屋面。

2) 喷涂基层处理剂

基层处理剂应与上部涂料的材性相容，常用防水涂料的稀释液进行刷涂或喷涂。喷涂前应充分搅拌，喷涂均匀，覆盖完全，干燥后方可进行涂膜防水层施工。

3) 板缝嵌填密封材料施工

涂膜防水屋面防水层施工前应先对屋面板的板端缝、板边缝或找平层的分格缝、变形缝等防水部位进行修补清理，干燥后涂刷与密封材料基层处理相配套的基层处理剂。改性石油沥青密封材料基层处理剂应现场配制。配比符合设计要求，搅拌应均匀。合成高分子多组分反应固化型材料配制时，先读懂产品说明书，再根据固化前的有效时间确定一次使用量，用多少配多少，未用完的不得下次使用。基层处理剂涂刷前在接缝处底部应填放与基层处理剂不相容的背衬材料(如泡沫棒或油毯条)，然后再涂刷基层处理剂，涂刷应均匀，不得漏刷，干燥后应立即嵌填密封材料。

4) 特殊部位附加增强处理

在管道根部、阴阳角等部位，应做不少于一布二涂的附加层；在天沟、檐沟与屋面交接处以及找平层分格处均应空铺宽度不小于 200～300mm 的附加层，构造做法应符合设计要求。

5) 涂布防水涂料及铺贴胎体增强材料

防水涂膜施工一般采用手工抹压、涂刷或喷涂等方法。防水涂膜应分层分遍涂布，待先涂的涂层干燥成膜后，方可涂布后一层涂料。防水涂膜施工应符合下列规定。

(1) 涂膜应根据防水涂料的品种分层分遍涂布，不得一次涂成。

(2) 应待先涂的涂层干燥成膜后，方可涂后一遍涂料。

(3) 需铺设胎体增强材料时，屋面坡度小于 15%时可平行屋脊铺设，屋面坡度大于 15%时应垂直于屋脊铺设。

(4) 胎体长边搭接宽度不应小于 50mm，短边搭接宽度不应小于 70mm。

(5) 采用两层胎体增强材料时，上下层不得相互垂直铺设，搭接缝应错开，其间距不应小于幅宽的 1/3。

6) 保护层施工

为了防止涂料过快老化，涂膜防水层应设置保护层。保护层材料可采用细石、云母、蛭石、浅色涂料、水泥砂浆或块材等。在涂刷最后一道涂料时，如采用细石、云母作保护层，可边涂刷边均匀地撒布，不得露底，待涂料干燥后，将多余的撒布材料清除。当采用浅色涂料作保护层时，应在涂膜固化后进行。

3. 屋面涂膜防水施工的注意事项

(1) 在屋面结构和女儿墙结构完成后，清除杂物，结构层清除干净后用水冲洗，并检查有无渗漏，一旦发现要认真处理，直到不渗水为止，然后再做找平层、保温层、找平层、柔性防水层、保护层和面层。

(2) 找坡保温层要保证配比及坡度符合设计要求，防止产生积水。含水量小于 12%才能进行防水层施工。

(3) 防水层施工前找平层必须符合要求，特别是天沟及转折处要按标准图认真施工。

(4) 管道洞口处，混凝土要填补密实，并泡水检查无渗漏后，再做防水层。

(5) 防水层必须严格按操作规程施工，组织专人操作，做到不空鼓、不起皮，粘贴牢固。

(6) 在防水层施工后，必须做蓄水试验，蓄水时间不少于 24h，合格后才能进行下道工序。做完保护层后还应进行二次蓄水试验，达到最终无渗漏和排水通畅后，方可进行正式验收。

(7) 屋面与女儿墙交接处应做成圆弧形，排水沟必须有坡度，确保屋面工程质量合格。

8.3.3 刚性防水屋面

刚性防水屋面是指利用刚性防水材料作防水层的屋面，根据防水层所用材料的不同，刚性防水屋面可分为普通细石混凝土防水屋面、补偿收缩混凝土防水屋面及块体刚性防水屋面。刚性防水屋面的结构层宜为整体现浇的钢筋混凝土或装配钢筋混凝土板。

与卷材及涂膜防水屋面相比，刚性防水屋面所用材料易得，价格便宜，耐久性好，维修方便，但刚性防水层材料的表观密度大，抗拉强度低，极限拉应力变小，易受混凝土或砂浆的干湿变形、温度变形和结构变位影响而产生裂缝。其主要适用于防水等级为Ⅲ级的屋面防水，也可用作Ⅰ、Ⅱ级屋面多道防水设防中的一道防水层，不适用于设有松散材料保温层的屋面以及受较大震动或冲击和坡度大于 15%的建筑屋面。

1. 屋面构造

细石混凝土刚性防水屋面，一般是在屋面板上浇筑一层厚度不小于 40mm 的细石混凝土，作为屋面防水层，如图 8-7 所示。刚性防水屋面的坡度宜为 2%～3%，并应采用结构找坡，其混凝土强度等级不得低于 C20，水灰比不大于 0.55，每立方米水泥最小用量不应小于 330kg，灰砂比为 1∶2～1∶2.5。为使其受力均匀，有良好的抗裂和抗渗能力，在混凝土中应配置直径为 4～6mm、间距为 100～200mm 的双向钢筋网片，且钢筋网片在分格缝处应断开，其保护层厚度不小于 10mm。块体刚性防水层使用的块体应无裂纹、无石灰颗粒、无灰浆泥面、无缺棱掉角，质地密实，表面平整。

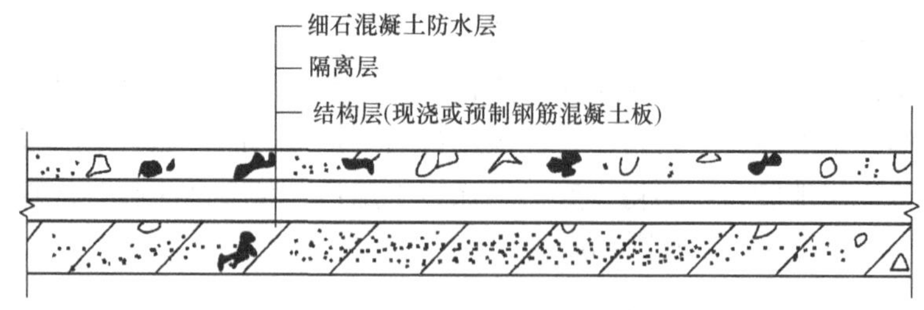

图 8-7　刚性防水屋面构造

2. 施工工艺

刚性防水层的施工工艺为：屋面基层施工→找坡、找平层施工→隔离层施工→分格缝的设置→防水层配筋→防水层施工→细部处理。

1) 基层施工要求

刚性防水屋面的结构层宜为整体现浇的钢筋混凝土。当屋面结构层采用装配式钢筋混凝土板时，应用强度等级不小于 C20 的细石混凝土灌缝，灌缝的细石混凝土宜掺膨胀剂。当屋面板板缝宽度大于 40mm 或上窄下宽时，板缝内必须设置构造钢筋，板端缝应进行密封处理。

2) 找坡、找平层施工

为了保证刚性防水屋面排水流畅，要按设计要求对屋面进行找坡，通常的做法有结构找坡和找平层找坡。找平层应平整、压实、抹光，使其具有一定的防水能力。

3) 设置隔离层

为了缓解基层变形对刚性防水层的影响，在基层与防水层之间宜设置隔离层。

(1) 在细石混凝土防水层与基层之间设置隔离层，依据设计可采用干铺无纺布、塑料薄膜或者低强度等级的砂浆，施工时避免钢筋破坏防水层，必要时可在防水层上做砂浆保护层。

(2) 采用低强度等级的砂浆的隔离层表面应压光，施工后的隔离层应表面平整光洁，厚薄一致，并具有一定的强度。

4) 分格缝设置

为了防止大面积的细石混凝土屋面防水层由于温度变化等的影响而产生裂缝，防水层必须设置分格缝。分格缝的位置应按设计要求确定，一般应留在结构应力变化较大的部位，如设置在装配式屋面结构的支撑端、屋面转折处、防水层与突出屋面板的交接处，并应与板缝对齐，其纵横间距不宜大于 6m。一般情况下，屋面板支撑端每个开间应留横向缝，屋脊应留纵向缝，分格的面积以 20m^2 左右为宜。

5) 防水层配筋

钢筋网片应放在防水层上部，绑扎钢丝收口应向下弯，不得露出防水层表面。钢筋网片要保证位置的正确性，并且必须在分格缝处断开，使防水层在该处能自由伸缩。为保证分格缝位置正确，可采用先布满钢筋，再绑扎成型，其后在分格缝的位置剪断并弯钩的操作方法；也可将分格条开槽穿筋，使冷拔低碳钢丝调直拉伸并固定在屋面周边设置的临时支座上，待混凝土初凝后取出来木条，修补缺陷，待混凝土强度大于 50%，剪断分格缝处钢丝，然后拆除支座。

6) 防水层施工

混凝土浇筑应按照由远而近、先高后低的原则进行。在每个分格内，混凝土应连续浇筑，不得留施工缝，混凝土要铺平铺匀，用高频平板振动器振捣或用滚筒碾压，保证达到密实程度，振捣或碾压泛浆后，用木抹子拍实抹平。

待混凝土收水初凝后，大约 10h，起出木条，避免破坏分格缝，用铁抹子进行第一次抹压，混凝土终凝前进行第二次抹压，使混凝土表面平整、光滑、无抹痕。抹压时严禁在表面洒水、加水泥或水泥浆。

细石混凝土终凝后(12～24h)应进行养护，养护时间不应少于 14d。养护方法可采用洒水湿润，也可采用喷涂养护剂、覆盖塑料薄膜或锯末等方法，必须保证细石混凝土处于充分的湿润状态。

7) 细部处理

(1) 细部构造。屋面刚性防水层与山墙、女儿墙等所有竖向结构及设备基础、管道等突出屋面结构交接处都应断开，留出 30mm 的间隙，并用密封材料嵌填密封。在交接处和基层转角处应加设防水卷材。为了避免用水泥砂浆找平并抹成圆弧易造成粘结不牢、空鼓、开裂的现象，应采用与刚性防水层做法一致的细石混凝土(内设钢筋网片)在基层与竖向结构的交接处和基层的转角处找平并抹圆弧，同时为了有利于卷材铺贴，圆弧半径宜大于 100mm、小于 150mm。竖向卷材收头固定密封于立墙凹槽或女儿墙压顶内，屋面卷材头应用密封材料封闭。细石混凝土防水层应伸到挑檐或伸入天沟、檐沟内不小于 60mm，并做滴水线。

(2) 嵌填密封材料。应先对分格缝、变形缝等防水部位的基层进行修补清理，去除灰土杂物，铲除砂浆等残留物，使基层牢固、表面平整密实、干净干燥，方可进行密封处理。密封材料采用改性沥青密封材料或合成高分子密封材料。

【案例 8-3】某学院综合楼工程，框架结构，8 层。工程被列为新型墙体应用技术推广示范工程。填充墙使用的是陶粒混凝土空心砌块。陶粒混凝土空心砌块，干密度小(550～750kg/m^3)，保温隔热性能好，与抹灰层粘结牢固，是近年来兴起的一种新型建筑材料，得到了广泛采用。该工程竣工还没有正式验收前，发现内外墙面多处出现裂缝，引起渗漏。请结合上下文分析出现这种情况的原因。

本章小结

建筑物渗透问题是建筑物较为普遍的质量通病，也是住户反映最为强烈的问题，建筑物的防水问题最根本的原因是建筑物在建造过程中没有做到位。本章对建筑物防水的概念、分类、相关的标准要求等进行了介绍，并针对地下防水和屋面防水的施工技术依次进行阐述，帮助读者对防水工程有一个全面的了解。

实训练习

一、单选题

1. 采用条粘法铺贴屋面卷材时，每幅卷材两边的粘贴宽度不应小于(　　)。
   A. 50mm　　B. 100mm　　C. 150mm　　D. 200mm
2. 在涂膜防水屋面施工的工艺流程中，基层处理剂干燥后的第一项工作是(　　)。
   A. 基层清理　　B. 节点部位增强处理
   C. 涂布大面防水涂料　　D. 铺贴大面胎体增强材料
3. 屋面刚性防水层的细石混凝土最好采用(　　)拌制。
   A. 火山灰水泥　　B. 矿渣硅酸盐水泥
   C. 普通硅酸盐水泥　　D. 粉煤灰水泥
4. 地下工程防水卷材的设置与施工宜采用(　　)法。

A. 外防外贴　　B. 外防内贴　　C. 内防外贴　　D. 内防内贴

5. 高聚物改性沥青防水卷材的施工中可采用(　　)。

A. 外贴法　　B. 内贴法　　C. 热风焊接法　　D. 自粘法

二、多选题

1. 合成高分子卷材的铺贴方法可用(　　)。

A. 热熔法　　B. 冷粘法　　C. 自粘法

D. 热风焊接法　　E. 冷嵌法

2. 屋面防水等级为二级的建筑物是(　　)。

A. 高层建筑　　B. 一般工业与民用建筑　　C. 特别重要的民用建筑

D. 重要的工业与民用建筑　　E. 对防水有特殊要求的工业建筑

3. 刚性防水屋面施工下列做法正确的有(　　)。

A. 宜采用构造找坡

B. 防水层的钢筋网片应放在混凝土的下部

C. 养护时间不应少于 14d

D. 混凝土收水后应进行二次压光

E. 防水层的钢筋网片保护层厚度不应小于 10mm

4. 刚性防水屋面的分格缝应设在(　　)。

A. 屋面板支撑端　　B. 屋面转折处

C. 防水层与突出屋面交接处　　D. 屋面板中部的任意位置

5. 为提高防水混凝土的密实和抗渗性，常用的外加剂有(　　)。

A. 防冻剂　　B. 减水剂　　C. 引气剂　　D. 膨胀剂　　E. 防水剂

三、简答题

1. 按建(构)筑物结构做法分类防水工程可以分为哪几类？

2. 简述防水混凝土的施工过程。

3. 卷材屋面防水的优点有哪些？

第 8 章答案.doc

实训工作单一

班级		姓名		日期	
教学项目		地下防水工程			
任务	学习地下防水工程的施工工艺		学习途径	本章案例及查找相关图书资源	
学习目标			掌握三种地下防水工程的施工工艺及优缺点		
学习要点					
学习查阅记录					
评语				指导老师	

实训工作单二

<table>
<tr><td>班级</td><td></td><td>姓名</td><td></td><td>日期</td><td></td></tr>
<tr><td colspan="2">教学项目</td><td colspan="4">屋面防水工程</td></tr>
<tr><td>任务</td><td>学习屋面防水工程的施工工艺</td><td colspan="2">学习途径</td><td colspan="2">本章案例及查找相关图书资源</td></tr>
<tr><td colspan="2">学习目标</td><td colspan="4">掌握三种屋面防水工程的施工工艺及优缺点</td></tr>
<tr><td colspan="2">学习要点</td><td colspan="4"></td></tr>
<tr><td colspan="6">学习查阅记录</td></tr>
<tr><td>评语</td><td colspan="3"></td><td>指导老师</td><td></td></tr>
</table>

第9章　外墙外保温工程

【教学目标】

1. 了解墙体外保温工程的特点、有关基本知识、技术名词概念。

2. 了解保温材料的性能要求指标。

3. 掌握聚苯板薄抹灰工程、胶粉聚苯颗粒保温浆料工程、钢丝网架板现浇工程的技术要求、施工方法、施工要点和饰面面层的适用状况。

4. 了解外墙外保温工程验收内容、方法、质量要求以及工程资料。

第9章-外墙外保温工程.pptx

【教学要求】

本章要点	掌握层次	相关知识点
外墙外保温工程概述	1. 了解外墙外保温工程的概念 2. 了解外墙外保温工程的分类 3. 掌握外墙外保温工程的施工	1. 外墙外保温工程的概念 2. 外墙外保温工程的分类 3. 外墙外保温工程的施工
聚苯乙烯泡沫塑料板薄抹灰外墙外保温工程	掌握聚苯乙烯泡沫塑料板薄抹灰施工技术与方法	聚苯乙烯泡沫塑料板薄抹灰
胶粉聚苯颗粒外墙外保温工程	掌握胶粉聚苯颗粒外墙外保温技术与方法	胶粉聚苯颗粒外墙外保温
钢丝网架板现浇混凝土外墙外保温工程	掌握钢丝网架板现浇混凝土外墙外保温施工技术与方法	钢丝网架板现浇混凝土外墙外保温

【案例导入】

某住宅小区工程建筑结构为框架剪力墙结构，内外墙主要砌筑陶料盲孔砖，建筑总面积86万m^2。目前施工的一、二、三期建筑面积约31.5万m^2，其中外墙保温面积近10万m^2。实施新建建筑节能65%的设计标准，其节能措施主要体现在外墙保温体系新型材料应用和施工技术革新上。采用胶粉聚苯颗粒粘贴聚苯板外墙保温外墙保温技术已相当成熟。该住宅小区圆满完成了面砖饰面外墙保温施工，达到了建筑节能65%的设计标准要求，满足国家及北京市工程竣工验收合格标准。

【问题导入】

试分析文中对外墙外保温的施工工艺。

9.1 外墙外保温工程概述

9.1.1 外墙外保温工程适用范围及作用

外墙外保温是指在垂直外维护结构的外表面上建造保温层，该外墙用砌体或墙板建造。此种外保温，可用于新建墙体，也可用于已有建筑外墙的改造。该保温层对于外墙的保温效能增加明显，其热阻值要超过 $1m^2 \cdot K/W$。由于从外侧保温，其构造必须能满足水密度、抗风压及温度变化的要求，不致产生裂缝，并能抵抗外界可能产生的碰撞作用，还需与相邻部位(如门窗洞口、穿墙管道等)之间，以及在边角处、面层装饰的方面，均得到适当处理。否则，将造成外表面的开裂、渗漏，且施工复杂，造价高。

外保温复合墙体采用钢丝网架与聚苯乙烯泡沫板或岩棉板。根据构造和热加工性能参数计算确定保护层厚度，尚应采取必要的构造措施，防止局部产生热桥；保温层与基层墙体连接要牢固、稳定，以提高其抵抗温度、湿度、风力、碰撞的能力；外保温复合墙体表面应采取密闭措施提高水密性，防止雨水渗入；墙体的组成材料(保温材料、黏结剂、固定连接件、加强材料、面层材料等)应具化学与物理的稳定性，以提高其耐久性。

音频.外保温复合墙体的作用.mp3

9.1.2 新型外墙外保温饰面的特点

新型外墙外保温材料(EPS)集节能、保温、防水和装饰功能为一体，采用阻燃、自熄型聚苯乙烯泡沫塑料板材，外用专用的抹面胶浆铺贴抗碱玻璃纤维网格布，形成浑然一体的坚固保护层，表面可涂美观耐污染的高弹性装饰涂料和贴各种面砖。

新型聚苯板外墙外保有如下特点。

新型聚苯板外墙.docx

1. 节能

由于采用导热系数较低的聚苯板，整体将建筑物外面包起来，消除了冷桥，减少了外界自然环境对建筑的冷热冲击，可达到较好的保温节能效果。

2. 牢固

由于该墙体采用了高弹力强力精合基料或与混凝土一起现浇，使聚苯板与墙面的亚直拉伸粘结强度符合《建筑节能工程施工质量验收规范》(GB 50411—2007)规定的技术指标，具有可靠的附载效果，耐候性、耐久性更好、更强。

3. 防水

该墙体具有高弹性和整体性，解决了墙面开裂、表面渗水的通病，特别对陈旧墙面局部裂纹有整体覆盖作用。

4. 体轻

采用该材料可将建筑房屋外墙厚度减小，不但减小了砌筑工程量、缩短工期，还减轻了建筑物自重。

5. 阻燃

聚苯板为阻燃型，具有隔热、无毒、自熄、防火等功能。

6. 易施工

该墙体饰面施工，对建筑物基层混凝土、黏土砖、砌块、石材、石膏板等有广泛的适用性。施工工具简单，具有一般抹灰水平的技术工人，经短期培训，即可进行现场操作施工。

9.2 聚苯乙烯泡沫塑料板薄抹灰外墙外保温工程

9.2.1 技术名词概念

聚苯板外墙外保温工程薄抹灰系统是采用聚苯板作保温隔热层，用胶粘剂与基层墙体粘贴辅以锚栓固定。当建筑物高度不超过 20m 时，也可采用单一的粘结固定方式，一般由工程设计部门根据具体情况确定。聚苯板的防护层为嵌埋有耐碱玻璃纤维网格增强的聚合物抗裂砂浆，属薄抹灰面层，普通型防护层厚度为 3～5mm，加强型为 5～7mm，饰面为涂料。挤塑聚苯板因其强度高，有利于抵抗各种外力作用，可用于建筑物的首层及二层等易受撞击的位置。

9.2.2 一般规定与技术性能指标

1. 一般规定

基层墙体按设计要求的规格尺寸进行施工。粘结固定聚苯板时，粘结层厚度宜为 3～6mm，粘结方式有点框法和条粘法，每块聚苯板与墙面的粘结面积不得小于 40%。聚苯板必须与墙面粘结牢固，无松动和虚粘现象。安装锚栓的墙面、锚栓数量和锚固深度不得低于设计要求。

安装聚苯板时，各板间应挤紧拼严，不得在聚苯板侧面涂抹胶粘剂。超出 2mm 的缝隙应用聚苯条(片)填塞严实，拼缝高差大于 1.5mm 处应用砂纸或专用打磨机打磨平整。

2. 技术性能

各种材料的主要性能要求，见表 9-1～表 9-7。

表 9-1　薄抹灰外保温系统的性能指标

实验项目		性能指标
吸水量/(g/m²)，浸水 24h		≤500
抗冲击强度/J	普通型	≥3.0
	加强型	≥10.0
抗风压值/kPa		不小于工程项目风荷载设计值
耐冻融		表面无裂纹、空鼓、起泡、剥离现象
水蒸气湿流密度/[g/(m²·h)]		≥0.85
不透水性		试样防护层内侧无水渗透
耐候性		表面无裂纹、粉化、剥落现象

表 9-2　胶粘剂的性能指标

实验项目		性能指标
拉伸粘结强度/MPa(与水泥砂浆)	原强度	≥0.60
	耐水	≥0.40
拉伸粘结强度/MPa(与膨胀聚苯板)	原强度	≥0.10，破坏界面在膨胀聚苯板上
	耐水	≥0.10，破坏界面在膨胀聚苯板上
可操作时间/h		1.5～4.0

表 9-3　膨胀聚苯板主要性能指标

实验项目	性能指标
导热系数/[W/(m·K)]	≤0.041
表观密度/(kg/m³)	18.0～22.0
垂直于板面方向的抗拉强度/MPa	≥0.10
尺寸稳定性/%	≤0.30

表 9-4　膨胀聚苯板允许偏差

实验项目		允许偏差
厚度/mm	≤50mm	±1.5
	＞50mm	±2.0
长度/mm		±2.0
宽度/mm		±1.0
对角线差/mm		±3.0
板边平直/mm		±2.0
板面平整度/mm		±1.0

注：本表的允许偏差值以 1200mm 长×600mm 宽的膨胀聚苯板为基准。

表 9-5 抹面胶浆的性能指标

实验项目		性能指标
拉伸粘结强度/MPa (与膨胀聚苯板)	原强度	≥0.10，破坏界面在膨胀聚苯板上
	耐水	≥0.10，破坏界面在膨胀聚苯板上
	耐冻融	≥0.10，破坏界面在膨胀聚苯板上
柔韧性	抗压强度/抗折强度(水泥基)	≤3.0
	开裂应变(非水泥基)/%	≥1.5
可操作时间/h		1.5～4.0

表 9-6 耐碱网布主要性能指标

实验项目	性能指标
单位面积质量/(g/m^2)	≥130
耐碱断裂强力(经、纬向)/(N/50mm)	≥750
耐碱断裂强力保留率(经、纬向)/%	≥50
断裂应变(经、纬向)/%	≤5.0

表 9-7 锚栓技术性能指标

实验项目	技术指标
单个锚栓抗拉承载力标准值/kN	≥0.30
单个锚栓对系统传热增加值/[W/(m^2·K)]	≤0.004

9.2.3 外墙外保温工程设计要点和应考虑的因素

1. 设计依据

《民用建筑节能现场检验标准》(DB 11/T555—2015)、《民用建筑热工设计规范》(GB 50176—2016)、《夏热冬冷地区居住建筑节能设计标准》(JGJ 134—2010)的有关规定。

2. 热工计算的墙体

构造层依次从内到外：墙面抹灰→基层墙体→保温隔热层→抗裂砂浆抹面→饰面涂料或面砖。

3. 聚苯板保温厚度的确定

严寒和寒冷地区应根据建筑物体形系数、外墙传热系数(W/m^2·K)及基层墙体材料选用。夏热冬冷地区应根据外墙传热系数、热惰性指标及基层墙体材料选用。选用厚度(mm)目前可按国家《建筑标准设计图集》(11J930)选用。

4. 设计应考虑的因素

应考虑热桥部位及热桥影响，如门窗外侧洞、女儿墙以及封闭阳台、机械固定件、承托件等。在外墙上安装的设备及管道应固定在基层墙上，并应做密封保温和防水设计。水平或倾斜的出挑部位，以及延伸地面以下的部位应做好保温和防水处理。厚抹面层厚度为25mm、30mm。

9.2.4 外墙外保温工程构造和技术要求

EPS板薄抹灰外墙保温系统(以下简称EPS板薄抹灰系统)由EPS板保温层、薄抹面层和饰面涂层构成。EPS板用胶粘剂固定在基层上，薄抹面层中满铺玻纤网，如图9-1所示。

薄板抹灰系统.mp4

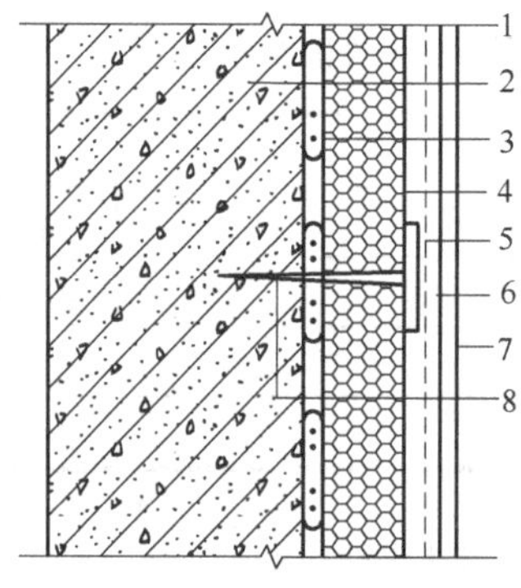

图 9-1　EPS 薄板抹灰系统

1—基层；2—胶粘剂；3—EPS板；4—玻纤网；5—薄抹面层；6—饰面图层；7—外墙；8—锚栓

音频.胶粉EPS颗粒保温浆料技术要求.mp3

建筑物的高度在20m以上时，在受负风压较大的部位宜使用锚栓辅助固定。

EPS板宽度不宜大于1200mm，高度不宜大于600mm，必要时应设置抗裂分隔缝。

EPS 板薄抹灰系统的基层表面应清洁，无油污、脱模剂等妨碍粘结的附着物。凸起、空鼓和疏松部位应剔出并找平。找平层应与墙体粘结牢固，不得有脱层、空鼓、裂缝，面层不得有粉化、起皮、爆灰等现象。

粘贴EPS板时，应将胶粘剂涂在EPS板背面，涂胶粘剂的面积不得小于EPS板面积的40%。

EPS板应按顺砌方式粘贴，竖缝应逐行错缝。EPS板应粘贴牢固，不得有松动和空鼓。墙角处的EPS板应交错互锁。门窗洞口四角处不得拼接，应采用整块的EPS板切割成型，EPS板接缝应离开角部至少200mm。变形缝处应做好防水和保温的构造处理。

9.2.5 外墙外保温工程施工

1. 施工条件

结构已验收，屋面防水层已施工完毕；外墙和外墙门窗施工完毕并验收合格；伸出外墙面的消防楼梯、水落管、各种进户管线等预埋件连接件应安装完毕，并留有保温厚度的间隙。施工现场应具备通电、通水条件，并保持清洁、文明的施工环境；施工现场的环境温度和基层墙体的表面温度不应低于5℃，夏季应避免阳光暴晒，在5级以上大风天气和雨天不得施工。如雨天施工时应采取有效措施，防止雨水冲刷墙面，在施工过程中，墙体应采用必要的保护措施，防止施工墙面受到污染，待建筑泛水、密封膏等构造细部按设计要求施工完毕后，方可拆除保护物。

2. 施工准备

1) 材料的包装、运输和储存

包装聚苯板采用塑料袋包装，在捆扎角处应衬垫硬质材料。胶粘剂、抹面胶浆可采用编织袋或桶装，但应密封，防止外泄或受潮。耐碱网格布应成卷并用防水防潮材料包装，锚栓可以用纸箱包装。运输聚苯板应侧立搬运，侧立装车，用麻绳等与运输车辆固定牢固，不得重压猛摔或与锋利物品碰撞。胶粘剂、耐碱网格布、锚栓在运输过程中应避免挤压、碰撞、日晒和雨淋。储存所有组成材料，应防止与腐蚀性介质接触，远离火源，为防止长期暴晒，应放在仓库内且干燥、通风、防冻的地方。储存材料期限不得超过保质期，应按规格、型号分别储存。

2) 施工机具准备

主要施工工具有抹子、槽抹子、搓抹子、角抹子、专用锯齿抹子、手锯、靠尺、电动搅拌机(700～800r/min)、刷子、多用刀、灰浆托板、拉槽、开槽器、皮尺等。

3. 施工工艺流程

聚苯板的施工工艺流程：材料、工具准备→基层墙体处理→弹线、配粘结胶泥→粘结聚苯板→缝隙处理→聚苯板打磨、找平→装饰件安装→特殊部位处理→抹底胶泥→铺设网格布、配抹面胶泥→抹面胶泥→找平修补、配面层涂料→涂面层涂料→竣工验收。

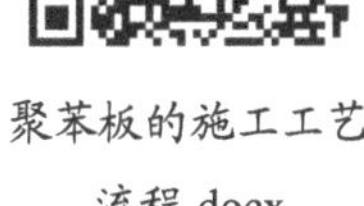

聚苯板的施工工艺流程.docx

【案例 9-1】某市中心医院综合楼工程，建筑面积 36000m^2，16 层框架剪力墙结构，本工程楼体外墙采用聚苯板为主要保温隔热材料，以胶黏剂黏结、铆钉铆固结合方式与墙身固定，抗裂砂浆复合耐碱玻纤网格布为保护增强层、涂料饰面的防水外墙保温系统。结合所学知识，试分析材料组成、施工要求及条件。

9.3 胶粉聚苯颗粒外墙外保温工程

9.3.1 技术名词概念

胶粉颗粒保温浆料外墙外保温系统，是采用胶粉聚苯颗粒保温浆料保温隔热材料，抹在基层墙体表面，保温浆料的防护层为嵌埋有耐碱玻璃纤维网格布增强的聚合物抗裂砂浆，属薄型抹灰面层。

基层墙体，是建筑物中起承重或围护作用的外墙。

界面砂浆，是由高分子聚合物乳液与助剂配制成的界面剂与水泥和中砂按一定比例搅拌均匀制成的砂浆。

胶粉聚苯颗粒保温浆料，是由聚苯颗粒且聚苯颗粒体积比不小于 80%和胶粉料组成的

保温灰浆。

胶粉料，是由无机胶凝材料与各种外加剂在工厂采用混合干拌技术制成的专门用于配制胶粉聚苯颗粒保温浆料的复合胶凝材料。

聚苯颗粒，是由聚苯乙烯泡沫塑料经粉碎、混合而成的具有一定粒度、级配的专门用于配制胶粉聚苯颗粒保温浆料的轻骨料。

抗裂柔性耐水腻子，是由柔性乳液、助剂和粉料等制成的具有一定柔韧性和耐水性的腻子。

面砖粘结砂浆，是由聚合物乳液和外加剂制得的面砖专用胶液、普通硅酸盐水泥和中砂按一定比例混合搅拌均匀制成的粘结砂浆。

面砖勾缝料，是由多分子材料、水泥、各种填料、助剂等配制而成的陶瓷面砖勾缝料。

柔性底层涂料，是由柔性防水乳液，加入多种助剂、填料配制而成的具有防水和透气效果的封底涂层。

9.3.2 一般规定与技术性能指标

外墙墙体工程平整度达到要求，外门窗口安装完毕，须经有关部门检查验收合格。门窗边框与墙体连接应预留出外保温层的厚度，缝隙应分层填塞严密，做好门窗表面保护。外墙面上的雨水管卡、预埋铁件、设备穿墙管道等应提前安装完毕，并预留出外保温层的厚度。

施工用吊篮或专用外脚手架搭设牢固，安全检验合格。脚手架横竖杆距离墙面、墙角适度，脚手板铺设与外墙分格相适应。移动吊篮，翻拆架子应防止破坏已抹好的墙面，门窗洞口、边、角、垛宜采取保护性措施。其他工种作业时不得污染或损坏墙面，严禁踩踏窗口。作业时环境温度不应低于 5℃，风力应不大于 5 级，风速不宜大于 10m/s，严禁雨天施工。雨期施工时应做好防雨措施。

分格线、滴水槽、门窗框、管道、槽盒上残存砂浆，应及时清理干净。预制混凝土外墙板接缝处应提前处理好。各构造层在凝结前应防止水冲、撞击、振动。应遵守有关安全操作规程，新工人必须经过技术培训和安全教育方可上岗。脚手架经安全检查验收合格后，方可上人施工，施工时应有防止工具、用具、材料坠落的措施。

9.3.3 胶粉聚苯颗粒保温浆料工程构造和技术要求

胶粉 EPS 颗粒保温浆料外墙外保温系统(以下简称保温浆料系统)，应由界面层、胶粉 EPS 颗粒保温浆料保温层、抗裂砂浆薄抹面层、饰面层等组成，如图 9-2 所示。胶粉 EPS 颗粒保温浆料经现场拌和后喷涂或抹在基层上形成保温层，薄抹面层中应满铺玻纤网。

胶粉 EPS 颗粒保温浆料保温层设计厚度不宜超过 100mm，必要时应该设置抗裂分隔缝。基层表面应清洁，无油污和脱模剂等妨碍粘结的附着物，空鼓、疏松部位应剔出。胶粉 EPS 颗粒保温浆料宜分遍抹灰，每遍间隔应在 24h 以上，每遍厚度不宜超过 20mm。第一遍抹灰压实，最后一遍应找平，并用大杠搓平。现场取样 EPS 颗粒保温浆料干密度不应大于 250kg/m³，并不应小于 180kg/m³。现场检验保温层厚度应符合设计要求，不得有负偏差。

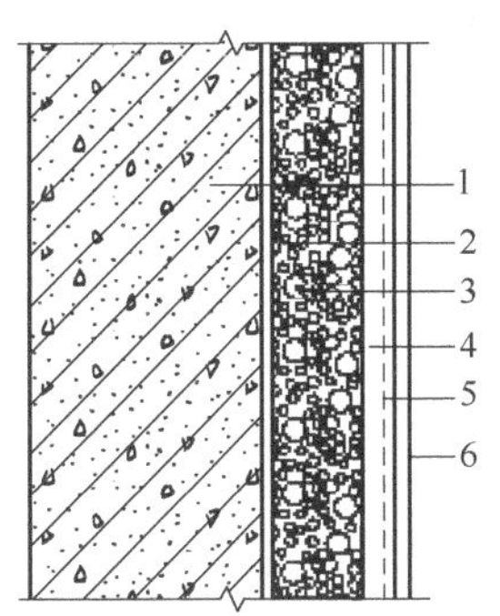

图 9-2　保温浆料系统

1—基层；2—界面砂浆；3—胶粉 EPS 颗粒保温浆料；
4—抗裂砂浆薄抹面层；5—玻纤网；6—饰面层

9.3.4　施工工艺流程

施工工艺流程：基层墙体处理→涂刷界面剂→吊垂、套方、弹控制线→贴饼、冲筋、做口→抹第一遍聚苯颗粒保温浆料→(24h 后)抹第二遍聚苯颗粒保温浆料→(晾干后)划分格线、开分格槽、粘贴分格条、滴水槽→抹抗裂砂浆→铺压玻纤网格布→抗裂砂浆找平、压光→涂刷防水弹性底漆→刮柔性耐水腻→验收。

9.3.5　胶粉聚苯颗粒外墙外保温施工要点

(1) 基层墙体表面应清理干净，无油渍、浮尘，大于 10mm 的凸起部分应铲平。经过处理符合要求的基层墙体表面，均应涂刷界面砂浆，如为砖或砌块可浇水淋湿。

(2) 保温隔热层的厚度不得出现偏差。保温浆料每遍抹灰厚度不宜超过 25mm，需分多遍抹灰时，施工的时间间隔应在 24h 以上。抗裂砂浆防护层施工，应在保温浆料干燥固化后进行。

(3) 抗裂砂浆中铺设的耐碱玻璃纤维网格布，其搭接长度不小于 100mm，采用加强网格布时，只对接，不搭接(包括阴阳墙角部分)。网格布铺贴应平整、无褶皱。砂浆饱满度 100%，严禁干搭接。饰面如为面砖时，则应在保温层表面铺设一层与基层墙体拉牢的四角镀锌钢丝网(丝径为 1.2mm，孔径为 20mm×20mm)。网边搭接 40mm，用镀锌钢丝绑扎，再抹抗裂砂浆作为防护层，面砖用胶粘剂粘贴在防护层上。

(4) 涂料饰面时，保温层分为一般型和加强型，加强型用于建筑物高度大于 30m，而且保温层厚度大于 60mm 的情况。

(5) 胶粉聚苯颗粒保温浆料保温层设计厚度不宜超过 100mm，必要时应设置抗裂分格缝。

(6) 墙面变形缝可根据设计要求设置，施工时应符合现行国家和行业标准、规范、规程的要求。变形缝盖板可采用厚度为 1mm 铝板或厚度为 0.7mm 镀锌薄钢板，如图 9-3 所示。凡盖缝板外侧抹灰时，均应在与抹灰层相接触的盖缝板部位钻孔，钻孔面积应占接触面积

的 25%左右，增加抹灰层与基础的咬合作用。

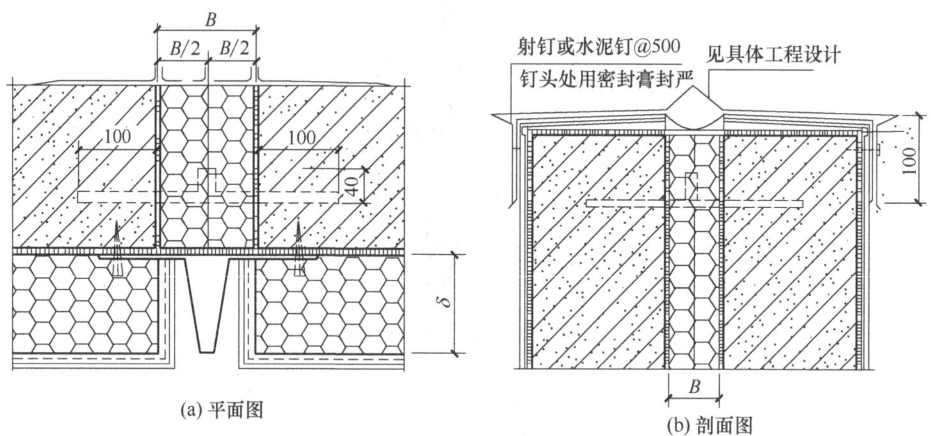

图 9-3　墙身变形缝构造

(7) 高层建筑如采用粘贴面砖时，面砖质量≤220kg/m^2，且面砖面积≤1000m^2/块。涂料饰面层涂抹前，应先在抗裂砂浆抹面层上涂刷高分子乳液弹性底涂层，再刮抗裂柔性耐水腻子。现场应取样检查胶粉聚苯颗粒保温浆料的干密度，但必须在保温层硬化后达到设计要求的厚度，其干密度不应大于 250kg/m^3，并且不应小于 180kg/m^3。现场检查保温层厚度应符合设计要求，不得有负偏差。

(8) 抹灰、抹保温浆料及涂料的环境温度应大 5℃，严禁在雨中施工，遇雨或雨期施工应有可靠的保护措施。抹灰、抹保温浆料应避免阳光暴晒和在 5 级以上大风天气施工。施工人员应经过培训且考核合格。施工完毕后，应做好成品保护工作，防止施工污染；拆卸脚手架或升降外挂架时，应保护墙面免受碰撞；严禁踩踏窗台、线脚；损坏部位的墙面应及时修补。

(9) 其他细部要求，如图 9-4、图 9-5 所示。

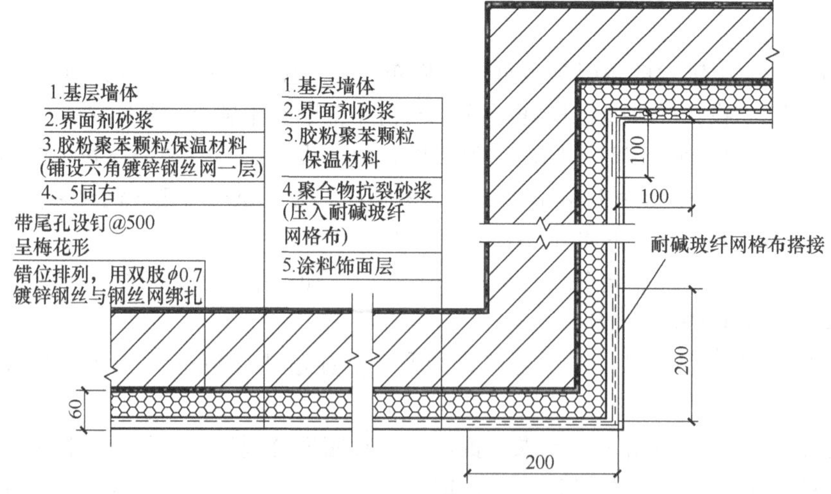

图 9-4　墙体及墙角构造

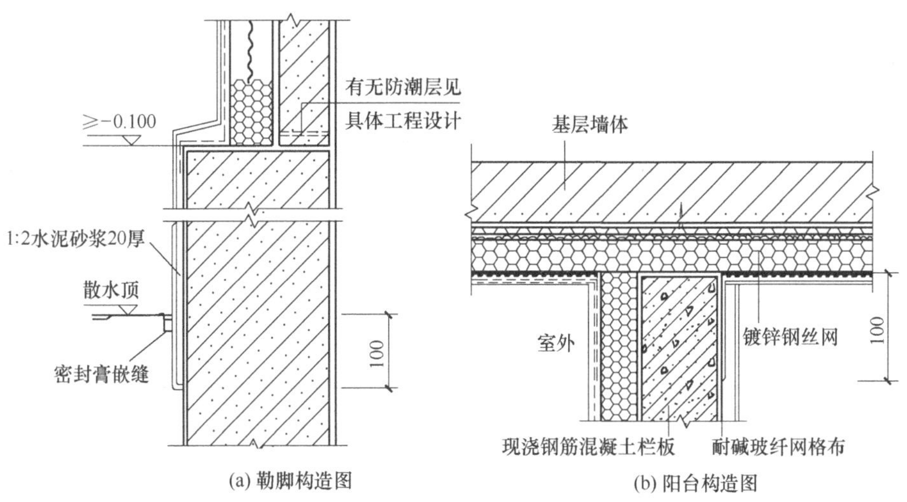

图 9-5 勒脚、阳台构造

9.3.6 机具准备

1. 施工机具

主要包括强制式砂浆搅拌机、垂直运输机械、水平运输车、手提搅拌器、射钉枪等。

2. 工具

主要包括常用抹灰工具及抹灰的专用检测工具，经纬仪及放线工具，以及水桶、剪子、滚刷、铁锹、扫帚、手锤、錾子、壁纸刀、托线板、方尺、靠尺、塞尺、探针、钢尺等。

3. 脚手架

采用吊篮或专用保温施工脚手架。

9.3.7 质量保证

1. 保证项目

所用材料品种、质量、性能、做法及厚度必须符合设计及节能标准要求，并有检测报告。保温层厚度均匀，不允许有负偏差。

各构造抹灰层间以及保温层与墙体间必须粘结牢固，无脱层、空鼓、裂缝，面层无粉、起皮、爆灰等现象。

2. 基本项目

表面平整、洁净、接槎平整、无明显抹纹，线角、分割条顺直、清晰。外墙面所有门窗口、孔洞、槽、盒位置和尺寸准确，表面整齐洁净，管道后面抹灰平整无缺陷。分格条(缝)宽度、深度均匀一致，条(缝)平整光滑，棱角整齐，横平竖直，通顺。滴水线(槽)的流水坡度正确，线(槽)顺直。

3. 允许偏差及检验方法

允许偏差及检验方法，如表 9-8 所示。

表 9-8 允许偏差及检验方法

项次	项 目	允许偏差/mm		检查方法
		保 温 层	抗 裂 层	
1	立面垂直	5	3	用 2m 托线板检查
2	表面平整	4	2	用 2m 靠尺及塞尺检查
3	阴阳角垂直	4	2	用 2m 托线板检查
4	阴阳角方正	5	2	用 20cm 方尺及塞尺检查
5	分格条(缝)平直	3		拉 5m 小线和尺量检查
6	立面总高度垂直度	*H*/1000 且不大于 20		用经纬仪、吊线检查
7	上下窗口左右偏移	不大于 20		用经纬仪、吊线检查
8	同层窗口上、下	不大于 20		用经纬仪、拉通线检查
9	保温层厚度	不允许有负偏差		用探针、钢尺检查

9.3.8 成品保护、安全施工

分格线、滴水槽、门窗框、管道及槽盒上残存砂浆，应及时清理干净。翻拆架子时应防止破坏已抹好的墙面，门窗洞口、边、角、垛宜采取保护性措施，其他工种作业时不得污染或损坏墙面，严禁踩踏窗口。各构造层在凝结前应防止水冲、撞击、振动。

脚手架搭设需经安全检查验收，方可上架施工，架上不得超重堆放材料，金属挂架每跨最多不得超过两人同时作业。脚手架上施工时，用具、工具、材料应分散摆放稳妥，防止坠落，注意操作安全。

【案例 9-2】外保温技术自 20 世纪 80 年代传入我国，迅速得到了发展。近年来国家大力推行建筑节能，外保温技术作为建筑节能的关键，其应用地域越来越广，已不仅仅局限于北方寒冷地区，在长江以南夏热冬冷地区也逐渐得到推广应用。

芜湖“蓝山逸居”住宅小区项目一期工程共 18 栋商品房，其中 1 号、2 号、3 号、5 号楼设计为胶粉聚苯颗粒外墙外保温系统，其他为 EPS 聚苯板外墙外保温系统。

该技术在芜湖地区尚属新技术，我公司在此方面的施工经验更是空白，所以该保温系统的施工存在一定难度。现以“蓝山逸居”1 号楼为例，谈谈对于新工艺新技术的探索过程与方法。

9.4 钢丝网架板现浇混凝土外墙外保温工程

9.4.1 钢丝网架与现浇混凝土外墙外保温工程的特点

EPS 钢丝网架板现浇混凝土由(腹丝穿透型)EPS 单面钢丝网架板保温层、厚抹面层和涂料或面砖饰面层构成；EPS 单面钢丝网架板内外表面均喷(刷)涂界面砂浆，置于外墙外模板内侧，并辅以$\phi 6$ 钢筋固定；浇灌混凝土后，EPS 单面钢丝网架板挑头钢丝和$\phi 6$ 钢筋与混凝土结合为一体，表面抹抗裂砂浆形成厚抹面层；以涂料作饰面层时，应加抹面胶浆并满铺耐碱网布，如图 9-6 所示。

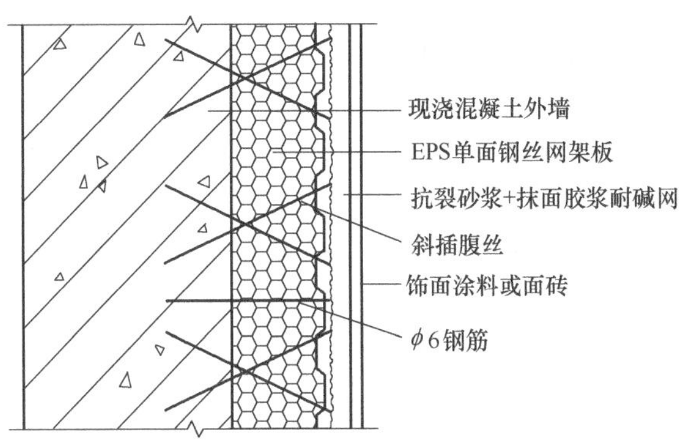

图 9-6　EPS 钢丝网架板现浇混凝土类型

音频.钢丝网架与混凝土外墙外保温工程的操作要点.mp3

9.4.2 基本构造

钢丝网架板混凝土外墙外保温工程(以下简称有网现浇系统)以现浇混凝土为基层墙体，采用(腹丝穿透性)钢丝网架聚苯板作保温隔热材料，聚苯板单面钢丝网架板置于外墙外模板内侧，并以$\phi 6$ 锚筋勾紧钢丝网片作为辅助固定措施与钢筋混凝土现浇为一体，聚苯板的抹面层为抗裂砂浆，属厚型抹灰面层，面砖饰面。几种常见的构造做法，如图 9-7～图 9-13 所示。

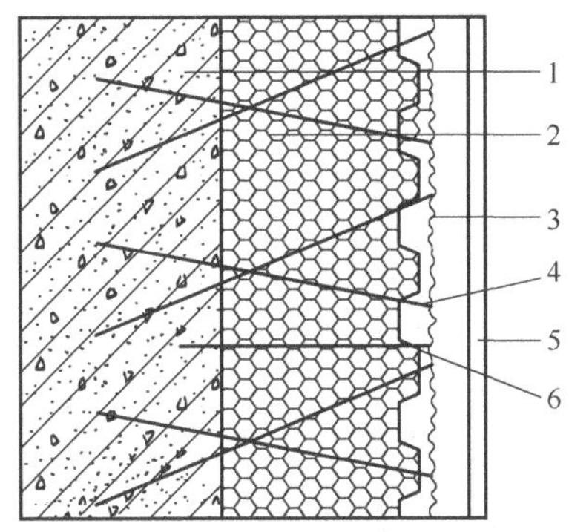

图 9-7　有网现浇系统

1—现浇混凝土外墙；2—EPS 单面钢丝网架板；3—掺外加剂的水泥砂浆厚抹面层；4—钢丝网架；5—饰面层；6—$\phi 6$ 钢筋

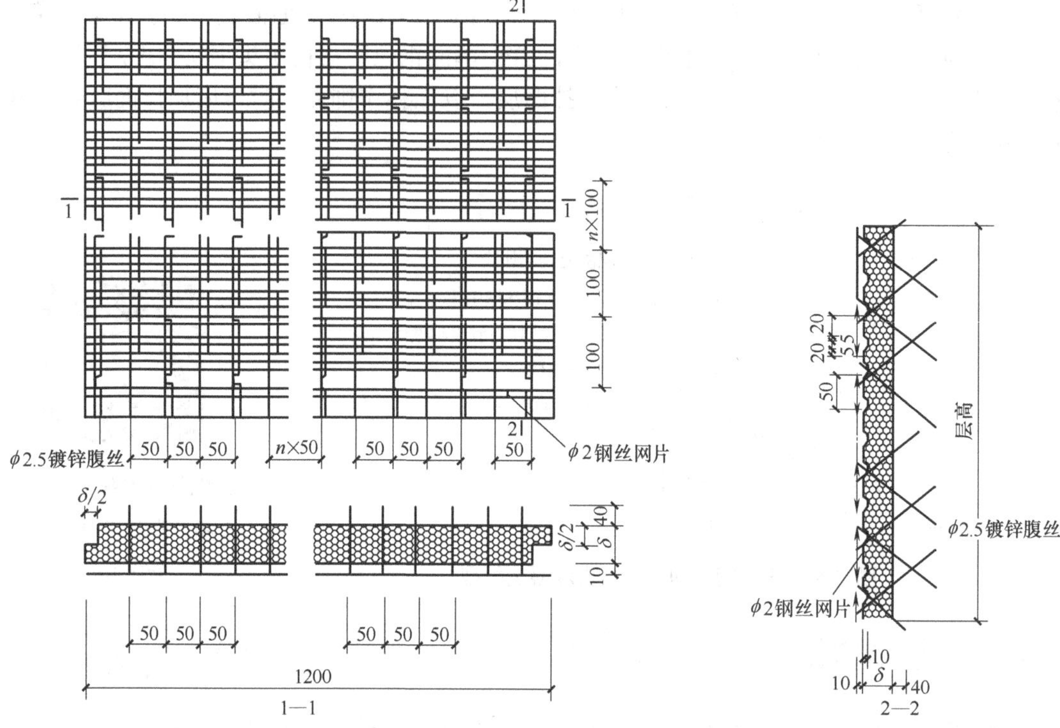

图 9-8　钢丝网架聚苯板型

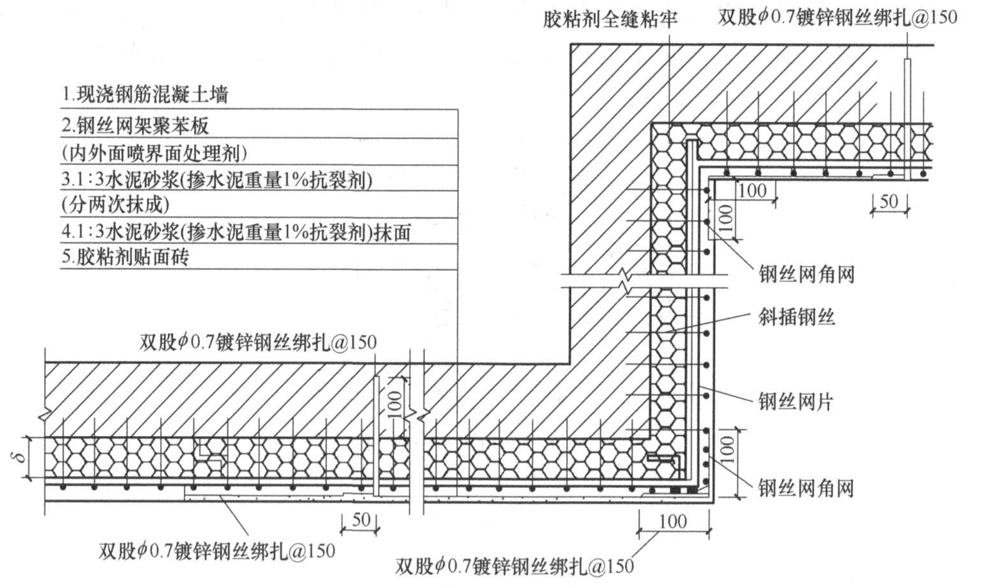

图 9-9　阴阳墙角与墙体的构造做法

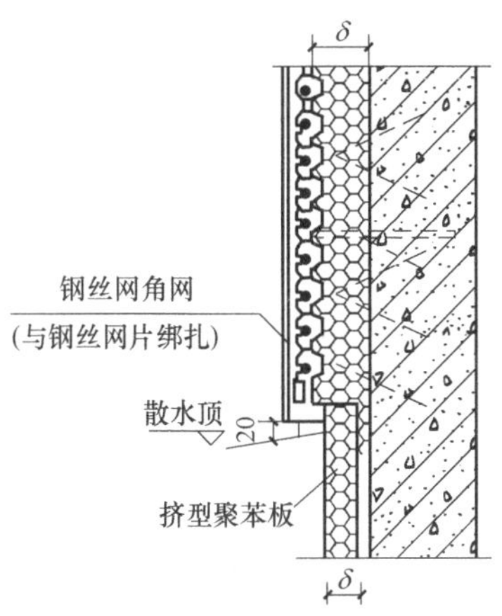

图 9-10　勒脚构造做法

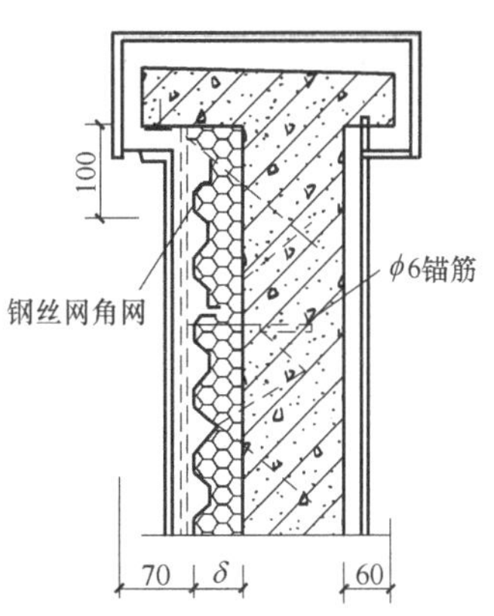

图 9-11　女儿墙构造做法

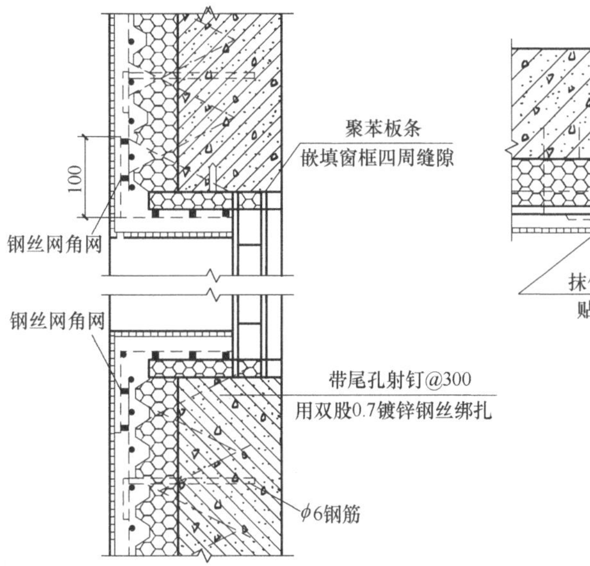

图 9-12　窗口构造做法

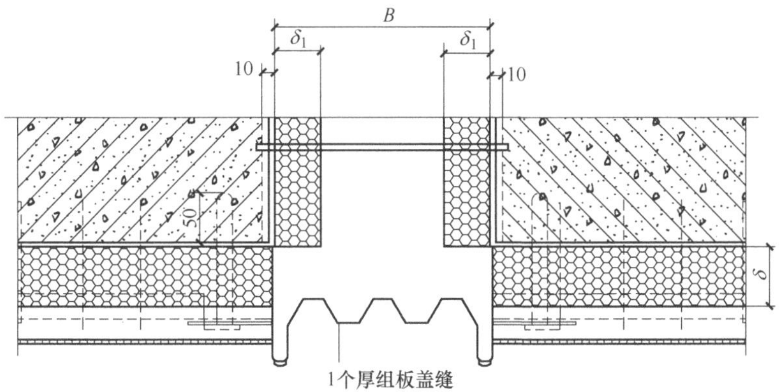

图 9-13　墙面变形缝构造做法

9.4.3 施工工艺和施工操作要点

1. 施工工艺

1) 钢筋绑扎

钢筋须有出厂证明及复试报告，采用预制点焊网片作墙体主筋时，须严格按《钢筋焊接网混凝土结构技术规程》(JGJ 114—2014)执行。靠近 EPS 板的墙体横向分布筋应弯成 L 形，因直筋易于戳破 EPS 板。绑扎钢筋时严禁碰撞预埋件，若碰动时应按设计位置重新固定。

2) EPS 钢丝网架板安装

内外墙钢筋绑扎经验收合格后，方可进行 EPS 板安装。按照设计所要求的墙体厚度在地板面上弹墙厚线，以确定外墙厚度尺寸。同时在外墙钢筋外侧绑砂浆垫块(不得采用明料垫卡)，每块板内不少于 6 块。安装 EPS 板时，板之间高低槽应用专用胶粘结。EPS 板就位后，将 L 形ϕ6 钢筋穿过 EPS 板，深入墙内长度不得小于 100mm(钢筋应做防锈处理)，并用火烧丝将其与墙体钢筋绑扎牢固。EPS 板外侧低碳钢丝网片均按楼层层高断开，互不连接。

EPS 钢丝网架板现浇混凝土外墙保温工程的其他工艺同 EPS 板现浇混凝土工程相关工艺。

2. 操作要点

1) 外墙外保温板安装

混凝土内外钢筋绑扎必须验收合格后方可进行。按照设计图纸上的墙体厚度尺寸弹水平线及垂直线，同时在外墙钢筋外侧绑扎塑料卡垫块，每块板内(1200mm×2700mm)不小于 4 块。

保温板就位后，可将 L 形ϕ6 钢筋按垫块位置穿过保温板，用火烧丝将其两侧与钢丝网及墙体绑扎牢固，L 形ϕ6 长 200mm，弯钩 30mm，其穿过保温板部分刷防锈漆两道。保温板外侧低碳钢丝网片应在楼层层高分界处断开，外墙阳角、阴角及窗口、阳台底边外，须附加角网及连接平网，搭接长度不小于 200mm。

2) 模板安装

应采用钢制大模板，模板组合配制尺寸及数量应考虑保温板厚度。在底层混凝土强度不低于 7.5MPa 时，按弹出的墙体位置线开始安装大模板。安装上一层模板时，利用下一层外墙螺栓孔挂三角平台架及金属防护栏。安装外墙钢制大模板前必须在现浇混凝土墙体根部或保温板外侧采取可靠的定位措施，以防模板挤靠保温板。模板放在三角平台架上，将模板就位，穿螺栓紧固校正，模板连接拼接要严密、牢固，防止出现错台和漏浆现象。

3) 浇筑混凝土

混凝土可以采用商品混凝土及现场搅拌混凝土。保温板顶面要采取遮挡措施，新、旧混凝土接槎处应均匀浇筑 3～5cm 同强度等级的细石混凝土，混凝土应分层浇筑，厚度控制在 500mm 以内。

振捣棒振动间距一般应小于 50cm，振捣时间以表面浮浆不再下沉为好。洞口处浇混凝土时，应在洞口两边同时浇混凝土并使两侧浇筑高度大体一致，振捣棒应距洞口边 30cm 以上。施工缝应留在门洞过梁 1/3 范围内，也可留在纵横墙的交接处。采用预制板时，宜采用钢管脚手架，墙体混凝土表面标高低于板底 3～5cm。

4) 大模板的拆除

在常温条件下，墙体混凝土强度不低于 1.0MPa，冬季施工墙体混凝土强度不低于 7.5MPa，方可拆除模板，混凝土的强度等级应以现场同条件养护的试块抗压强度为标准。先拆除外墙模板，再拆除外墙内侧模板，并及时修补混凝土墙面的缺陷。穿墙套管拆除后，应以干硬性砂浆补洞，洞口处所缺保温板应用保温板填好。

5) 混凝土的养护

可以按有关章节内容混凝土养护方法进行。

6) 混凝土墙体检验

墙体混凝土必须振捣密实均匀，墙面及接槎处应光滑、平整，墙面不得有孔洞、露筋等缺陷。允许偏差应符合有关规范要求。聚苯板压缩允许厚度为板设计厚度的 1/10，检查方法为用钢尺上、中、下各侧三点，取平均值。

7) 外墙外保温板的抹灰

保温板表面的涂浆以及有疏松空鼓现象者均应清除干净、无灰尘、油渍和污垢。绑扎阴阳角及拼缝网，需用铁丝与保温板钢丝网绑扎牢固，角度平直。两层之间保温板钢丝网应剪断。水泥可用 425 普通硅酸盐水泥，砂子用中砂，含泥量不大于 30%。水泥砂浆按 1∶3 比例配制，并按水泥重量的 1%掺入防裂剂。板面应喷界面剂，而且应均匀一致，干燥后可进行抹灰。

抹灰应分底层和面层，每层厚度不大于 10mm，总厚度不大于 20mm，以盖住钢丝网为宜。待底层抹灰凝结后可抹面层，常温下 24h 后即可粘结面砖。

9.5 外墙外保温工程验收

9.5.1 保温工程验收

1. 验收标准

按现行国家标准《建筑工程施工质量验收统一标准》(GB 50300—2013)规定进行外墙外保温工程施工质量验收，如图 9-14 所示。

分项工程应每 500～1000m^2 划分为一个检验批，不足 500m^2 也应划分为一个检验批，每个检验批每 100m^2 应至少抽查一处，每处不得小于 10m^2。

2. 主控项目验收

外墙外保温系统及主要组成材料性能应符合《外墙外保温工程技术规程》(JGJ 144—2004)的要求。检查方法：检查型式、检验报告和进场复检报告。

保温层厚度应符合图纸设计的要求。检查方法：插针法检查。

聚苯板薄抹灰系统与聚苯板粘结面积应符合(JGJ 144—2004)的要求。检查方法：现场测量。

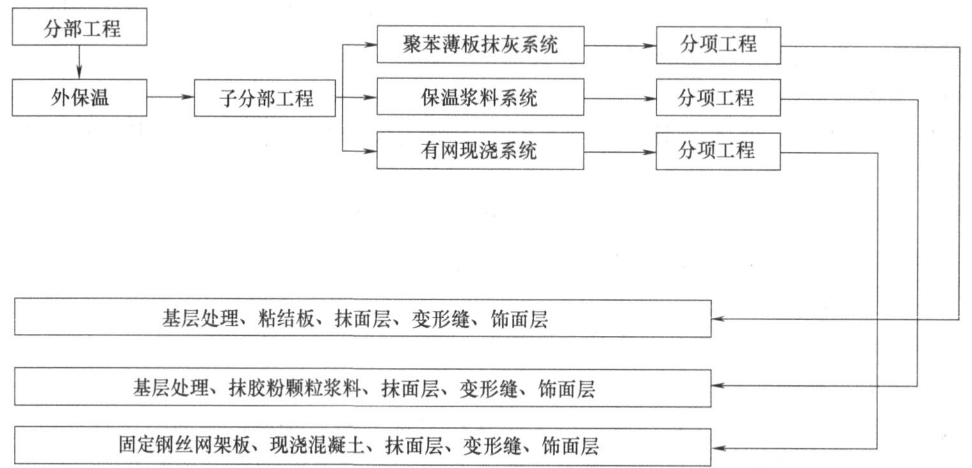

图 9-14　外墙外保温工程分部工程、子分部工程和分项工程划分图

3. 一般项目验收

聚苯板薄抹灰系统和保温浆料保温层垂直度和尺寸允许偏差及抹面层和饰面层分项工程，应符合现行国家标准《建筑装饰装修工程质量验收标准》(GB 50210—2018)的规定。

现浇混凝土分项工程施工质量应符合现行国家标准《混凝土结构工程施工质量验收规范》(GB 50204—2015)的规定。

有网现浇系统抹面层厚度应符合《外墙外保温工程技术规程》(JGJ 144—2004)要求。检查方法：插针法检查。

9.5.2 工程资料

1. 工程竣工应提交的文件

设计文件、图纸会审纪要，设计变更等；施工方案和施工工艺；型式检验报告及其主要组成材料的产品合格证，出厂检验报告、进场复检报告和现场验收记录；施工技术交底；施工工艺记录及施工质量检验记录等。

2. 产品合格证与使用说明书

聚苯板系列产品应有产品合格证与使用说明书，应于产品交货时提供。产品合格证包括下列内容：产品名称、标准编号、商标(生产企业名称、地址)、产品规格及等级、生产日期、质量保证期、检验部门印章、检验人员代号。

使用说明书包括：产品用途及使用范围；产品的特点及选用方法；产品结构及组成材料；使用环境条件；使用方法；材料存储方式；成品保护措施；验收标准等。

【案例 9-3】德国慕尼黑中心地段(雷尔区)栽茨街 23 号的商住楼，是一栋全部用做外墙外保温的较大建筑物，已于 2004 年建成。该建筑物有两层地下车库，带轿车提升电梯，地上共 7 层，第 1～3 层办公，第 4～7 层居住，总使用面积 1250m^2，外墙和阳台围护全部使用 VIP 保温材料。每平方米居住面积每年能耗只有大约 20kW·h/(m^2·a)，低于德国低能耗房屋标准 30～70kW·h/(m²·a)，更是远远低于慕尼黑商住房每年能耗的平均值 200kW·h/(m²·a)。因为只有 1/10 的暖气和热水等能量需求，故建筑物的运行费用大大减少。

本章小结

本章讲授了聚苯板薄抹灰系统、胶粉聚苯颗粒保温浆料系统、有网现浇系统各自的特点、技术要求、施工方法、施工要点、施工程序、施工措施。其中施工方案有可靠质量，所用的保温材料主要性能指标应符合《外墙外保温工程技术规程》(JGJ 144—2004)的要求。对所涉及的技术术语的含义要有明确了解和深刻的记忆。

聚苯板薄抹灰：聚苯板粘贴是主体结构完工后用胶粘剂粘结聚苯板。它的防护层为嵌埋耐碱玻璃纤维网格和抹聚合物抗裂砂浆，饰面一般为涂料。

胶粉聚苯颗粒保温浆料系统：保温浆料由胶粉料和聚苯颗粒混合而成，分多遍抹在外墙上并嵌埋耐碱玻璃纤维网格和抹聚合物砂浆，饰面可以为涂料，但大多数情况下饰面贴面砖。

钢丝网架板：以现浇混凝土为基层墙体，聚苯板单面钢丝网架板位于外墙外模板内侧，与钢筋混凝土现浇成整体，聚苯板的抹面层为抗裂砂浆，与混凝土粘结十分牢固，而且施工方便、造价低，应用较普遍，饰面层为面砖。

实训练习

一、单选题

1. EPS 板现浇混凝土外墙外保温系统现场粘结强度不得小于(　　)MPa。

   A. 0.4　　B. 0.2　　C. 0.1　　D. 0.3

2. 对于具有薄抹面层的系统，保护层厚度应不小于(　　)mm，并且不宜大于(　　)mm。对于具有厚抹面层的系统，厚抹面层厚度应为 25～30mm。

   A. 2　4　　B. 3　6　　C. 4　5　　D. 5　6

3. 外保温工程施工期间以及完工后 24h 内，基层及环境空气温度不应低于(　　)℃。夏季应避免阳光暴晒，在 5 级以上大风天气和雨天不得施工。

   A. 3　　B. 4　　C. 5　　D. 6

4. EPS 板宽度不宜大于(　　)mm，高度不宜大于(　　)mm。

   A. 1200　600　　B. 1000　500　　C. 1200　500　　D. 1000　600

5. 胶粉 EPS 颗粒保温浆料保温层设计厚度不宜超过(　　)mm。

   A. 80　　B. 90　　C. 100　　D. 110

二、多选题

1. 聚苯板薄抹灰外墙外保温墙体由(　　)组成。

   A. 基层墙体(混凝土墙体或各种砌体墙体)

   B. 粘结层(胶粘剂)

C. 保温层(聚苯板)

D. 连接件(锚栓)

E. 饰面层(涂料或其他饰面材料)

2. 加气混凝土砌块的特性有(　　)。

A. 保温隔热性能好　　B. 自重轻　　C. 强度高

D. 表面平整，尺寸精确　　E. 干缩小，不易开裂

3. 对于具有薄抹面层的系统，保护层厚度应不小于(　　)且不宜大于(　　)。对于具有厚抹面层的系统，厚抹面层厚度应为(　　)。

A. 3mm　　B. 6mm　　C. 9mm

D. 25～30mm　　E. 15～20mm

4. 外墙外保温工程适用于严寒和寒冷地区、夏热冬冷地区新建居住建筑物或旧建筑物的墙体改造工程，起(　　)的作用。

A. 保温　　B. 防水　　C. 隔热　　D. 阻燃　　E. 隔声

5. 安装聚苯板时，各板间应挤紧拼严，不得在聚苯板侧面涂抹胶粘剂。超出(　　)的缝隙应用聚苯条(片)填塞严实，拼缝高差大于(　　)处应用砂纸或专用打磨机打磨平整。

A. 1.5mm　　B. 2mm　　C. 2.5mm　　D. 3mm　　E. 3.5mm

三、简答题

1. 何谓外墙外保温？

2. 外墙外保温系统由哪几部分构成？

3. 外墙保温工程竣工验收应提交什么文件？

第 9 章答案.doc

实训工作单

<table>
<tr><td>班级</td><td></td><td>姓名</td><td></td><td>日期</td><td></td></tr>
<tr><td colspan="2">教学项目</td><td colspan="4">外墙外保温工程</td></tr>
<tr><td>任务</td><td colspan="2">施工现场记录外墙外保温工程工作流程</td><td>地点</td><td colspan="2">外墙外保温施工现场</td></tr>
<tr><td colspan="3">相关知识</td><td colspan="3">外墙外保温相关知识</td></tr>
<tr><td colspan="3">其他要求</td><td colspan="3"></td></tr>
<tr><td colspan="6">施工现场记录情况</td></tr>
<tr><td>评语</td><td colspan="3"></td><td>指导老师</td><td></td></tr>
</table>

第10章 装饰工程

【教学目标】

第 10 章-装饰工程.pptx

1. 掌握常见装饰工程施工工艺要点。
2. 熟悉装饰工程施工质量标准。
3. 了解装饰工程质量通病产生的原因。

【教学要求】

本章要点	掌握层次	相关知识点
抹灰工程	1. 一般抹灰工程的组成与分类 2. 一般抹灰施工过程和质量要求	一般抹灰工程
饰面板(砖)工程	1. 掌握饰面板的施工技术与方法 2. 掌握饰面砖的施工技术与方法	1. 饰面板的施工 2. 饰面砖的施工
地面工程	1. 地面工程层次构成及面层材料 2. 掌握整体面层施工技术与方法 3. 掌握板块面层施工技术与方法	1. 地面工程层次构成及面层材料 2. 整体面层和板块面层的施工
吊顶与轻质隔墙工程	1. 掌握吊顶工程施工技术与方法 2. 掌握轻质隔墙工程施工技术	1. 吊顶工程施工 2. 轻质隔墙工程施工
门窗工程	1. 掌握木门窗安装施工工艺 2. 掌握塑料门窗安装施工工艺	1. 木门窗安装施工 2. 塑料门窗安装施工
涂饰工程	1. 了解涂饰工程材料的种类 2. 掌握涂饰工程的施工工艺 3. 涂饰工程质量验收一般规定	1. 涂饰工程材料种类 2. 涂饰工程的施工 3. 涂饰工程质量验收
常见的质量通病	常见的质量通病原因分析	原因分析

【案例导入】

某县机关修建职工住宅楼，共六栋，设计均为七层砖混结构，建筑面积为 1 万 m^2，主体完工后进行墙面抹灰，采用某水泥厂生产的 325 强度的水泥。抹灰后在两个月内相继发现该工程墙面抹灰出现开裂，并迅速发展。开始由墙面一点产生膨胀变形，形成不规则的放射状裂缝，多点裂缝相继贯通，成为典型的龟状裂缝，并且空鼓，实际上此时抹灰与墙体已产生剥离。后经查证，该工程所用水泥中氧化镁含量严重超高，致使水泥安定性不合

格，施工单位未对水泥进行进场检验就直接使用，因此产生大面积的空鼓开裂。最后该工程墙面抹灰全部返工，造成严重的经济损失。

【问题导入】

试分析上述事故发生的原因，并结合所学知识阐述如何避免此类问题的发生。

10.1 抹灰工程

10.1.1 抹灰工程的组成与分类

1. 抹灰工程的组成

为保证抹灰层与基层粘结牢固，防止抹灰层空鼓(起壳)开裂，确保饰面平整美观，抹灰应分层施工。中级抹灰由底层、中层、面层组成，如图 10-1 所示。各层厚度和使用砂浆的品种、部位、质量标准应符合设计要求和有关规定。每层抹灰不应过厚，否则不仅操作困难，而且会因内外层干燥速度不一，而出现裂纹及抹灰层与基层分离等质量问题。

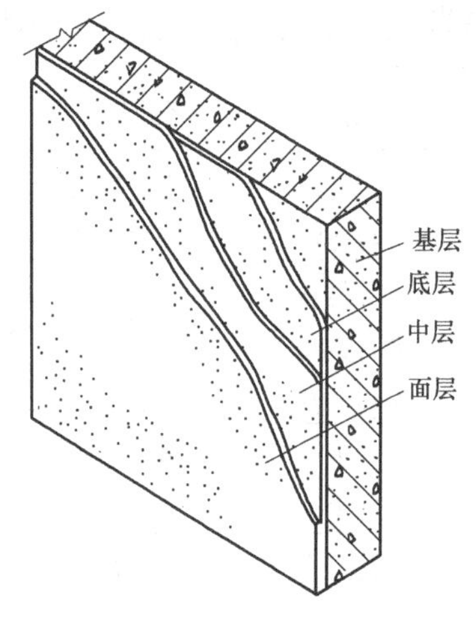

图 10-1 混凝土墙面抹灰分层示意图

混凝土墙面分隔抹灰.mp4

1) 底层

底层主要起与基层粘结及初步找平作用，底层所用的材料随基层不同而异。

(1) 砖砌基层：由于黏土砖与砂浆的粘结力较好，又有砌缝存在，一般采用石灰砂浆打底。有防水、防潮要求时，应采用水泥砂浆打底，如图 10-2(a)所示。

(2) 混凝土基层：如混凝土墙面、预制混凝土楼板等，一般采用水泥混合砂浆或水泥砂浆打底。高级装饰工程的预制混凝土板顶棚宜用聚合物水泥砂浆打底，如图 10-2(b)所示。

(3) 木板条、苇箔、钢丝网基层：由于这种材料与砂浆的粘结力较差，木板条吸水膨胀，干燥后收缩，灰层容易脱落，所以底层砂浆中应掺入适量的麻刀或玻璃丝，并在操作时将灰浆挤入基层缝隙内，如图 10-2(c)所示。

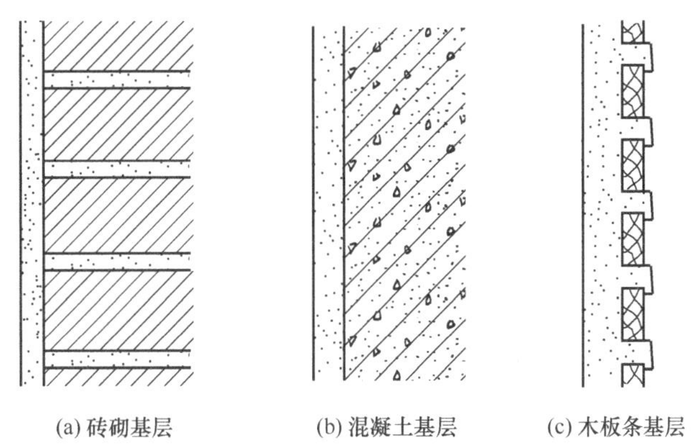

(a) 砖砌基层　　(b) 混凝土基层　　(c) 木板条基层

图 10-2　底层抹灰与基层的关系

(4) 多孔材料基层：如加气混凝土块等多孔材料的墙体，本身强度低，空隙大，易吸水，一般采用水泥混合砂浆或聚合物水泥砂浆。

2) 中层

中层主要起找平作用，根据施工质量要求可以一次抹成，亦可分层操作，所用材料基本上与底层相同。

3) 面层

面层主要起装饰作用，要求大面平整，无裂痕、颜色均匀。室内墙和顶面层一般采用纸筋灰、麻刀灰或玻璃丝灰罩面；较高级墙面，也有用石膏灰浆和水砂面层等。室外面层常用水泥砂浆，由于面积较大，为了不显接槎，防止抹灰层收缩开裂，还应设置分隔缝，分隔缝位置应符合设计要求，宽度和深度应均匀，表面应光滑，棱角应整齐。

2. 抹灰工程分类

抹灰工程的分类方法较多，常见的分类方法如下所述。

音频.抹灰工程的分类.mp3

1) 按使用材料和操作方法分类

(1) 一般抹灰：石灰砂浆、水泥砂浆、水泥混合砂浆、麻刀灰、纸筋灰等。

(2) 装饰抹灰：水刷石、干粘石、水磨石、喷砂、弹涂、喷涂、滚涂、拉毛灰、洒毛灰、斩假石、假面砖、仿石和彩色抹灰等。

(3) 饰面板(块、砖)镶贴：天然石板(花岗岩、大理石)、人造板(水磨石、人造大理石)、饰面砖(外墙面砖、耐酸砖、瓷砖、马赛克、玻璃马赛克)等。

按工程部位分类.docx

2) 按工程部位分类

(1) 外抹灰：有檐口平顶、窗台、腰线、阳台、雨篷、明沟、勒脚及墙面抹灰。

(2) 内抹灰：有顶棚、墙面、柱面、墙裙、踢脚板、地面、楼梯，以及厨房、卫生间内的水池、浴池等抹灰。

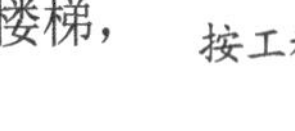

3) 按建筑标准分类

(1) 普通抹灰。普通抹灰的做法为两遍成活(底层、面层)，用于简易仓库和临时建筑。分层赶平，修整、压光，主要用于简易仓库和临时建筑。

(2) 中级抹灰。中级抹灰的做法为三遍成活(底层、中层、面层)、阳角找方、设标筋、分层赶平、修整压光，一般用于住宅、办公楼、学校等。

(3) 高级抹灰。高级抹灰的做法为三遍成活、阴阳角找方、对角线、设标筋、分层赶平、修整压光，一般用于大型公共建筑物、纪念性建筑物(如剧院、礼堂、展览馆等)、高级住宅、宾馆，以及有特殊要求的建筑物。

10.1.2 一般抹灰

一般抹灰工程适用于石灰砂浆、水泥砂浆、水泥混合砂浆、聚合物水泥砂浆、麻刀灰、纸筋灰、石膏灰等材料的抹灰工程施工。

1. 一般抹灰的施工过程

(1) 抹灰前基层表面的尘土、疏松物、脱模剂、污垢和油渍等应清除干净。

(2) 外墙抹灰工程施工前应先安装钢门窗框、护栏等，并应将墙上的施工孔洞堵塞密实。

(3) 室内墙面、柱面和门洞口的阳角做法应符合设计要求。设计无要求时，应采用 1∶2 水泥砂浆做暗护角，其高度不应低于 2m，每侧宽度不应小于 50mm。

(4) 不同材料基体交接处表面的抹灰，应采取防止开裂的加强措施，当采用加强网时，加强网与各基层的搭接宽度不应小于 100mm，如图 10-3 所示。

(5) 基层表面光滑，抹灰前应作毛化处理。

(6) 抹灰前基体表面应洒水润湿。

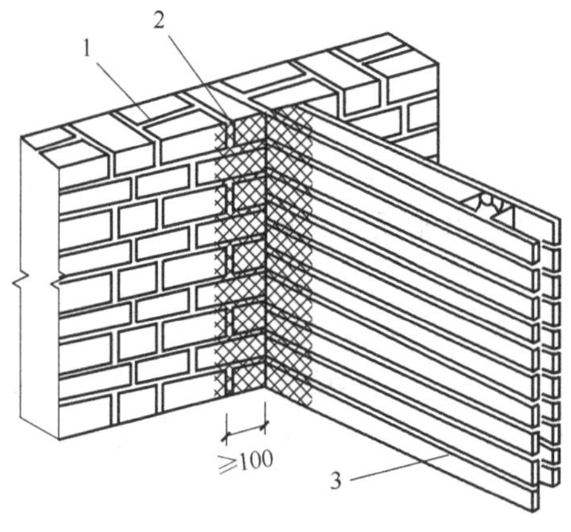

图 10-3 砖木交界处基体处理(单位：mm)

1—砖墙；2—钢丝网；3—板条墙

砖木交界处基体处理.mp4

2. 找基准的施工过程

找基准，又叫找规矩。为了使抹灰层达到要求的垂直度、平整度，同时符合装饰要求，抹灰前必须找好基准。

1) 做标志块(灰饼)

首先用托线板挂线全面检查墙面的平整度，然后根据抹灰的等级确定抹灰的厚度，抹

灰厚度的标志块就是灰饼。做灰饼时自上而下，先做出墙体上部的灰饼，灰饼的间距应小于刮尺控制的长度。墙面过高、过长时，可在墙体两上角部先做灰饼，再以它为基准拉线，做出上部、中间的灰饼。根据墙体上部的灰饼，以托线板来确定墙体下部灰饼，使其与上部灰饼在同一垂直线上。标志块做好后，再在标志块附近砖缝内钉上钉子，拴上小线，挂出水平通线，加做若干灰饼，距离仍以刮尺为准，厚度与标志块一致。凡遇门窗口、墙垛和墙角处都要加做标志块。标志块用 1∶3 水泥砂浆做，大小约 50mm 见方即可。

2) 做标筋(冲筋)

标筋就是在上下两个标志块之间，先抹一条宽约 50～100mm 的灰缝埂，厚度要与标志块一样，用来作为墙面抹灰的标志。标筋的做法是待灰饼中的水泥浆基本进入终凝，洒水湿润墙面，用抹底层灰的砂浆将同一垂直线上下两个标志块中间先抹一层，再抹第二层，凸出呈八字形，要比灰饼高出 10mm，然后用刮杠紧贴灰饼左上右下地搓，直到将标筋搓成与标志块相平为止，同时将标筋的两边用刮尺修成斜面，以保证与抹灰层接槎平顺。灰饼、冲筋示图，如图 10-4 所示。

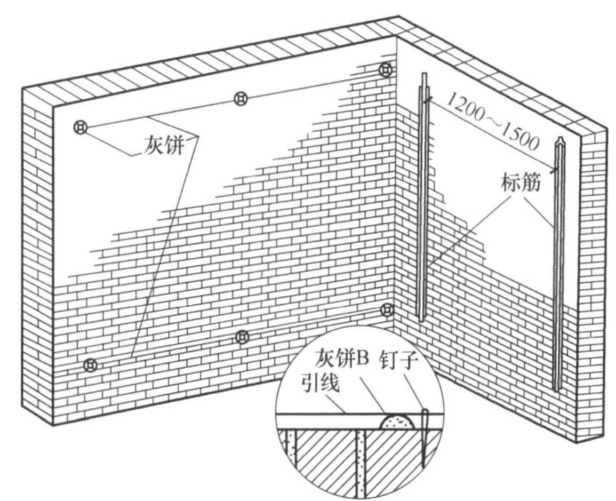

图 10-4 做灰饼、冲筋示意(单位：mm)

10.1.3 抹灰工程的质量要求

一般抹灰工程施工质量控制要点如下。

(1) 抹灰前的基层处理符合规范规定。

(2) 一般抹灰工程所用材料的品种和性能应符合设计要求。水泥的凝结时间和安定性复验应合格。砂浆的配合比应符合设计要求。

(3) 抹灰工程应分层进行，抹灰层的总厚度应符合设计要求，当抹灰总厚度大于或等于 35mm 时，应采取加强措施。

(4) 抹灰层与基体之间及各抹灰层之间必须粘结牢固，抹灰层应无脱落、空鼓，面层应无爆灰和裂缝。

(5) 抹灰分格缝(条)的设置应符合设计要求，宽度和深度应均匀，表面应光滑，棱角应整齐。

(6) 有排水要求的部位应做滴水线(槽)。滴水线(槽)应整齐顺直，滴水线应内高外低，滴水槽的宽度和深度均不应小于 10mm。

(7) 一般抹灰工程水泥砂浆不得抹在石灰砂浆层上；罩面石膏不得抹在水泥砂浆层上。

(8) 一般抹灰工程的表面质量应符合下列规定。

① 普通抹灰表面应光滑、洁净、接槎平整，分格缝应清晰。

② 高级抹灰表面应光滑、洁净、颜色均匀、无抹纹，分格缝和灰缝应清晰美观。

(9) 一般抹灰工程质量的允许偏差和检验方法，如表 10-1 所示。

表 10-1　一般抹灰工程质量的允许偏差和检验方法

项次	项　目	允许偏差/mm		检验方法
		普通抹灰	高级抹灰	
1	立面垂直度	4	3	用 2m 垂直检测尺检查
2	表面平整度	4	3	用 2m 垂直检测尺检查
3	阴阳角方正	4	3	用直角检测尺检查
4	分格条(缝)直线度	4	3	拉 5m 线，不足 5m 拉通线，用钢直尺检查
5	墙裙、勒脚上口直线度	4	3	拉 5m 线，不足 5m 拉通线，用钢直尺检查

注：1. 普通抹灰，本表第 3 项阴角方正可不检查。

2. 顶棚抹灰，本表第 2 项表面平整度可不检查，但应平顺。

【案例 10-1】某集团在进行季度巡检的实测实量发现，不少项目的抹灰工程均有不同程度的开裂和空鼓现象，且有项目因为抹灰空鼓和开裂情况较多，得分率只有 50%，按巡检制度中的计分规则该检查项被双倍扣分处理，严重影响了项目的总得分及排名。

集团对几个老旧项目的走访发现，抹灰墙面尤其是外墙面的开裂现象极为普遍，从而使集团的品牌形象受到较大程度的影响。

结合所学知识，试分析抹灰工程出现质量问题的原因，并提出改进意见。

10.2　饰面板(砖)工程

饰面板(砖)工程是将饰面板(砖)铺贴或安装在基层上的一种装饰方法。按面层材料和施工工艺的不同，分为饰面砖粘贴工程和饰面板安装工程。饰面工程是在墙、柱、梁表面镶嵌或安装具有保护和装饰功能的块料而形成的饰面层。块料的种类可分为饰面板和饰面砖两大类。

饰面板有石材饰面板、金属饰面板等。石材饰面板工程采用的石材有花岗石、大理石、青石板等天然石材和人造石材；采用的瓷板有抛光和磨边板两种，面积不大于 1.2m^2，不小于 0.5m^2。金属饰面板有钢板、铝板等品种。木材饰面板主要用于内墙裙。饰面砖主要包括釉面瓷砖、外墙面砖、陶瓷锦砖、陶瓷壁画、劈裂砖等。玻璃面砖主要包括玻璃锦砖、彩色玻璃面砖、釉面玻璃等。

10.2.1 饰面板施工

饰面板安装工程适用于内墙饰面板安装工程和高度不大于 24m、抗震设防烈度不大于 7 度的外墙饰面板安装工程。目前常用的饰面板有石材饰面板、金属饰面板、塑料饰面板，还可将墙板结构与饰面结合，一次成型为饰面墙板。

1. 石材饰面板安装施工

石材饰面板，包括天然石材(花岗石、大理石、青石板等)饰面板、人造石材饰面板、预制水磨石饰面板等。采用湿作业法施工的天然石材饰面板，应进行防碱背涂处理，否则会产生泛碱现象，严重影响石材饰面板的装饰效果。

1) 饰面板湿法安装

饰面板湿法安装是一种传统的安装方法，它适用于普通大规格板材。饰面板湿法安装的工艺，如图 10-5 所示。其施工要点如下。

(1) 绑扎钢筋：首先按设计要求在基层表面绑扎钢筋网，钢筋网应与结构的预埋件连接牢固，钢筋网中横向钢筋的位置应与饰面板的尺寸相对应。

(2) 钻孔、剔槽：在石材饰面板材上、下边的侧面钻孔，并在石材背面的同位置横向打孔，再轻剔一道槽，同孔眼形成“象鼻眼”，以便与钢筋网连接。

(3) 安装饰面板：安装前要按照事先弹好的水平、垂直控制线进行预排，然后由下往上安装。安装时每层从中间或一端开始，用铜丝或不锈钢丝从孔眼中穿过将饰面板与钢筋网绑扎固定。板材与基层间的缝隙一般为 20～50mm。

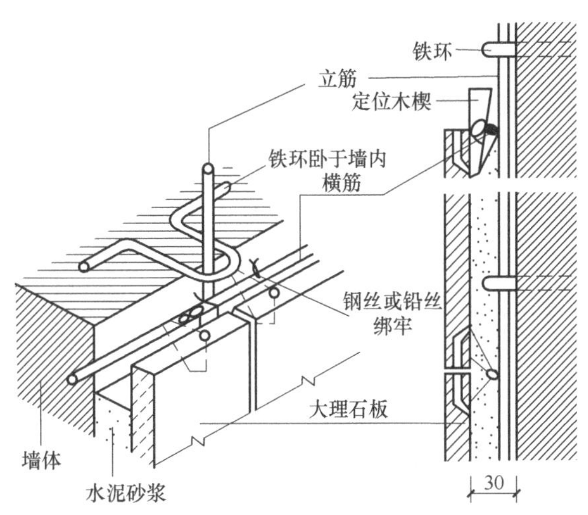

图 10-5 饰面板湿法安装示意(单位：mm)

(4) 灌浆：饰面板与基层间需灌浆黏结。灌浆前应先用石膏或泡沫塑料条临时封闭石材板缝，以防漏浆。然后用 1∶2.5 水泥砂浆分层灌注，每层高度为 200～300mm，待下层初凝后再灌上层，直到距上口 50～100mm 处为止。每日安装固定后应将饰面板清理干净，如饰面层光泽受到影响，可以重新打蜡出光。

(5) 表面擦缝：全部板材安装完毕后，清洁表面，并用与饰面板材相同颜色调制的水

泥浆嵌填缝隙，边嵌边擦，使嵌缝密实、色泽一致。

2) 饰面板楔固法安装

饰面板楔固法安装是传统的湿作业改进法，其安装工艺如图 10-6 所示。

楔固法工艺是在饰面板材上打直孔，在基体上对应于板材上下直孔的位置，用冲击钻钻出与板材孔数相等的斜孔，斜孔成 45°，孔径 6mm，孔深 40～50mm。然后现场制作直径为 5mm 的不锈钢钉，不锈钢钉的形式如图 10-6 中的两种形状。不锈钢钉一端勾进石材饰面板内，随即用硬木小木楔楔紧；另一端勾进基体斜孔内，在校正饰面板的上下口及板面的垂直度和平整度，检查与相邻板材结合是否严密后，随即将基体斜孔内的不锈钢钉楔紧。接着用大木楔紧固于饰面板与基体之间，以紧固不锈钢钉。饰面板位置校正准确、临时固定后，即可按传统的湿作业法的灌浆要求分层灌浆及表面擦缝。

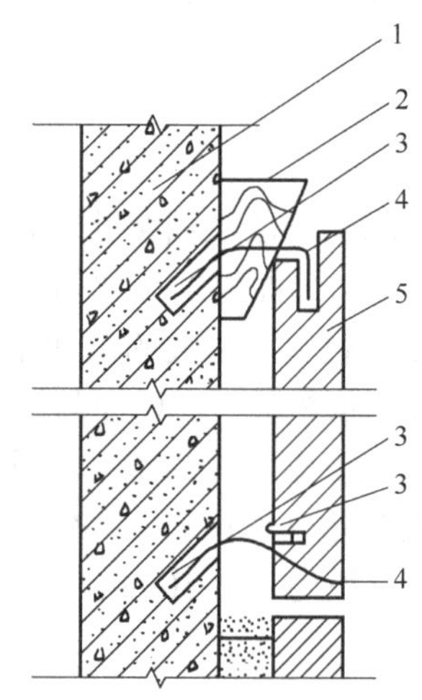

图 10-6　饰面板楔固法安装示意

1—基体；2—大木楔；3—硬木楔；4—不锈钢钉；5—石材饰面板

3) 饰面板粘贴法安装

饰面板粘贴法安装适用于薄型小规格板材。其施工要点如下。

(1) 抹底层灰：在进行基层处理后需抹底层灰，一般采用 1∶3 水泥砂浆分两次涂抹，厚度约 5～7mm，随即抹平搓实，并吊垂直、找规矩。

(2) 镶贴石板：底层灰干燥后，在墙面上按设计图纸进行分块弹线，并进行石板试摆和调整。镶贴时在底层灰上用水泥胶粘剂(或专用胶泥)进行拉毛处理，在石板的背面涂抹 2～3mm 水泥胶粘剂(或专用胶泥)进行镶贴，然后用木槌轻敲板面使其黏结牢固，并用靠尺板找平整、找垂直。

(3) 表面擦缝：石板安装完成后清洁表面，按设计要求的颜色调制水泥色浆进行擦缝，边嵌缝边擦干净，使缝隙密实、均匀、干净、颜色一致。

2. 金属饰面板安装施工

金属饰面板，常用的有铝合金板、彩色涂层钢板、彩色不锈钢板、镜面不锈钢饰面板、塑铝板等多种，其安装方法主要有木衬板粘贴薄金属面板和龙骨安装金属饰面板两种方法。

1) 木衬板粘贴薄金属面板

木衬板粘贴法是利用大芯板作为衬板，在其表面用胶粘剂粘贴薄金属板，一般用于室内墙面的装饰。该方法施工的要点是：控制衬板安装的牢固性、衬板本身表面的质量、衬板安装的平整度和垂直度，以及控制表面金属板胶粘剂涂刷的均匀性和掌握好金属板粘贴时间。

2) 龙骨安装金属饰面板

安装金属饰面板的龙骨一般采用型钢或铝合金型材做支承骨架，以采用型钢骨架较多。横、竖骨架与结构的固定，可采用与结构的预埋件焊接，也可采用在结构上打入膨胀螺栓连接。

饰面板的安装方法按照固定原理可分为以下两种。一种是固结法，多用于外墙金属饰面板的安装，此方法是将条板或方板用螺钉或铆钉固定到支承骨架上，铆钉间距宜为 100～150mm；另一种是嵌卡法，多用于室内金属饰面板的安装，此方法是将饰面板做成可嵌插的形状，与用镀锌钢板冲压成型的嵌插母材——龙骨嵌插，再用连接件将龙骨与墙体锚固。

金属饰面板之间的间隙，一般为 10～20mm，需用橡胶条或密封胶等弹性材料嵌填密封。

各种饰面板安装工程的质量要求是：饰面板安装必须牢固。采用湿作业法施工的饰面板工程，石材应进行防碱背涂处理。饰面板与基体之间的灌注材料应饱满、密实。饰面板表面应平整、洁净、色泽一致，无裂痕和缺损。石材表面应无泛碱等污染。饰面板嵌缝应密实、平直，宽度和深度应符合设计要求，嵌填材料色泽应一致。

10.2.2 饰面砖施工

饰面砖粘贴工程适用于内墙饰面砖的粘贴工程和高度不大于 100m、抗震设防烈度不大于 8 度、采用满粘法施工的外墙饰面砖粘贴工程。目前常用于内墙饰面的为釉面内墙砖；用于外墙饰面的为陶瓷外墙面砖。按其表面处理又分为彩色釉面陶瓷砖和无釉陶瓷砖；此外还有一些新品种面砖，如劈离砖、麻面砖、玻化砖、渗花砖等。

1. 饰面砖抹浆粘贴法施工

饰面砖抹浆(水泥砂浆、水泥浆)粘贴法为传统施工方法，主要工序为：基层处理、湿润基层表面→水泥砂浆打底→选砖、浸砖→放线和预排→粘贴面砖→勾缝→清洁面层。

其施工要点如下。

1) 基层处理和打底

基层表面应平整而粗糙，粘贴面砖前应清理干净并洒水湿润。然后用 1∶3 水泥砂浆打底，厚 7～10mm，表面需找平划毛。底灰抹完后一般养护 1～2d 方可粘贴面砖。

2) 选砖和浸砖

铺贴的面砖应进行挑选，即挑选规格一致、形状平整方正、无缺陷的面砖。饰面砖应在清水中浸泡，釉面内墙砖需浸泡 2h 以上，陶瓷外墙面砖则要隔夜浸泡，然后取出阴干备用。

3) 放线和预排

铺贴面砖前应进行放线定位和预排，接缝宽一般为 1～1.5mm，非整砖应排在次要部位或墙的阴角处。预排后，用废面砖按黏结层厚度，用混合砂浆粘贴标志块，其间距一般为

1.5m 左右。

4) 粘贴面砖

粘贴面砖宜采用 1∶2 水泥砂浆，厚度宜为 6～10mm，或采用聚合物水泥浆(水泥∶108 胶∶水为 10∶0.5∶2.6)。粘贴面砖时，先浇水湿润墙面，再根据已弹好的水平线，在最下面一皮面砖的下口放好垫尺板(平尺板)，作为贴第一皮砖的依据，由下往上逐层粘贴。粘贴时应将砂浆满铺在面砖背面，逐块进行粘贴，一般从阳角开始，使非整砖留在阴角，即先贴阳角大面，后贴阴角、凹槽等部位。粘贴的砖面应平整，砖缝须横平竖直，应随时检查并进行修整。

粘贴后的每块面砖，可轻轻敲击或用手轻压，使其与基层黏结密实牢固。凡遇黏结不密实、缺灰情况时，应取下重新粘贴，不得在砖缝处塞灰，以防空鼓。要注意随时将缝中挤出的浆液擦净。

5) 勾缝和清洁面层

面砖粘贴完毕后应进行质量检查。然后用清水将面砖表面擦洗干净，接缝处用与面砖同色的白水泥浆擦嵌密实。全部工作完成后要根据不同污染情况，用棉纱清理或用稀盐酸刷洗，随即用清水冲刷干净。

2. 饰面砖胶粘法施工

饰面砖胶粘法施工即利用胶粘剂将饰面砖直接粘贴于基层上。这种施工方法具有工艺简单、操作方便、黏结力强、耐久性好、施工速度快等特点，是实现装饰工程干法施工的有效措施。

施工时要求基层坚实、平整、无浮灰及污物，饰面材料亦应干净、无灰尘及污垢。粘贴时先在基层上涂刷胶粘剂，厚度不宜大于 3mm，然后铺贴饰面砖，揉挤定位。定位后用橡皮锤敲实，使气泡排出。施工时应由下往上逐层粘贴，并随即清除板面上的余胶。粘贴完毕 3～4d 后便可用白水泥浆进行灌浆擦缝，并用湿布将饰面砖表面擦拭干净。

饰面砖粘贴工程的质量要求是：饰面砖粘贴必须牢固。满粘法施工的饰面砖工程应无空鼓、裂缝。饰面砖表面应平整、洁净、色泽一致，无裂痕和缺损。饰面砖接缝应平直、光滑，填嵌应连续、密实；宽度和深度应符合设计要求。

【案例 10-2】某装饰公司承接了寒冷地区某商场的室内外装饰工程。其中，室内地面采用地面砖镶贴，墙面部分采用人造木板，柱面镶贴天然花岗石，门窗采用铝合金门窗。吊顶工程部分采用木龙骨，室外部分墙面为铝板幕墙，采用进口硅酮结构密封胶、铝塑复合板，其余外墙为加气混凝土砌块外镶贴陶瓷砖。施工过程中，发生如下事件。

事件一：因木龙骨为甲方供材料，施工单位未对木龙骨进行检验和处理就用到工程上；门窗安装方案为射钉固定。

事件二：在送样待检时，为赶进度，施工单位未经监理许可就进行了外墙饰面砖镶贴施工，待复验报告出来，部分指标未能达到要求。

事件三：外墙面砖施工前，工长安排工人在陶粒空心砖墙面上做了外墙饰面砖样板件，并对其质量验收进行了允许偏差的检验。

结合所学知识，回答下列问题：

(1) 本工程有哪些材料需要复验？说明复验的指标。

(2) 事件一中，有哪些不妥？

(3) 事件二中，施工单位的做法是否妥当？为什么？

(4) 指出事件三中外墙饰面砖样板件施工中存在的问题，写出正确做法。

10.3 地面工程

10.3.1 地面工程层次构成及面层材料

建筑地面工程系房屋建筑物底层地面(即地面)和楼层地面(即楼面)的总称。它主要由基层和面层两大基本构造层组成。基层部分包括结构层和垫层，而底层地面的结构层是基土，楼层地面的结构层是楼板；面层部分即地面与楼面的表面层，可以做成整体面层、板块面层和木竹面层。

音频.地面工程层次构成及面层材料.mp3

按照现行国家标准《建筑工程施工质量验收统一标准》(GB 50300—2013)的规定，整体面层包括水泥混凝土面层、水泥砂浆面层、水磨石面层、水泥钢(铁)屑面层、防油渗面层、不发火(防爆的)面层；板块面层包括砖面层(陶瓷锦砖、缸砖、陶瓷地砖和水泥化砖面层)、大理石面层和花岗石面层、预制板块面层(水泥混凝土板块、水磨石板块面层)、料石面层(条石、块石面层)、塑料板面层、活动地板面层、地毯面层；木竹面层包括实木地板面层、实木复合地板面层、中密度(强化)复合地板面层、竹地板面层等。

10.3.2 整体面层施工

1. 水泥混凝土面层施工质量要求

(1) 水泥混凝土面层厚度应符合设计要求。

(2) 水泥混凝土面层铺设不得留施工缝。当施工间隙超过允许时间规定时，应对接槎处进行处理。

(3) 水泥混凝土采用的粗骨料，其最大粒径不应大于面层厚度的2/3，细石混凝土面层采用的石子粒径不应大于15mm。

(4) 面层的强度等级应符合设计要求，且水泥混凝土面层强度等级不应小于C20；水泥混凝土垫层兼面层强度等级不应小于C15。

(5) 面层与下一层应结合牢固，无空鼓、裂纹。

2. 水泥砂浆面层施工质量要求

(1) 水泥砂浆面层的厚度应符合设计要求，且不应小于20mm。

(2) 水泥采用硅酸盐水泥、普通硅酸盐水泥，其强度等级不应小于 32.5，不同品种、不同强度等级水泥严禁混用；砂应为中粗砂，当采用石屑时，其粒径为1～5mm，且含泥量不应大于3%。

(3) 水泥砂浆面层的体积比(强度等级)必须符合设计要求，且体积比应为1∶2，强度等级不应小于 M15。

(4) 面层与下一层应结合牢固，无空鼓、裂纹。

3. 水磨石面层施工质量要求

(1) 水磨石面层应采用水泥与石粒的拌合料铺设。面层厚度除有特殊要求外，宜为 12～18mm，且按石粒粒径确定。水磨石面层的颜色和图案应符合设计要求。

(2) 白色或浅色的水磨石面层，应采用白水泥；深色的水磨石面层，宜采用硅酸盐水泥、普通硅酸盐水泥或矿渣酸水泥；同颜色的面层应使用同一批水泥。同一颜色面层应使用同厂、同批的颜料；其掺入量为水泥重量的 3%～6%或由试验确定。

(3) 水磨石面层的结合层的水泥砂浆体积比宜为 1∶3，相应的强度等级不应小于 M10，水泥砂浆稠度(以标准圆锥体沉入度计)宜为 30～35mm。

(4) 普通水磨石面层磨光遍数不应少于 3 遍。高级水磨石面层的厚度和磨光遍数由设计确定。

(5) 在水磨石面层磨光后，涂草酸和上蜡前，其表面不得污染。

(6) 水磨石面层的石粒，应采用坚硬可磨白云石、大理石等岩石加工而成，石粒应洁净无杂物，其粒径除特殊要求外应为 6～15mm；水泥强度等级不应小于 32.5；颜料应采用耐光、耐碱的矿物原料，不得使用酸性颜料。

(7) 水磨石面层拌合料的体积比应符合设计要求，且为 1∶1.5～1∶2.5(水泥∶石粒)。

(8) 面层与下一层结合应牢固，无空鼓、裂纹。

10.3.3 板块面层施工

大理石、花岗石及碎拼大理石地面施工介绍如下。

1. 工艺流程

准备工作→试拼→弹线→试排→刷水泥及铺砂浆结合层→铺大理石板块→灌封、擦缝→打蜡。

2. 工艺要点

1) 准备工作

(1) 以施工大样图和加工单为依据，熟悉各部位尺寸和做法，弄清洞口、边角等部位之间的关系。

(2) 基层处理：将地面垫层上的杂物清净，用钢丝刷刷掉粘结在垫层上的砂浆，并清扫干净。

2) 试拼

在正式铺设前，对每一房间的板块，应按图案、颜色、纹理试拼，将非整块板对称排放在房门靠墙部位，试拼后按两个方向编号排列，然后按编号码放整齐。

3) 弹线

为了检查和控制板块的位置，在房间内拉十字控制线，弹在混凝土垫层上，并引至墙面底部，然后依据墙面+50cm 标高线找出面层标高，在墙上弹出水平标高线，弹水平线时注意室内与楼道面层标高要一致。

4) 试排

在房间内的两个相互垂直的方向铺两条干砂，其宽度大于板块宽度，厚度不小于3cm，结合施工大杆图及房间实际尺寸，把板块排好，以便检查板块之间的缝隙，核对板块与墙面、柱、洞口等部位的相对位置。

5) 刷水泥素浆及铺砂浆结合层

试铺后将砂和板块移开，清扫干净，用喷壶洒水湿润，刷一层素水泥浆(水灰比为0.4～0.5，刷的面积不要过大，随铺砂浆随刷)。根据板面水平线确定结合层砂浆厚度，拉十字控制线，开始铺结合层干硬性水泥砂浆(一般采用1∶2或1∶3的干硬性水泥砂浆，干硬程度以手捏成团，落地即散为宜)，厚度控制在放上大理石(或花岗石)板块时宜高出面层水平线3～4mm。铺好后用大杠刮平，再用抹子拍实找平(铺摊面积不得过大)。

6) 铺砌板块

(1) 板块应先用水浸湿，待擦干或表面晾干后方可铺设。

(2) 根据房间拉的十字控制线，纵横各铺一行，作为大面积铺砌标筋用。依据试拼时的编号、图案及试排时的缝隙(板块之间的缝隙宽度，当设计无规定时不应大于1mm)，在十字控制线交点开始铺砌。先试铺即搬起板块对好纵横控制线铺落在已铺好的干硬性砂浆结合层上，用橡皮锤敲击木垫板(不得用橡皮锤或木锤直接敲击板块)，振实砂浆至铺设高度后，将板块掀起移至一旁，检查砂浆表面与板块之间是否相吻合，如发现有空虚之处，应用砂浆填补，然后正式镶铺，再在水泥砂浆结合层上满浇一层水灰比为0.5的素水泥浆(用浆壶浇均匀)，接着铺板块，安放时四角同时往下落，用橡皮锤或木锤轻击木垫板，根据水平线用铁水平尺找平，铺完第一块，向两侧和后退方向顺序铺砌。铺完纵、横行之后有了标准，可分段分区依次铺砌，一般房间是先里后外进行，逐步退至门口，便于成品保护，但必须注意与楼道相呼应。也可从门口处往里铺砌，板块与墙角、镶边和靠墙处应紧密砌合，不得有空隙。

7) 灌缝、擦缝

在板块铺砌后1～2昼夜进行灌浆擦缝。根据大理石(或花岗石)颜色，选择相同颜色矿物颜料和水泥(或白水泥)拌和均匀，调成1∶1稀水泥浆，用浆壶徐徐灌入板块之间的缝隙中(可分几次进行)，并用长把刮板把流出的水泥浆刮向缝隙内，至基本灌满为止。灌浆1～2h后，用棉纱团蘸原稀水泥浆擦缝与板面擦干，同时将板面上水泥浆擦净，使大理石(或花岗石)面层的表面洁净、平整、坚实，以上工序完成后，面层加以覆盖。养护时间不应小于7d。

8) 打蜡

当水泥砂浆结合层达到强度后(抗压强度达到1.2MPa时)，方可进行打蜡，使面层达到光滑亮洁。

10.4 吊顶与轻质隔墙工程

10.4.1 吊顶工程

吊顶是对室内顶棚进行装修施工。吊顶具有保温、隔热、隔音和吸声作用，可以增加室内亮度和美观，是现代室内装饰的重要组成部分。吊顶包括悬吊式吊顶、格栅吊顶、藻井吊顶等。本节以悬吊式吊顶为例。

悬吊式顶棚一般由三个部分组成：吊杆、骨架、面层。

吊顶样式.docx

1. 吊杆

吊杆也称吊筋，主要承受吊顶的重力，并将这一重力直接传递给结构层；同时，吊顶的空间高度也是通过吊筋来调节的。吊杆的材料大多使用钢筋。现浇钢筋混凝土楼板吊筋如图 10-7 所示。

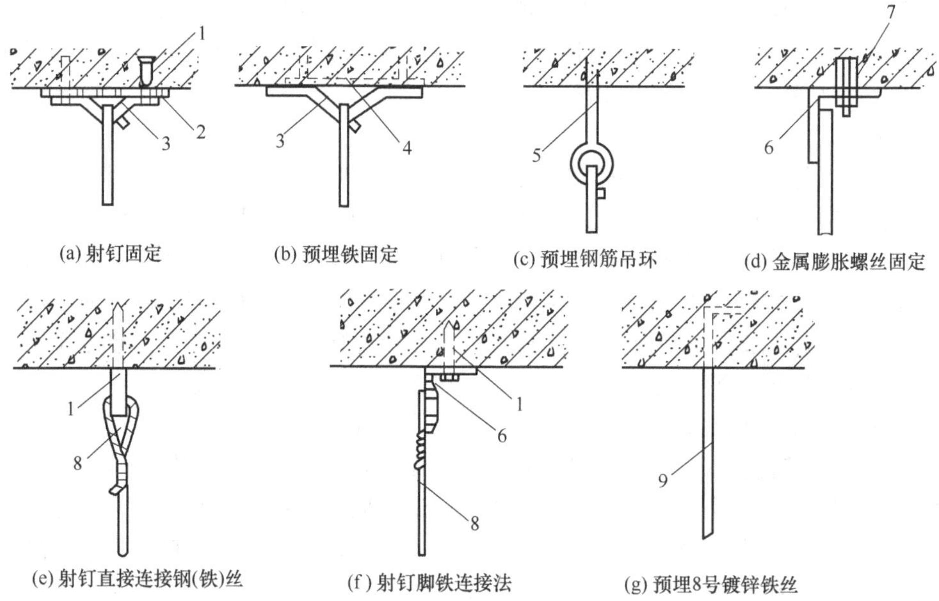

图 10-7　吊筋的固定方法

1—射钉；2—焊板；3—10 号钢筋吊环；4—预埋钢板；5—钢筋；6—角钢；7—金属膨胀螺丝；8—铝合金丝；9—8 号镀锌铁丝

2. 骨架

骨架也称龙骨，它的作用是承受吊顶面层的荷载，并将荷载通过吊杆传给屋顶承重结构。骨架的结构主要包括主龙骨、次龙骨等网架体系。

按材质，龙骨有木龙骨、轻钢龙骨和铝合金龙骨等。木龙骨一般是方形的，轻钢龙骨和铝合金龙骨有 T 型、U 型、C 型及各种异型龙骨等。按照吊顶结构，骨架安装有明龙骨安装和暗龙骨安装。

木龙骨多用于板条抹灰和钢板网抹灰吊顶顶棚。木吊杆、木龙骨和木饰面板必须进行防火处理。木龙骨吊顶示意图如图 10-8 所示。

轻钢龙骨有自重轻、刚度大、防火、抗震性能好、加工安装简便的特点，适用于工业与民用建筑等室内隔墙、吊顶。U 型轻钢龙骨常用的有 UC60、UC50、UC38 型三个系列。

明龙骨和暗龙骨吊顶在安装时，吊杆与龙骨的安装间距、连接方式应符合设计要求，不上人吊顶为 1200～1500mm，上人吊顶为 900～1200mm，必须严格按图和规范施工，不得随意加大龙骨、吊筋的间距。后置埋件、金属吊杆、龙骨应进行防腐处理。吊顶材料在运输、搬运、安装和存放时应采取相应措施，防止受潮、变形及损坏板材的表面和边角。重型灯具、电扇及其他重型设备严禁安装在吊顶龙骨上。

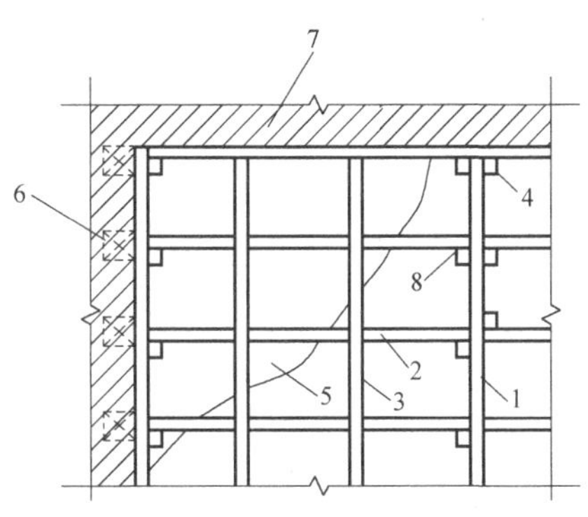

图 10-8 木龙骨吊顶

1—大龙骨；2—小龙骨；3—横撑龙骨；4—吊筋；5—罩面板；6—木砖；7—砖墙；8—吊木

龙骨的安装顺序：弹线定位→固定吊杆→安装主龙骨→安装次龙骨→横撑龙骨。

安装龙骨时，首先应在墙面弹线定位。在墙面上弹出标高线，在墙的两端固定压线条，用水泥钉与墙面固定牢固。依据设计标高，沿墙面四周弹线，作为顶棚安装的标准线，其水平允许偏差为4～5mm。固定吊杆时，按照墙上弹出的标高线和龙骨位置线，找出吊点中心，将吊杆焊接在预埋件上，并应按房间短向跨度的1%～3%起拱，当吊杆与设备相遇时，应调整吊点构造或增设吊杆。然后将主龙骨固定在吊件上，再将次龙骨用连接件紧贴主龙骨固定。交叉点用次龙骨吊挂件将其固定在主龙骨上，固定板材的次龙骨间距不得大于600mm。在潮湿地区和场所，间距宜为300～400mm。用自攻钉安装饰面板时，接缝处次龙骨宽度不得小于40mm。U型龙骨吊顶安装示意图如图10-9所示。

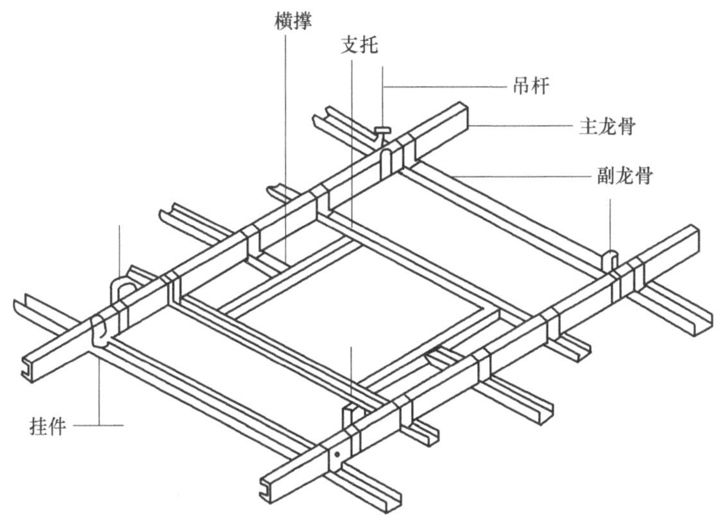

图 10-9 U型龙骨吊顶示意图

3. 面层

在装修中，面层是相对于结构层而言的，指结构板面以上的部分，就是最外面的一层材料。某室内粉刷面层做法如图 10-10 所示。

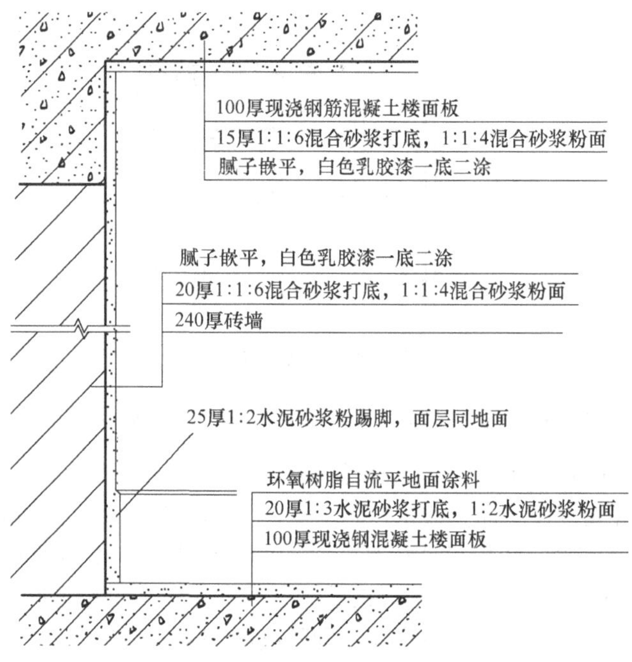

图 10-10　某室内粉刷面层做法

面层的作用：装饰室内空间，以及吸声、反射等功能。

面层的材料：纸面石膏板、纤维板、胶合板、钙塑板、矿棉吸音、铝合金等金属板、PVC 塑料板等。

面层的形式：条形、矩形等。

10.4.2 轻质隔墙工程

隔墙是用来分隔室内空间的，隔墙按构造方式分为块材隔墙、立筋式隔墙、板材隔墙等。隔墙按用材可分为砖隔墙、骨架轻质隔墙、玻璃隔墙、混凝土预制板隔墙、木板隔墙等。

1. 轻质隔墙一般规定

(1) 轻质隔墙的构造、固定方法应符合设计要求。

(2) 轻质隔墙材料在运输和安装时，应轻拿轻放，不得损坏表面和边角，防止受潮变形。

(3) 当轻质隔墙下端用木踢脚覆盖时，饰面板应与地面留有 20～30mm 缝隙；当用大理石、瓷砖、水磨石等做踢脚板时，饰面板下端应与踢脚板上口齐平，接缝应严密。

(4) 板材隔墙和饰面板安装前应按品种、规格、颜色等进行分类选配。

(5) 轻质隔墙与顶棚和其他墙体的交接处应采取防开裂措施。

(6) 接触砖、石、混凝土的龙骨和埋置的木楔应作防腐处理。

(7) 胶粘剂应按饰面板的品种选用。现场配置胶粘剂，其配合比应由试验决定。

(8) 轻质隔墙工程应对下列隐蔽工程项目进行验收。

① 骨架隔墙中设备管线的安装及水管试压。

② 木龙骨防火、防腐处理。

③ 预埋件或拉结筋。

④ 龙骨安装。

⑤ 填充材料的设置。

2. 主要材料质量要求

(1) 应对人造木板的甲醛含量进行复验。

(2) 板材隔墙的墙板、骨架隔墙的饰面板和龙骨、玻璃隔墙的玻璃应有产品合格证书。

(3) 饰面板表面应平整，边沿应整齐，不应有污垢、裂纹、缺角、翘曲、起波、色差和图案不完整等缺陷。胶合板不应有脱胶、变色和腐朽。

(4) 复合轻质墙板与基层(骨架)粘结必须牢固。

3. 砖隔墙

砖砌筑隔墙一般采用半砖顺砌。砌筑底层时，宜在墙下部先砌3～5 皮砖厚墙基；楼层必须砌在梁上，不能将隔墙砌在空心板上，隔墙用 M2.5 以上的砂浆砌筑。隔墙的接槎如图 10-11 所示。砖隔墙砌筑表面应平整，表面的抹灰不得太厚。

隔墙的接槎.mp4

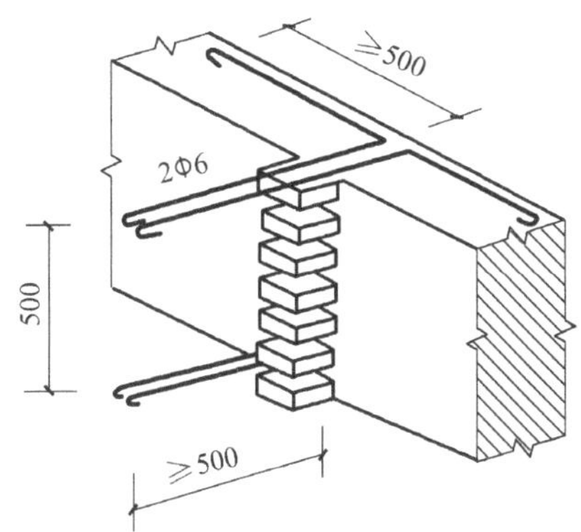

图 10-11　隔墙的接槎

4. 骨架板材隔墙

骨架板材隔墙是指在方木骨架或金属骨架上固定板材，双面镶贴胶合板、纤维板、石膏板、矿棉板、刨花板或木丝板等轻质材料的隔墙。其骨架的做法和板条墙相近，但间距要按照面层板材的大小而定。横撑必须水平，间距根据板材大小决定，如图 10-12 所示。

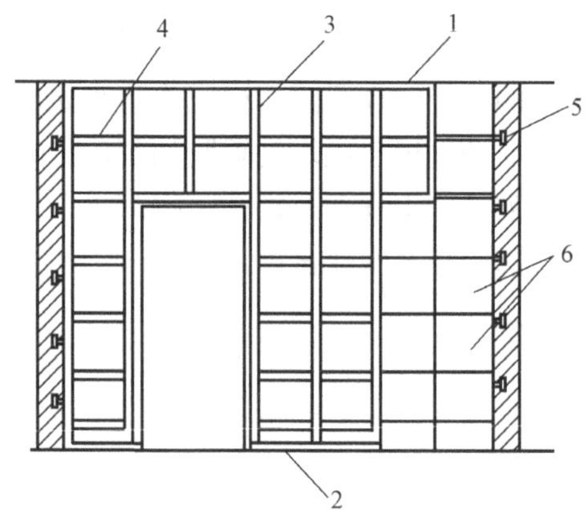

图 10-12　骨架板隔墙

1—上槛；2—下槛；3—立筋；4—横撑；5—木砖；6—板材

【案例 10-3】某大学图书馆进行装修改造，根据施工设计和使用功能的要求，采用大量的轻质隔墙。外墙采用建筑幕墙，承揽该装修改造工程的施工单位根据《建筑装饰装修工程质量验收规范》规定，对工程细部构造施工质量的控制做了大量的工作。

该施工单位在轻质隔墙施工过程中提出以下技术要求。

(1) 板材隔墙施工过程中如遇到门洞，应从两侧向门洞处依次施工。

(2) 石膏板安装牢固时，隔墙端部的石膏板与周围的墙、柱应留有 10mm 的槽口，槽口处加嵌缝膏，使面板与邻近表面接触紧密。

(3) 当轻质隔墙下端用木踢脚覆盖时，饰面板应与地面留有 5～10mm 缝隙。

(4) 石膏板的接缝缝隙应保证为 8～10m。

问题:

(1) 轻质隔墙按构造方式和所用材料的种类不同可分为哪几种类型？石膏板属于哪种轻质隔墙？

(2) 判断该施工单位在轻质隔墙施工过程中提出的技术要求正确与否，若不正确，请改正。

10.5 门 窗 工 程

10.5.1 木门窗安装

1. 工艺流程

木门窗安装工艺流程为：找规矩弹线，找出门窗框安装位置→掩扇及安装样板→窗框、扇安装及门框安装→门扇安装。

2. 找规矩弹线

从顶层开始用大线锤吊垂直，检查窗口位置的准确度，弹出墨线，结构凸出窗框线时进行剔凿处理。安装前应核查安装高度，门框应按图纸位置和标高安装，每块木砖应钉两

个 10cm 长的钉子，应将钉帽钉入木砖内，使门窗安装牢固。轻质隔墙应预先安设带木砖的混凝土块，以保证其牢固性。

3. 掩扇及安装样板

掩扇即把窗扇根据图纸要求安装到窗框上，并检查缝隙大小、五金位置、尺寸及牢固等，符合标准后作为样板，其他门窗比照样板进行验收。

4. 门框安装

1) 木门框安装

应在地面工程施工前完成，门框安装应保证牢固，门框应与木砖钉牢，一般每边不少于 2 个固定点，间距不小于 1.2m。

2) 钢门框安装

安装前找正套方，门框要提前刷好防锈漆。安装要按设计要求并应进行成品保护。后塞口时应按设计要求预先埋设铁件，每边不少于 2 个固定点，间距不小于 1.2m。安装就位后检查型号、标高、位置无误，并及时将框上的铁件与结构预埋铁件焊牢。

5. 木门扇安装

先确定门的开启方向及小五金型号和安装位置，然后检查门扇尺寸是否正确、边角方正、有无窜角。将门扇靠在框上画出相应的尺寸线，如果扇大，则应根据框的尺寸将其刨去，扇小应镶木条。将门扇塞入门框内，塞好后用木楔顶住临时固定。然后画第 2 次修刨线；标上合页槽的位置。同时应注意门框与扇安装的平整。第 2 次修好后即可安装合页。按要求剔出合页槽，然后先拧一个螺丝，检查缝隙是否合适，门框与扇是否平整，无问题后方可将螺丝全部拧上拧紧。如安装对开扇，应将门扇的宽度用尺量好再确定中间对口缝的裁口深度。五金安装应按设计图纸要求，不得遗漏。

10.5.2 塑料门窗安装

1. 无气窗塑料门安装

(1) 直樘与上冒头 45° 拼角处用塑料角尺拍合，垂直放入门洞内。
(2) 在预埋木砖处门框钻孔，旋入 76.2mm 木螺丝紧固。
(3) 门框外嵌条 45° 拼角处，同样用塑料角尺拍合，随后压入门框凹痕处。
(4) 整扇门扇插入门框上铰链，按门锁说明书装上球形门锁。

2. 有气窗塑料门安装

(1) 中贯樘与直樘缺口吻合，穿入螺杆，用螺母接牢。
(2) 上冒头内旋气窗铰链处预埋木芯。
(3) 直樘与上冒头 45° 拼角处用塑料角尺拍合，垂直放入门洞内。
(4) 在门框所对门洞预埋木砖处钻洞，旋入 76.2mm 木螺丝紧固。
(5) 窗边挺四角用塑料或木角尺拍合，并用木螺丝固定，装铰链处，木角尺稍长。
(6) 装上双页铰链。

(7) 整扇门扇插入门框上铰链，按门锁说明书装上球形门锁。

3. 全塑整体门的安装

(1) 先修好砖洞口，检查是否符合图纸要求。

(2) 把塑料门框按规定位置立好，并在门框的一侧将木螺丝拧在木砖上。

(3) 将塑料门扇立在门框中，找正位置后，用木块找好垂直和地坪标高，方位和立木门框相同，完成后将门从框中卸下。

(4) 将门框另一侧再用木螺丝固定在木砖上。

(5) 在安装合页前，剔好合页槽。

(6) 把门扇装入框中，用合页固定，再进行修整，做到不崩扇，不坠扇，开关自如。

4. 玻璃钢门窗安装

(1) 门的安装与木门相似，门洞需要留木砖或预埋铁件。如是木砖，安装时先在框上打孔，然后拧螺丝；如是预埋铁件，则采用焊接。

(2) 窗的安装，在窗洞上应预埋木砖或预埋铁件。如是木砖，在框上钻孔，用木螺丝拧入墙内；如是预埋铁件，则采用焊接。

(3) 在安装前必须检查，如发现窗框有翘曲变形，窗角等有脱落及松动现象，均应进行修整。

10.6 涂 饰 工 程

10.6.1 涂饰工程材料的种类

1. 涂料

涂料有聚酯底漆、聚酯面漆、酚醛清漆、调和漆、清油、醇酸磁漆、漆片、乙酸乙烯乳胶漆以及建筑涂料等。

音频.涂饰工程的基层处理的要求.mp3

2. 填充料

填充料有大白粉、滑石粉、石膏粉、立德粉、地板黄、铁红、铁黑、红土子、黑烟子、栗色料、羧甲基纤维素、聚醋酸乙烯乳液等。

3. 颜料

颜料是指各色有机或无机颜料和色浆，应耐碱、耐光。

涂料.mp4

4. 稀释剂

稀释剂包括水、汽油、煤油、醇酸稀料、酒精、聚酯稀料或硝基稀料等。

5. 催干剂

催干剂有钴催干剂、固化剂等。

6. 抛光剂

抛光剂有上光蜡、砂蜡等。

10.6.2 涂饰工程的施工

1. 涂饰工程的施工工艺流程

基层处理→涂刷封底漆→局部补腻子→满刮腻子→刷底涂料→涂刷乳胶漆面层涂料→清理保洁→自检、共检→交付成品→退场。

2. 涂饰工程施工操作方法

涂料敷于建筑物表面并与基体材料很好地黏结，干结成膜后，既对建筑物表面起到一定的保护作用，又能起到建筑装饰的效果。涂料主要由胶粘剂、颜料、溶剂和辅助材料等组成。涂饰工程施工操作方法有刷涂、滚涂、喷涂、刮涂、弹涂、抹涂等。

1) 刷涂

刷涂是人工用刷子蘸上涂料直接涂刷于被饰涂面。要求：不流、不挂、不皱、不漏、不露刷痕。刷涂一般不少于两道，应在前一道涂料表面干后再涂刷下一道。两道施涂间隔时间由涂料品种和涂刷厚度确定，一般为2～4h。

2) 滚涂

滚涂是利用涂料辊子蘸上少量涂料，在基层表面上下垂直来回滚动施涂。阴角及上下口一般需先用排笔、鬃刷刷涂。

3) 喷涂

喷涂是一种利用压缩空气将涂料制成雾状(或粒状)喷出，涂于被饰涂面的机械施工方法。其操作过程如下。

(1) 将涂料调至施工所需黏度，将其装入贮料罐或压力供料筒中。

(2) 打开空压机，调节空气压力，使其达到施工压力，一般为0.4～0.8MPa。

(3) 喷涂时，手握喷枪要稳，涂料出口应与被涂面保持垂直，喷枪移动时应与喷涂面保持平行。喷距500mm左右为宜，喷枪运行速度保持一致。

(4) 喷枪移动的范围不宜过大，一般直接喷涂700～800mm后折回，再喷涂下一行，也可选择横向或竖向往返喷涂。

(5) 涂料一般两遍成活，横向喷涂一遍，竖向再喷涂一遍。两遍之间间隔时间由涂料品种及喷涂厚度而定，要求涂膜应厚薄均匀、颜色一致、平整光滑，不出现露底、裂纹、流挂、钉孔、气泡和失光现象。

4) 刮涂

刮涂是利用刮板，将涂料厚浆均匀地批刮于涂面上，形成厚度为1～2mm的厚涂层。这种施工方法多用于地面等较厚层涂料的施涂。刮涂施工的方法如下。

(1) 刮涂时应用力按刀，使刮刀与饰面成50°～60°。刮涂时只能来回刮1～2次，不能往返多次刮涂。

(2) 遇有圆、菱形物面可用橡皮刮刀进行刮涂。刮涂地面施工时，为了增加涂料的装饰效果，可用划刀或记号笔刻出席纹、仿木纹等各种图案。

(3) 腻子一次刮涂厚度一般不应超过 0.5mm，孔眼较大的物面应将腻子填嵌实，并高出物面，待干透后再进行打磨。待批刮腻子或者厚浆涂料全部干燥后，再涂刷面层涂料。

5) 弹涂

弹涂时先在基层刷涂 1～2 道底涂层，待其干燥后通过机械的方法将色浆均匀地溅在墙面上，形成 1～3mm 的圆状色点。弹涂时，弹涂器的喷出口应垂直正对被饰面，距离 300～500mm，拉一定速度自上而下，由左至右弹涂。选用压花型弹涂时，应适时将彩点压平。

6) 抹涂

抹涂时先在基层刷涂或滚涂 1～2 道底涂料，待其干燥后，使用不锈钢抹灰工具将饰面涂料抹到底层涂料上。一般抹 1～2 遍，间隔 1h 后再用不锈钢抹子压平。涂抹厚度内墙为 1.5～2mm，外墙为 2～3mm。

10.6.3 涂饰工程质量验收一般规定

1. 涂饰工程验收时应检查下列文件和记录

(1) 涂饰工程的施工图、设计说明及其他设计文件。

(2) 材料的产品合格证书、性能检测报告和进场验收记录。

(3) 施工记录。

2. 各分项工程的检验批应按下列规定划分

(1) 室外涂饰工程每一栋楼的同类涂料涂饰的墙面每 500～1000m^2 应划分为一个检验批，不足 500m^2 也应划分为一个检验批。

(2) 室内涂饰工程同类涂料涂饰的墙面每 50 间(大面积房间和走廊按涂饰面积 30m^2 为一间)应划分为一个检验批，不足 50 间也应划分为一个检验批。

3. 检查数量应符合下列规定

(1) 室外涂饰工程每 100m^2 应至少检查一处，每处不得小于 10m^2。

(2) 室内涂饰工程每个检验批应至少抽查 10%，并不得少于 3 间；不足 3 间时应全数检查。

4. 涂饰工程的基层处理应符合下列要求

(1) 新建筑物的混凝土或抹灰基层在涂饰涂料前应涂刷抗碱封闭底漆。

(2) 旧墙面在涂饰涂料前应清除疏松的旧装修层，并涂刷界面剂。

(3) 混凝土或抹灰基层涂刷溶剂型涂料时，含水率不得大于 8%；涂刷乳液型涂料时，含水率不得大于 10%。木材基层的含水率不得大于 12%。

(4) 基层腻子应平整、坚实、牢固，无粉化、起皮和裂缝；内墙腻子的粘结强度应符合《建筑室内用腻子》(JG/T 298—2010)的规定。

(5) 厨房、卫生间墙面必须使用耐水腻子。

(6) 涂饰工程应在涂层养护期满后进行质量验收。

10.7 常见的质量通病原因分析

10.7.1 抹灰层空鼓

1. 现象

抹灰层空鼓表现为面层与基层，或基层与底层不同程度的空鼓。

2. 治理

(1) 抹灰前必须将脚手眼、支模孔洞填堵密实，对混凝土表面凸出较大的部分要凿平。

(2) 必须将底层、基层表面清理干净，并于施工前一天将准备抹灰的面浇水润湿。

(3) 对表面较光滑的混凝土表面，抹底灰前应先凿毛，或用掺 108 胶水泥浆，或用界面处理剂处理。

(4) 抹灰层之间的材料强度要接近。

10.7.2 抹灰层裂缝

1. 现象

抹灰层裂缝是指非结构性面层的各种裂缝，墙、柱表面的不规则裂缝、龟裂，窗套侧面的裂缝等。

2. 治理

(1) 抹灰用的材料必须符合质量要求，如水泥的强度与安定性应符合标准；砂不能过细，宜使用中砂，含泥量不大于 3%；石灰要熟透，过滤要认真。

(2) 基层要分层抹灰，一次抹灰不能厚；各层抹灰间隔时间要视材料与气温不同而合理选定。

(3) 为防止窗台中间或窗角裂缝，一般可在底层窗台设一道钢筋混凝土梁，或设 3Φ6 的钢筋砖反梁，伸出窗洞各 330mm。

(4) 夏季要避免在日光暴晒下进行抹灰，对重要部位与暴晒的部分应在抹灰后的第二天洒水养护 7d。

(5) 对基层由两种以上材料组合拼接的部位，在抹灰前应视材料情况，采用粘贴胶带纸、布条或钉钢丝网或留缝嵌条子等方法处理。

(6) 对抹灰面积较大的墙、柱、槽口等，要设置分格缝，以防抹灰面积过大而引起收缩裂缝。

10.7.3 阴阳角不方正

1. 现象

外墙大角，内墙阴角，特别是平顶与墙面的阴角四周不平顺、不方正；窗台八字角(仿

古建筑例外)。

2. 治理

(1) 抹灰前应在阴阳角处(上部)吊线，以 1.5m 左右相间做塌饼找方，作为粉阴阳角的“基准点”；附角护角线必须粉成“燕尾形”，其厚度按粉刷要求定，宽度为 50～70mm 且小于 60°。

(2) 阴阳角抹灰过程中，必须以基准点或护角线为标准，并用阴阳角器作辅助操作；阳角抹灰时，两边墙的抹灰材料应与护角线紧密吻合，但不得将角线覆盖。

(3) 水泥砂浆粉门窗套，有的可不粉护角线，直接在两边靠直尺找方，但要在砂浆初凝前运用转角抹面的手法，并用阳角器抽光，以预防阳角线不吻合。

(4) 平顶粉刷前，应根据弹在墙上的基准线，往上引出平顶四个角的水平基准点，然后拉通线，弹出平顶水平线；以此为标准，对凸出部分应凿掉，对凹进部分应用 1∶3 水泥砂浆(内掺 108 胶)先刮平，使平顶大面大致平整，阴角通顺。

10.7.4 粘贴大理石与花岗岩的质量缺陷

1. 现象

(1) 大理石或花岗岩固定不牢固。

(2) 大理石或花岗岩饰面空鼓。

(3) 接缝不平，嵌缝不实。

(4) 大理石纹理不顺，花岗岩色泽不一致。

2. 治理

(1) 粘贴前必须在基层按规定预埋 6#钢筋接头或打膨胀螺栓与钢筋连接，第一道模筋在地面以上 100mm 上与竖筋扎牢，作为绑扎第一皮板材下口固定铜丝。

(2) 在板材上应事先钻孔或开槽，第一皮板材上下两面钻孔(4 个连接点)，第二皮及其以上板材只在上面钻孔(2 个连接点)，面层板材应三面钻孔(6 个连接点)，孔位一般距板宽两端 1/4 处，孔径 5mm，深度 12mm，孔位中心距板背面 8mm 为宜。

(3) 外墙砌贴(筑)花岗岩，必须做到基底灌浆饱满，结顶封口严密。

(4) 安装板材前，应将板材背面灰尘用湿布擦净；灌浆前，基层先用水湿润。

(5) 灌浆用 1∶2.5 水泥砂浆，稠度适中，分层灌浆，每次灌注高度一般为 200mm 左右，每皮板材最后一次灌浆高度要比板材上口低 50～100mm，作为与上皮板材的结合层。

(6) 灌浆时，应边灌边用橡皮锤轻击板面或用短钢筋插入轻捣，既要捣密实，又要防止碰撞板材而引起位移与空鼓。

(7) 板材安装必须用托线板找垂直、平整，用水平尺找上口平直，用角尺找阴阳角方正；板缝宽为 1～2mm，排缝应用统一垫片，使每皮板材上口保持平直，接缝均匀，用糨糊状熟石膏粘贴在板材接缝处，使其硬化结成整体。

(8) 板材全部安装完毕后，须清除表面石膏和残余痕迹，调制与板材颜色相同的色浆，边嵌缝边擦洗干净，使接缝嵌得密实、均匀、颜色一致。

本章小结

通过本章的学习，应该掌握主要装饰工程对材料的质量要求、施工工艺过程和施工方法；了解装饰工程的质量标准及质量保证措施；掌握一般抹灰工程和楼地面工程材料的质量要求、施工操作方法；了解大理石、花岗石板传统湿作业方法的施工工艺；了解建筑涂料施工方法；工程常见的质量问题及分析。

实训练习

一、单选题

1. 大理石在装饰工程应用中的特性是(　　)。

   A. 适于制作烧毛板　　B. 属酸性岩石，不适用于室外

   C. 吸水率低，易变性　　D. 易加工、开光性好

2. 饰面砖粘贴工程常用的施工工艺是(　　)。

   A. 满粘法　　B. 点粘法　　C. 挂粘法　　D. 半粘法

3. 饰面板安装工程后置埋件的现场(　　)强度必须符合设计要求。

   A. 拉拔　　B. 拉伸　　C. 抗压　　D. 抗剪

4. 纸面石膏板的接缝应按施工工艺标准进行板缝(　　)处理。

   A. 防潮　　B. 防水　　C. 防裂　　D. 防腐

5. 活动地板面层铺设时，活动板块与(　　)接触搁置处应达到四角平整、严密。

   A. 支座柱　　B. 横梁　　C. 支撑　　D. 地面

二、多选题

1. 民用建筑工程室内装修采用的溶剂型涂料、溶剂型胶粘剂必须有(　　)含量检测报告，并应符合设计要求及《民用建筑室内环境污染控制规范》的有关规定。

   A. 游离甲醛　　B. (总)挥发性有机化合物

   C. 游离甲苯二异氰酸酯(聚氨酯类)　　D. 苯乙烯　　E. 苯

2. 建筑装饰中为提高其构件的耐火极限，需采用(　　)做成抗燃烧破坏的结构体系。

   A. 矿物纤维板　　B. 防火塑料装饰板　　C. 难燃中密度纤维板

   D. 石膏板　　E. 彩色阻燃人造板

3. 天然石材印度红的性能和应用特点包括(　　)。

   A. 可有效抵抗酸雨的侵蚀　　B. 耐磨、抗冻，适于铺设室外墙面

   C. 属于硅质砂岩的变质岩　　D. 强度高、硬度大、耐火性强

   E. 弯曲强度不小于8MPa

4. 室内地毯面层铺设的质量要求有(　　)。

   A. 基层表面应坚硬、平整、光洁、干燥

   B. 海绵衬垫可点铺，地毯拼缝处无露底衬

C. 门口处应用金属压条等固定

D. 楼梯地毯铺设，在每级阴角处应用卡条固定牢

E. 地毯周边应塞入卡条和踢脚线之间的缝中

5. 图书室墙面装饰材料应选用(　　)。

A. 防火塑料装饰板　　B. 彩色阻燃人造板

C. 大理石板　　D. 石膏板　　E. 纤维石膏板

三、简答题

1. 简述抹灰工程的质量要求。
2. 简述饰面砖抹浆粘贴法施工工艺流程。
3. 简述抹灰层空鼓的现象及治理方式。

第 10 章答案.doc

实训工作单一

<table>
<tr><td>班级</td><td></td><td>姓名</td><td></td><td>日期</td><td></td></tr>
<tr><td colspan="2">教学项目</td><td colspan="4">装饰工程</td></tr>
<tr><td>任务</td><td colspan="2">抹灰工程实操流程记录</td><td>地点</td><td colspan="2">装饰施工现场</td></tr>
<tr><td colspan="3">相关知识</td><td colspan="3">装饰工程相关知识</td></tr>
<tr><td colspan="3">其他要求</td><td colspan="3"></td></tr>
<tr><td colspan="6">现场实操记录</td></tr>
<tr><td>评语</td><td colspan="3"></td><td>指导老师</td><td></td></tr>
</table>

实训工作单二

<table>
<tr><td>班级</td><td></td><td>姓名</td><td></td><td>日期</td><td></td></tr>
<tr><td colspan="2">教学项目</td><td colspan="4">装饰工程</td></tr>
<tr><td>任务</td><td colspan="2">地面工程实操流程记录</td><td>地点</td><td colspan="2">装饰施工现场</td></tr>
<tr><td colspan="3">相关知识</td><td colspan="3">装饰工程相关知识</td></tr>
<tr><td colspan="3">其他要求</td><td colspan="3"></td></tr>
<tr><td colspan="6">现场实操记录</td></tr>
<tr><td>评语</td><td colspan="3"></td><td>指导老师</td><td></td></tr>
</table>

参考文献

[1] 陈昌铃. 房屋建筑结构设计中优化技术应用探讨[J]. 河南建材. 2019(04).

[2] 张晓东. 浅谈房屋建筑结构设计中的优化技术[J]. 现代物业(中旬刊). 2019(05).

[3] 卜百强. 土木工程基础施工技术要点解析[J]. 城市建设理论研究(电子版). 2017(28).

[4] 秦卫军. 浅析房屋建筑混凝土浇筑的标准施工技术要点[J]. 中国标准化. 2016(17).

[5] 谭盛松. 土建施工中的清水混凝土施工技术要点[J]. 农村经济与科技. 2017(02).

[6] 张建磊. 岩土工程深基坑支护施工技术措施分析[J]. 低碳世界. 2016(22).

[7] 王毅. 高层建筑工程深基坑支护施工技术[J]. 山西建筑. 2017(20).

[8] 李兆强. 分析建筑工程施工技术质量控制措施[J]. 江西建材. 2017(09).

[9] 傅尊金. 建筑工程施工技术质量控制措施解析[J]. 江西建材. 2016(03).

[10] 王玮. 新型绿色节能技术在建筑工程施工中的应用[J]. 居舍. 2018(23).

[11] 叶桂平. 建筑工程混凝土施工技术应用[J]. 城市建设理论研究(电子版). 2017(07).

[12] 明伟. 谈建筑工程绿色施工技术[J]. 漯河职业技术学院学报. 2019(02).

[13] 李永刚. 建筑工程施工绿色施工技术的应用分析[J]. 居舍. 2018(34).

[14] 徐玉峰. 谈高层建筑工程关键施工技术[J]. 科学技术创新，2019(26):131-132.

[15] 李凯峰. 试论房屋建筑中砖砌体施工技术[J]. 居舍. 2016(05).

[16] 王宗昌，青丽. 建筑工程施工技术与管理[M]. 北京：中国电力出版社，2014.

[17] 钟汉华，李念国，吕秀娟. 建筑工程施工技术[M]. 2 版. 北京：北京大学出版社，2013.

[18] 中国建筑科学研究院. JGJ79-2012 建筑地基处理技术规范[S]. 北京：中国建筑工业出版社，2013.

[19] 刘琳. 毛里求斯 A1-M1 施工组织设计汉译项目报告[D]. 南京：南京师范大学，2018.